时间的形状

相对论史话

汪诘

著

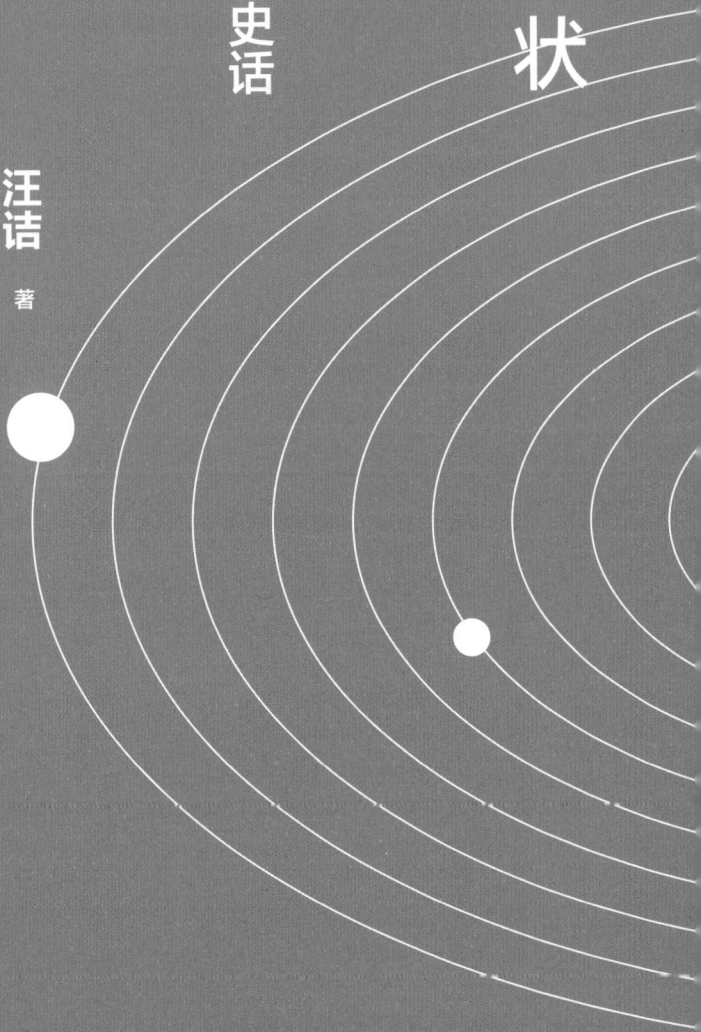

海南出版社

·海口·

图书在版编目（CIP）数据

时间的形状：相对论史话 / 汪诘著. -- 海口：海
南出版社，2025. 8. -- ISBN 978-7-5730-2515-9

Ⅰ. O412.1-49

中国国家版本馆CIP数据核字第2025DZ0448号

时间的形状：相对论史话

SHIJIAN DE XINGZHUANG : XIANGDUILUN SHIHUA

作　　者：	汪　诘
策划编辑：	高　磊
责任编辑：	廖畅畅
责任印制：	郄亚喃
印刷装订：	天津联城印刷有限公司
读者服务：	张西贝佳
出版发行：	海南出版社
总社地址：	海口市金盘开发区建设三横路2号
邮　　编：	570216
北京地址：	北京市朝阳区黄厂路3号院7号楼101室
电　　话：	0898-66812392　010-87336670
电子邮箱：	hnbook@263.net
经　　销：	全国新华书店
版　　次：	2025年8月第1版
印　　次：	2025年8月第1次印刷
开　　本：	787 mm×1 092 mm　1/16
印　　张：	19
字　　数：	309千字
书　　号：	ISBN 978-7-5730-2515-9
定　　价：	78.00元

Preface of New Edition
新版序

　　本书自首次出版到现在，一晃就是 13 年过去了。这是我人生中出版的第一本书，我清晰地记得，13 年前我第一次拿到样书时，内心的激动恐怕和奥运冠军走上领奖台时差不多。

　　这本书首版时，我是一家小公司的老板，有四五十个员工。我就"利用职务之便"签名赠书。我让所有员工在我的办公室门口排队，每个人走过来，看着我在书上签上大名，然后领走，就好像在书店举办的签售会一样，别提有多嘚瑟了。

　　但这也才送出去不到五十本书啊，签名还没签够呢。于是我又开始在亲戚朋友中送书，有朋友一家三口（孩子刚上幼儿园），我就送三本，给每个人写个赠言。我朋友尴尬而不失礼貌地微笑说其实有一本就够了，小孩也还不识字，我说没事没事，放个十年就能看了。结果，奇妙的事情发生了，十年后，当初那个不识字的孩子真的被这本书"圈粉"了。送完 200 本书后，我获得了极大的满足感，整天都乐呵呵的。

　　那时我是真没想到这本书能不停地再版，我也绝没有想到，今天的我，还成了国内小有名气的职业科普创作者，作品涉及图书、音频、视频、电影等各种形式，大大小小的奖杯摆满了一橱窗。而所有这一切，都是源自这本《时间的形状》。

　　书一旦完成后，从某种意义上来说，它就不再属于我个人了，每个读者都可以对它有自己的理解，它也像是有了生命一样，开始自我成长。这十多年来，围绕《时间的形状》诞生了各种文艺形式，有漫画绘本、广播剧、舞台剧，甚至电影。是的，2025 年，我亲手将科普电影《寻秘自然：时间的形状》搬上了大银幕，由我自己担任编剧和导演。

13 年前，我在本书的后记中有这么一段话：多年来，我一直有一个理想，等将来获得了财务自由，我要为中国的科普事业做点儿贡献，比如赞助一些科普作家，投资拍点科普动画片、电视片甚至电影等等。

万万没想到啊，13 年后，我没有获得财务自由，自己却成了科普电影导演，接受别人的投资拍电影，人生的剧本真的是充满了意外。

尽管这几年，我不断给本书做修订，但还是不得不说，物理学知识深不见底，任何一本科普书都不可能真正准确地传达相对论的所有知识，这是因为科普和科研用的语言不一样，只有数学才能真正准确地描述物理学知识，而自然语言最多只能让你理解一些粗糙的概念。所以，读完本书，您千万不要产生可以对相对论评头论足的想法，那样很容易陷入所谓"民科"思维。如果本书让您对物理和数学都产生了比以前更多的兴趣或更加深入的探究欲望，就是对我最大的褒奖。

汪诘

2025 年 5 月 28 日于上海莘庄

Preface
前 言

　　我希望这是一本很有趣的书。我认为这本书与传统科普书最大的差别在于，它更像是一本茶余饭后的休闲书，或是一本比小说更"科普"，比"科普"更"小说"的奇怪的书。在这本书里，你会看到很多天马行空的小故事：牛顿带着《猫和老鼠》（*Tom & Jerry*）里的汤姆和杰瑞在一个大水桶前观察神奇的水面凹陷现象；爱因斯坦化身大警长，先调查了一起环球快车谋杀案，又奔赴云霄电梯处理可怕的超级炸弹，最后在太空中建造了一个超级大圆盘以展示他那神奇的时空观。虽然这一切看上去不像是正经八百的科普，但我可以很负责任地说，故事里包含的都是一些很靠谱的科学真相。很多科学真相用"不可思议"来形容一点都不过分，你平常之所以感受不到物理学的神奇，是因为没有人告诉你很多看似普通的物理现象背后的故事。现在的高中生都会做一个观察光的双缝干涉图像的实验，这是一个普通得不能再普通的高中光学实验，可是却没有人告诉我们，这个实验背后隐藏着惊天的大秘密，这个秘密足以撼动以爱因斯坦为代表的一代科学家苦苦建立的物理学理论基石。一个简单的光学实验，如果你了解了它藏在最深处的本质，你会惊讶地发现，世界并非我们过去认知中的模样，我们的认知中很多朴素的哲学观念，例如物质决定意识、原因决定结果等观念都将受到空前猛烈的冲击。这里讨论的的确是科学事实，而非神学假说或神秘主义。

　　本书可分为上、下两部分。上半部分和大家一起回顾物理学走过的四百多年的坎坷历史，这段历史悬念迭生，其精彩程度不亚于任何一段史诗，因为物理学的发展过程本身就像一部精彩的好莱坞悬疑大片。在伽利略、牛顿等巨星纷纷谢幕之后，超级巨星爱因斯坦闪亮登场，而他成为主角的时候不过 26 岁。他就像一个横空出世的大侠，无门无派，但一出手就让天下震惊，他的绝招就是"相对论"。下半部分的故事更神奇，也将揭示更加惊人的真相。在下半部分中，我将帮你细致地剖析时空的真相，带你领略神奇的四维时空奇景。我们先从整个宇宙时间光锥的终极图景出发，再深入原子内部见识一下不可思议的微观世界，最后看一看当下物理学的最新进展——万物理论。你只要随便记住其中的一两段，就能在与友人小聚之时大放异彩，只是别聊得兴起忘了吃菜，不要重演总是发生在笔者身上的悲剧：话讲完了，菜也被别人吃光了。

看完这本书，也许你对这个世界的看法会大大改观。潮起潮落，斗转星移，这些平常司空见惯的大自然现象在你眼里会突然产生完全不一样的意义。当你再次仰望星空时，看着夜空中的皓月星辰，宇宙在你眼里将会换了一番景象，过去的宇宙观一去不复返了，一个崭新的宇宙观将在你的头脑中建立起来。

自小到大，你可能一直会有这样的疑问：

时间到底是什么东西？

我们能跨越未来吗？

我们能回到过去吗？

光到底是什么东西？

宇宙到底长什么样？有大小吗？有生死吗？

我们能像《星际迷航》（*Star Trek*）中描绘的那样穿梭在银河系中吗？

这个世界的物质到底是由什么构成的？

物质可以无限分割吗？

…………

这些令人不可思议的问题，科学家到底是如何找到答案的？

看完这本书，或许你对以上这些问题将不再感到疑惑，说不定，你还可以很自信地为亲朋好友解答他们心中同样的疑惑。

　　所有这一切，都要从爱因斯坦提出的相对论开始讲起。这的的确确是一个伟大的理论，是 20 世纪人类对宇宙秘密最深刻的一次发现。此刻你或许会茫然："我听说过相对论，可是它跟我们的日常生活有关系吗？"

　　当然是有关系的。比如，全球定位系统（GPS）现在已经非常常见，我估计很多读者都有一个车载 GPS，或者手机里就有内置的 GPS。知道吗，如果没有相对论，那么这玩意会出大问题。因为根据相对论，卫星上的时钟会比地面上的时钟走得快，每天大约快 38 微秒（0.000038 秒）。这种偏差并不是因为计时器精度不够，而是因为卫星上的时间真的变快了。设想一下，如果人类没有掌握相对论，我们就不会知道：发射到天上的卫星，哪怕用再精确的计时工具计时，也不可能消除这个误差。千万不要小看这似乎微不足道的 38 微秒；如果不校正的话，那么 GPS 每天积累的误差将超过 10 千米（当然这个误差是垂直方向上的，不是水平方向上的）；如果以此来导航导弹，麻烦可就大了。因此在 GPS 卫星发射前，要先把其时钟的走动频率调慢 4.465×10^{-10}，把 10.23 兆赫调为 10.22999999543 兆赫，这些数字全靠相对论才能那么精确地被计算出来。

　　"神奇！"你大概会惊呼一声，"相对论原来就是这个啊。"哦不，这并不代表相对论，卫星上的时间变快只不过是相对论无数推论中的一个，正因为有了相对论，我们才能精确地计算出卫星上的时钟和地面上的时钟的误差到底是多少。相对论还有很多很多的推论，小到推测水星的运行轨道、在发生日全食时恒星的位置，大到可以推演太阳的过去与未来，甚至宇宙的过去与未来。"神奇！"你再次惊呼一声，"不过你越说越玄乎了，我还是有点不信，你先别说得那么远，你前面说啥来着？时间本身变慢了？这个太让我难以理解了。在我眼里，时间本身是均匀流逝的，我们感受到的所谓快慢无非是我们自己的感觉在变化，即便是你的表和我的表走时不准，那也不是时间本身不准，而是我们的手表精度不够造成的。中午 12 点整开饭对任何人来说都是 12 点整开饭，这是一个客观事实，不会因为我们用的是一块真的劳力士手表还是一块'山寨'

劳力士手表而改变。"坦诚地说，我非常理解你的这种想法，并且我还要恭喜你，这种想法和伟大的牛顿的想法一模一样。但非常遗憾，这种想法是错误的。

相对论是研究时间、空间、运动这三者关系的理论体系的总称，它是这一百多年来人类最伟大的两个理论之一（另一个是量子理论，那也是一个长长的激动人心的故事，有关这个理论，推荐阅读《上帝掷骰子吗？——量子物理史话》，作者是曹天元），诺贝尔物理学奖或许难以完全体现相对论的深远影响。如果上帝真的存在，那么他过去或许总是说："人类一思考，我就发笑。"然而，在相对论诞生之后，上帝改口了："人类一思考，我就发慌。"

我们对相对论的误解实在太多。大多数人都觉得相对论很神秘、很深奥，仿佛只有大科学家才能理解。这种印象来源于一个广为流传的故事，据说一个记者问天文学家爱丁顿："听说全世界总共只有三个人能懂爱因斯坦的相对论，您是其中之一，是不是这样？"爱丁顿沉默了，正当记者以为爱丁顿要反驳的时候，没想到爱丁顿说："我正在想另外两个人是谁。"不管这个故事是真是假，它都强化了"相对论难以理解"的标签。但是大家千万不要忘了，这个故事发生在一百多年前，那时候相对论刚刚被爱因斯坦用严谨的数学语言描述出来，对那个时代的人来说确实是很难理解的。不要说相对论了，想象一下，如果你回到乾隆年间，对当时知名的知识分子纪晓岚说："任意找一个三角形的东西，把三个角割下来拼在一起，总是恰好构成一条直边。"（图 0-1）即便聪慧如纪晓岚，一开始肯定也不会相信你。直到他亲自实验验证后发现你的说法完全

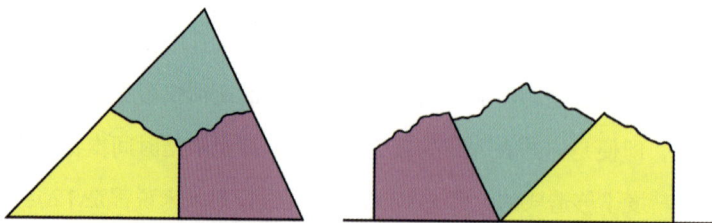

图 0-1：把三角形的石桌的三个角割下来拼在一起，必定可以得到一条直边

正确，才会知道其中的玄妙。但要是在现代，随便一个初中生都能告诉你三角形的内角和是 180 度，他还会认为，这是一个很简单的几何常识。

同样，相对论的一些基本原理和概念对现代人来说，一点都不高深，只要你愿意听我娓娓道来，就会发现它远没有想象中神秘。

我保证，你只要有高中的数理基础，就可以大致看懂本书，认识到爱因斯坦的相对论足以让上帝对渺小的人类产生敬畏。作为人类的一分子，我因此深深地感到自豪！

CONTENTS
目　录

1

Chapter One
不得不说的废话

The Shape *of* Time

本章之所以叫作"不得不说的废话"，就是因为这章的内容跟相对论本身并不直接相关，如果你完全跳过不看，直接从第 2 章开始看起，也不会觉得有任何缺失的地方。不过，本章的内容对于你理解相对论会有莫大的帮助，看似有点扯远了的内容恰恰是在教我们如何用一种正确的思维去阅读，甚至去"挑刺"。

关于相对论的谣言粉碎机

第一，某些伪哲学家最喜欢说的一句话就是："伟大的爱因斯坦发现了这个世界的奥秘——世间万物都是相对的，没有什么是绝对的。"

胡说八道！特别是当我强调某些永恒不变的真理时，总有人用"相对论禁止这种绝对化表述"来反驳。这时我总会忍不住回道："胡说八道，爱因斯坦从没有说过这句话，别给爱因斯坦抹黑！"事实上，爱因斯坦晚年很不喜欢别人把他的理论叫作"相对论"，他觉得应该叫作"不变论"，因为理论中最重要的部分是那些数学方程式中的不变量。爱因斯坦最引以为豪的，正是他发现了宇宙中一些永恒不变的常量，更何况，整个相对论都是在"在任何惯性系中，所有物理规律保持不变"和"在真空中光的传播速度恒定不变"这两条原理上发展而来的。如果当年相对论真的如爱因斯坦所希望的那样叫成了"不变论"，我很想知道伪哲学家们是否又要说："伟大的爱因斯坦发现了这个世界的奥秘——不管世界怎么变化，永恒的永远都是永恒的。"

第二，很多人误认为相对论是用来造原子弹的理论，甚至认为爱因斯坦正是现在人类面临的核危机的罪魁祸首。2011 年日本大地震引发福岛核电站泄漏事故，又有这样的谣言出现，例如："要不是爱因斯坦，要不是相对论，何至于此？"

　　事实是，关于原子弹，爱因斯坦做过的唯一一件事就是在一封由西拉德起草的给美国总统罗斯福的信上签了名，这封信说希特勒有可能正在研制一种威力巨大的"新型炸弹"，如果研制出来，很有可能改变二战的进程，建议美国也组织力量研制，以防灾难性后果。而相对论只不过是对这种新型炸弹为什么会有如此大威力的一种理论解释，即便没有相对论，这种炸弹也一样能造出来，只不过人类不知道为什么其威力如此巨大而已。这就好比我放了一个屁，把自己臭死了，但人们百思不得其解为什么它会这么臭，直到有一天化学家和生物学家通过研究发现了臭屁的原理，但是有没有理论都不能阻止我放出这个屁。正如曾经被誉为"活着的爱因斯坦"的霍金指出的那样：把原子弹的威胁归咎于爱因斯坦的相对论，就如同把飞机失事的责任归咎于牛顿的万有引力定律［详见史蒂芬·霍金所著的《果壳中的宇宙》（*The Universe in a Nutshell*）］。

你必须了解的四个概念

波普尔的证伪说——科学与伪科学的量尺

　　卡尔·波普尔（Karl Popper，1902—1994）是著名的科学哲学家，他阐明了一个被现在的科学界广为接受的观点：所有的物理规律（或者说科学定律）都无法被完全"证实"。通俗来讲，就是永远无法通过列举事实来彻底证明科学规律，尤其是向那些伪哲学家证明。这也被称为科学理论的"可证伪性"，你也可以理解为科学理论的"可检验性"。这个说法看似难懂，其实很简单。比如说我发现了一个规律：天下乌鸦一般黑。那我怎么证明这个规律呢？我只能去全世界抓乌鸦。当我发现抓到的每一只乌鸦都是黑的，我就可以跟你说："你看，我从全世界抓了那么多的乌鸦，无一不是黑的，这下你总该相信'天下乌鸦一般黑'的理论了吧？"你仍可以反驳："不，你又没有把地球上的所有乌鸦都抓来给我看，怎么就知道没有一只白色的乌鸦呢？就算你把地球上现存的所有乌鸦都抓来了，又怎么证明宋朝的乌鸦也都是黑的呢？你怎么知道以后会不会生出白色的乌鸦呢？总之，无论你怎么做都不能让我相信'天下乌鸦一般黑'这个理论。"波普尔认为确实无法证明这个规律是正确的，因为只要举出一个反例就可以将它推翻，这便是"证伪"。但是我可以根据这个规律大胆地做出一种预言，哪一天你跟我说你又在非洲的某个丛林里面抓到了一只乌鸦，不用去看，我就敢说那只乌鸦是黑的。你每抓到一只黑色的乌鸦，就会给"天下乌鸦一般黑"这个理论增加一分可信度。但只要有一天发现了一只白色的乌鸦，这个理论就会不攻自破。因而科学理论之所以能被认为是"科学"，首先它要能做出一些预言，而这些预言恰恰是要能够被"证伪"的，也就是有可能被实验推翻的。只有满足了"预言"和"证伪"这两个条件，我们才能为其冠以"科学"之名。反过来说，如果你提出的理论以及做出的预言是永远不可能被实验推翻的，那么就不能称之为科学理论。比如说，你给出了一个理论：有一种屁放出来是香的。于是我们把全天下的人放的屁都收集过来闻一下，发现都是臭的，但是这也没法推翻你的理论，因为我们并不能证明你说的那种香屁从来没有存在过。另外，你的这个理论也不能做出一个准确的预言：在何年何月何地何人会放出一个香屁。因此，当一个理论只能"证实"而不能"证伪"，并且无法做出可靠的预言时，我们便暂时不能承认它是科学的，而只能将它当作一种"见解"，比如"某些人能与死者的灵魂对话"之类的说法。波普尔认为所有的物理规律都只能算作一种"假说"，它可以做出大量的预测，指导我们的发明创造，但总有一天我们会因为找到一个不符合理论的反例来修正理论。不过在没有找到某个理论的反例之前，我们仍然认为该理论是正确的、科学的，相对论也不例外。

奥卡姆剃刀原理——科学需要什么样的假设?

大约七百年前,英格兰有一个叫奥卡姆的地方,那里出了一个叫威廉(这在英国是一个超级大众化的名字,就跟中国有很多人叫王刚一样)的哲学家,他说了一句话,到今天还一直影响着科学界,甚至开始辐射到管理学界、经济学界等,这句话的原文是"Entities should not be multiplied unnecessarily.",译成中文是"如无必要,勿增实体",这就是奥卡姆剃刀原理。为啥不叫威廉原理呢?你想啊,假设中国有一个住在桃花岛的王刚讲了一个流传后世的著名道理,如果叫"王刚原理"就会显得有点平淡无奇,但如果叫"桃花岛原理",给人的感觉就完全不一样了,而且从此桃花岛也就出名了,还可以大力开发旅游资源。不过你看不出奥卡姆剃刀原理有啥深奥的地方对吧?是的,要是不解释,我也跟你们一样糊涂。但是一经解释,就发现它非常有道理。

奥卡姆剃刀原理首先说的是这样一个道理:如果你发现了一个很奇怪的现象,要对它进行解释而不得不做各种各样的假设,可能不同的解释需要不同的假设,那个需要假设最少的解释往往是最接近真相的解释。童话《皇帝的新衣》大家都应该耳熟能详吧?看到皇帝在大街上光着屁股走路这个奇怪的现象时,总理大臣和邻居家流着鼻涕的小毛都各自有一番解释。先看总理大臣的解释:(1)假设皇帝身上穿着一件世界上最华美的衣服;(2)假设只有聪明人才能看见这件衣服;(3)假设我是蠢人,所以我看到的是光着屁股的皇帝。再看小毛的解释:假设皇帝根本没有穿衣服,所以我看到的是光着屁股的皇帝。根据奥卡姆剃刀原理,小毛的解释可能最接近真相!因为他的假设最少。奥卡姆剃刀原理还说明了另外一个道理:如果有某个条件是不能被我们感知和检测到的,那么有和没有这个条件就是等价的。比如说,天上出现闪电的时候,李大师告诉我们,这是他发功召唤来的一条天龙正在吐火,但是这条天龙,凡人是永远不可能看见的,也永远别想用任何科学手段检测到,只有他能看见。根据奥卡姆剃刀原理,李大师的说法和没有这条龙的存在是等价的。换句话说,我们应当把所有不能被我们感知和检测的条件，都毫不留情地像剃刀刮肉一样从我们的理论中刮去。当然，请记住，它并不是一个放之四海而皆准的科学定律，只是一种帮助我们寻找正确答案的思维方式。奥卡姆剃刀原理从提出到现在约七百年的时间，这个原理是人类智慧的精华，也是帮助我们看清这个纷繁迷乱的世界的"第三只眼"。我们将会在本书中看到爱因斯坦是如何灵光闪动地运用奥卡姆剃刀原理的，他就像说皇帝根本没有穿衣服的那个小孩（那一年爱因斯坦 26 岁，在物理学界确实可以算是"小孩"），一语点醒整个物理学界，改变了物理学家们对于光速的普遍看法。用我的话说，奥卡姆剃刀原理说的就是——"上帝喜欢简单"。

思维实验——在大脑中运行的实验

说到实验，你首先想到的是什么？是跟我一样永远不能忘记的第一次看到老师用火柴点燃倒扣在烧杯下面的氢气时，那巨大的爆炸声和自己的惊呼？还是伽利略在比萨斜塔投下大小铁球的经典场景（当然，这可能只是个传说）？你的脑海中一定翻腾起许多你曾经看到过或者亲自做过的实验。但是你是否意识到，有一种实验叫作"思维实验"，而正是这种思维实验极大地推动了科学的发展。可能你已经在心里嘀咕："真的假的？"我这就给你举一个例子。关于思维实验，科学史上最著名的例子就是伽利略以此推翻了亚里士多德"重物下落更快"的论断。

（全书中的此类场景均为虚构。）

伽利略："亲爱的亚里士多德先生，您不是说重的东西比轻的东西下落得更快吗？那么如果我们把一个铁块和一个木块用绳子拴在一起，再从高处扔下来，会发生什么？按照您的说法，较轻的木块下落得慢，因此它会拖累铁块的下落，所以它们会比单扔一个铁块下落得慢一点，是不是这样？"

亚里士多德："没错，逻辑正确。"

伽利略："但是，铁块和木块拴在一起以后，总重量却要比一个铁块更重了啊，那么它们岂不是又应该比单个铁块下落得更快了？"

亚里士多德："呃……"

伽利略："这个实验不用实际去做了吧，单单在我们脑子里面做一下就可以发现您的理论是自相矛盾的。"

亚里士多德："你让我想想，你让我想想……"

上面就是一个思维实验的生动例子，在头脑中运行的实验有时候往往比真正的实验更具有说服力。爱因斯坦就是一个思维实验的大师，相对论的诞生和思维实验密不可分，甚至可以说没有爱因斯坦在大脑中运行的那些实验，相对论就不可能诞生。在本书中，我将带你一起领略很多充满奇思妙想的思维实验，感受头脑风暴所带来的快乐。

佯谬——乍一看是不对的，没想到却是真的

在物理学里，我们经常会遇到一些很有趣的事情，这些事情看似不可能，却又被实验证明是千真万确的。像这样的事情，中文里面有一个词就叫作"佯谬"。佯，是佯装、伪装的意思；谬，是谬误、错误的意思。佯谬，就是佯装是错误的，其实是正确的。在本书中，会出现很多有趣的佯谬。我们先举一个统计学中著名的例子给大家看（本例子来源于"果壳网"）：

高考终于考完了，我考得相当不错呢，终于到了填写志愿的时候，东方大学（简称"东大"）和神州大学（简称"神大"）都是我向往的学校，录取分数都差不多，第一志愿到底要填报哪所大学呢？想来想去，为了终身大事，我决定报考女生更多的大学，于是我从网上搜索两所大学的数据开始研究。物理系，东大的男女比例是 5：1，神大是 2：1（两所学校都是男生多）；外语系，东大的男女比例是 0.5：1，神大是 0.2：1（两所学校都是女生多，但东大的男女比例更大一些）……哇，怎么所有专业东大的男女比例都高于神大啊？那还犹豫什么呢，我肯定报神大了！两个月后，我顺利地进入了神州大学，正当我得意于自己的选择的时候，我"悲剧"地看到了一份资料，上面写得清清楚楚：

东大整体的男女比例小于神大。我的天,有没有搞错?!怎么可能东大所有专业的男女比例都高于神大,但是整体男女比例却低于神大了呢?!不带这样玩我的!肯定是哪里算错了吧?于是我拿出计算器狂敲,却发现网上的数据没错,我也没有算错数据,结果是千真万确的。这种情况真的可能发生吗?是的,这就是统计学上著名的"辛普森佯谬",看起来不可能的事情真的发生了。

你可能还是不相信,那么我们来假设两份数据(为了简化数据,我们现在假设东大和神大只有两个专业),你可以亲自动手演算一下。

表1-1 物理系数据

	男生人数	女生人数	男女比例
东方大学	35	7	5:1（大）
神州大学	100	50	2:1

表1-2 外语系数据

	男生人数	女生人数	男女比例
东方大学	50	100	0.5:1（大）
神州大学	10	50	0.2:1

表1-3 学校整体数据（两个专业之和）

	男生人数	女生人数	男女比例
东方大学	85	107	0.8:1（小）
神州大学	110	100	1.1:1

所以说,这个世界的奇妙往往远超出你的想象,还有无数更加不可思议的佯谬在前面等着我们。在本书中你会看到,发生在一对双胞胎兄弟身上的佯谬推动了爱因斯坦的深度思考,让相对论发生了质的飞跃。

Chapter Two

伽利略和牛顿的世界

The Shape *of* Time

相对性原理

我们的故事要从四百多年前开始讲起。你可能心里会嘀咕，相对论不是一百多年前爱因斯坦提出的吗，怎么一下子就要多倒回去三百多年？知足吧，我已经比《生活大爆炸》（*The Big Bang Theory*）中的谢尔顿好多了，他一讲起物理，总是从古希腊开始说起。是的，为了让你充分领略人类在通往相对论的道路上所经历的蜿蜒曲折、峰回路转，我们必须回到这条路的起点。

现在请跟我一起回到 16 世纪末的意大利比萨，此时正值文艺复兴后期（中国此时正值明朝万历年间），意大利半岛诸城邦正繁荣发展。文学、艺术、科学的春风从意大利席卷整个欧洲，空气中弥漫着新世纪即将到来的新鲜气息。在比萨大学的一间大教室里，宫廷数学家奥斯蒂利奥·里奇（Ostilio Ricci，1540—1603）正在讲台上开讲座，讲台下面坐得满满当当。里奇是远近闻名的数学家，一向只在皇宫中讲课，他要来比萨大学的消息在几个月前就传遍了整所学校。一个叫伽利略·伽利雷（Galileo Galilei，1564—1642）的医学系学生起了个大早，终于抢到了最前排的好座位。

里奇开始讲解数学的新进展——代数学，用简洁流畅的语言向大家讲解了什么是一元二次方程，并给出了 $ax^2+bx+c=0$ 通用解法的证明，接着开始讲解二项式展开的概念并现场演示了 $(a+b)^n$ 的展开过程。

里奇熟练的演算和生动的讲解博得了阵阵掌声，他注意到坐在第一排的一个年轻学生自始至终都在聚精会神地听讲，脸上还不时闪过兴奋和满足的表情。里奇一下子对这个学生产生了好感，讲课的间隙，里奇问道："同学，你叫什么名字？"

"伽利略。"

"哪个专业的？"

"我是医学系的。"

"啊，真是了不起！"里奇赞叹道，"学医学的也能对数学如此感兴趣，你一定会成为一名伟大的医生！"

伽利略的脸一下子就红了："其实，先生，我不喜欢医学，我更喜欢数学和物理。但是我的父亲希望我成为一名医生。我为此感到十分苦恼。"

里奇说："别泄气，年轻人。你可以自学，大学很短暂而生活很长，追随自己的兴趣，你一定能成功的。不管什么时候，你都可以来找我，我愿意成为你的良师益友。"

伽利略受到了极大的鼓舞，从此更加疯狂地喜欢上了数学和物理，并且经常向里奇请教问题。

我们应该感谢里奇对伽利略的帮助，这虽然使得世界上少了一名可能不错的医生，但是却催生了一位伟大的物理学家、天文学家和数学家。

伽利略在力学和物体运动规律方面的贡献是无与伦比的，是他打下了牛顿经典力学的基桩，而牛顿在基桩之上盖起了足以让后人仰视的经典力学大厦。

伽利略第一项最广为人知的成就是提出了自由落体定律，这个定律说的是：如果不考虑空气阻力，任何物体下落的加速度相同（这个加速度，即重力加速度 g，其标准值约为 9.8 米 / 二次方秒）。

类似自由落体定律这样的规律被世人统称为"力学规律"。

我们再来看一个伽利略关于运动的重要发现——"惯性定律"，这实质上揭示了后来被称为牛顿第一运动定律的现象（当然，伽利略没有像牛顿那样将其精确地表述出来，因此这一定律的正式发现权仍然归于牛顿）。伽利略发现这个定律，也是从一个思维实验开始的，这个思维实验体现出他具备非凡的智慧。伽利略设想把一个小球放到一根 U 形管的一端，松手让小球自由滑落，那么这根 U 形管表面越光滑，小球在另一头就上升得越高。伽利略假想：如果能发明一种完全没有阻力的材料，则小球应该能恰好在另一头到达跟起点同样的高度（图 2-1）。这个现象就好像在一根绳子上挂一个小球做钟摆，如果完全没有空气阻力的话，小球摆动到另一端的高度会与初始高度完全相同。

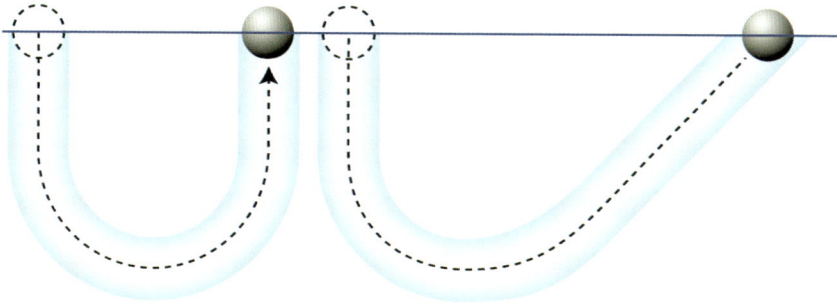

图 2-1：如果存在完全消除阻力的理想条件，小球从 U 形管一头落下，应当滚到另一头与起点相同的高度

伽利略的这个思维实验没有停，他继续往下想：假设找到了一种能消除阻力的完美材料，把 U 形管的另一端拉平，那么小球从起点滑落后，为了能在终点达到和起点同样的高度，它只能不停地、永远地滚下去，不可能停下来（图 2-2）。

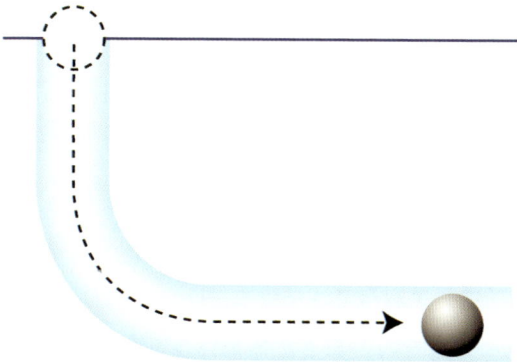

图 2-2：完全没有空气阻力时，如果 U 形管的另一端是平的，小球就永远不会停下来

　　从这个思维实验中，伽利略得出了关于物体运动的又一个力学规律：除非有外力阻止，在一个完美光滑的表面做匀速直线运动或静止的物体，会有一种保持这个运动或静止状态的"惯性"。伽利略称之为"惯性定律"。

　　我相信对于各位读者来说，自由落体定律和惯性定律都是再熟悉不过的物理常识了，但是在四百多年前能有这样的认识实在是了不起。讲到这里，我就要抛出本章的重点了，那就是**伽利略相对性原理**。通过上面的阅读我们已经知道了什么是力学规律，有了这个基础，我们就可以继续往下讲了。

　　伽利略相对性原理：在任何惯性系中，力学规律保持不变。

　　"得！我刚理解了什么是力学规律，你马上又冒出'惯性系'这个专业术语。别卖关子好吗？"想必有读者的心里已经开始这么嘟囔了。

　　莫急，我这就开始解释"惯性系"是什么意思。

　　为此，我们来假想一场伽利略和你之间的穿越时空的对话。

　　伽利略："我想问你一个问题，怎么区分静止和运动？"

　　你："这也叫问题？我开着法拉利，一溜烟地从你身边开过，我就是在运动，难道这有什么不对？"

　　伽利略："对不起，请问法拉利是谁？"

　　你："哈，不好意思，忘记你是古人了，那我就不说法拉利了，我们说火车吧。"

　　伽利略："火车？"

　　你（崩溃状）："你那个时代连火车也没有！想想也是，蒸汽机还没发明，瓦特都没出生……好吧，那我们说船总可以了吧？船，你总知道吧？"

　　伽利略："船，我当然知道，你的意思是说如果你在开动的船上，我在岸上，那么我就是静止的，你就是运动的，对吗？"

　　你："哈哈，我可不会上你的当！好歹我也学过几年物理，我知道你要说的是什么，我替你说了吧。说到运动，必须有一个参照物，如果以你为参照物，那么你是静止的，我就是运动；如果反过来以我为参照物，你就是运动的。对不对？你还真以为我是文盲啊，伽利略先生。"

伽利略："未来人果然牛啊。那好吧，我们继续。现在假设你在一个没有窗户的船舱里，完全看不到外面的情况，你有没有办法判断船相对于我是运动的还是静止的？"

你（想了想）："你这个问题也难不倒我，如果船不是匀速行驶的话，我很容易知道船是不是正在开着。船加速时，我会感到有一股无形的力在把我向后推；船减速时，我会不由自主地往前踉跄。我天天坐地铁，对这种感觉太熟悉了。呃，你就不用问什么是地铁了，跟你解释不清，总之以此我就可以判断船是在加速还是在减速了。我说得没错吧，伽利略先生？"

伽利略："完全正确。不过如果船的加速度很小，你又是被固定在座位上，很难察觉到微小的推背感时，该用什么办法来判断呢？"

你："这个……让我想一下。有了！这也不难，我可以做力学实验，比如用绳子挂着一个小球，看这根绳子是不是完全垂直于地面；或者，我把一个小球放在一张平稳的桌子上，看小球会不会自动滚起来。通过很多力学实验，我都可以推断出船的运动状态。"

伽利略："回答得完全正确，确实不能小瞧你。也就是说，当船进行非匀速直线运动时，在船上所做的力学实验的结果会改变，换句话说，力学规律的表现形式会被改变，比如惯性定律、自由落体定律（自由落体的方向和加速度都有可能改变）等。但是，如果现在假设船正在进行完美的匀速直线运动，你还能通过力学实验来推断船是否在运动吗？"

你："那显然不可能了，如果船舱没有窗户，我根本不可能判断出我是静止的还是运动的，不论我做什么样的力学实验，都无法知道。"

伽利略："是的，也就是说，在匀速直线运动的状态下，所有的力学规律的表现和静止状态时完全一样。况且，你也知道，没有什么绝对的静止，地球也是在运动的，地球上的每一个人哪怕站着不动，也在随着地球一起运动，判断是运动还是不运动的关键在于怎么选取参照物。"

你："我感觉，被你这么一说，静止和匀速直线运动这两个词好像失去了准确的意义，我根本无法定义自己到底是静止的还是在做着匀速直线运动，静止和运动永远都是相对的。"

伽利略："你越来越接近真理了。没错，用我的话来说，静止和匀速直线运动这两个词的物理意义是相同的，或者说都是不精确的，我用了一个新的词来统一它们所描述的状态，这个词就是'惯性系'。不论你是站在岸上做实验，还是在一艘做匀速直线运动的船的船舱里做实验，在我眼里，你都是在一个惯性系里做力学实验。我的相对性原理说的就是：在任何惯性系中，力学规律保持不变。"

你："哦，原来是这个意思，嗯，不难理解，我完全同意。"

伽利略的相对性原理对于我们现代人来说，是相当好理解的，请千万记住这个原理。后面我们还会提到这个原理，它跟相对论的诞生有莫大的关系，但是千万别把它和相对论混为一谈。

伽利略变换式

伽利略在提出了相对性原理之后，觉得用一句话来表述这个原理还是显得不够简洁、不够酷。伽利略想：好歹我也是个数学家，怎么着也应该用数学的语言来描述我发现的这条伟大的原理吧。于是没过多久，伽利略就提出了几个数学公式，用来描述相对性原理，后人就把这几个数学公式叫作**伽利略变换式**。在我们现代人看来，这个变换式其实是相当简单的，只需要用到一点点小学数学知识即可。现在我要给大家出一道小学数学的应用题（我相信这道数学题能勾起你很多美好的童年回忆）：

小明和小红一起来到公交车站，两人见面以后互相对了手表，确定了时间。小红要坐的车先来，她登上公交车，车开动的时候刚好是 7 点钟整，公交车以

10 米 / 秒的速度开走了。问：1 分钟以后小红距离小明多远？小红和小明的手表上的时间分别是几点？

可能你脑袋里面会冒出一大堆问号，怀疑是不是我在出脑筋急转弯的题了。小明和小红的手表走时完全准吗？公交车走的是直线吗？小明在一分钟内确实没动吗？这个距离是按照公交车车头还是车尾算？小明是一直站着的吗？真的没趴下来？

我理解你的这种心情，社会经历丰富了，总觉得简单的东西背后都藏着什么陷阱。我现在很诚恳地告诉你，确实没有任何陷阱，忽略你的那些疑惑，这就是一道小学数学应用题。下面是解法：

1. 1 分钟等于 60 秒。小红距离小明的距离 $s = vt = 10 \times 60 = 600$（米）。

2. 小明和小红的手表上的时间都是 07：01。

上小学的时候，为了解这道题，老师喜欢给我们画一幅像图 2-3 这样的图。

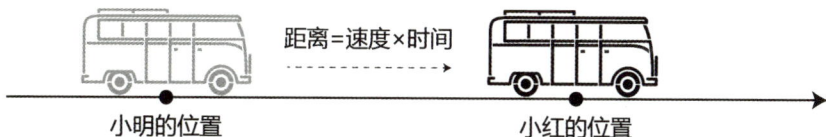

图 2-3：数学题图示

这幅图有没有勾起一点你的童年回忆？好了，从这道题目出发，我们继续往下深入一步，把这道小学数学题改写为一道初中数学题，如下：

小明和小红各自代表一个坐标系的坐标原点，且初始位置相同，有一只大懒猫在小明的坐标系中的 x 轴上横坐标为 x 的地方睡大觉，此时小红以速度 v 沿着 x 轴正方向做匀速直线运动，过了一段时间（假设时间为 t）以后，设大懒猫在小红的坐标系中的 x 轴上横坐标为 x'（注意 x' 和 x 的差别，前者我们一般读作 "x 一撇"）的地方，求 x' 和 x 之间的关系式以及小明坐标系的时间 t 和小红坐标系的时间 t' 之间的关系式。

我知道你对上页的题干看了不止一遍，题目读上去有点拗口，看上去也有那么一点专业了，但其实这道题目实质上和上面那道小学数学题目是完全一样的，要运用到的数学知识跟第一道题目也完全一样，我们看一下这道题目的图解（图 2-4）。

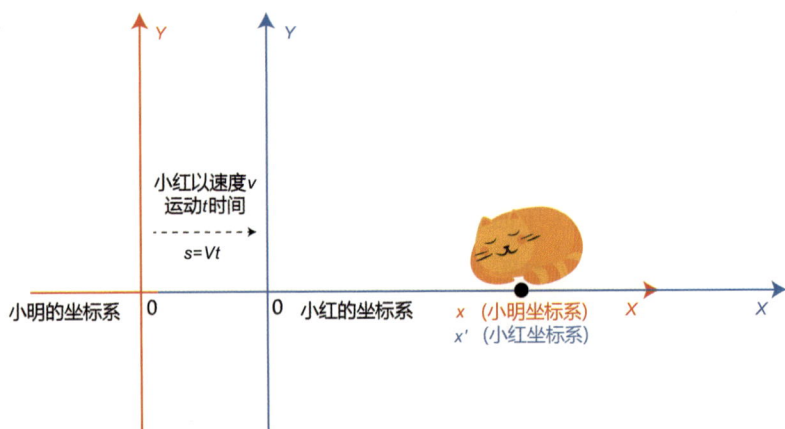

图 2-4：数学题图示

画完上面这个图解，我必须顺便提一下，像这样由一根横着的 *x* 轴加一根竖着的 *y* 轴组成的坐标系叫作直角坐标系，这是数学家笛卡尔发明的。我们高中时还学过一种极坐标系——它只需要一个极点和一根极轴就够了（该坐标系中任意位置可由一个夹角和一段相对极点的距离来表示）。因为笛卡尔坐标系特别容易理解，所以用得最广泛，以至于我们经常将它简称为坐标系。我教你一个高级的招数，下次有机会可以这样说："各位，首先让我们来构建一个笛卡尔坐标系……"加上"笛卡尔"三个字，听众立马就会觉得你很厉害。如果你只是平淡无奇地说"各位，首先让我们画个坐标系"，效果就会大打折扣。

言归正传，就着上面的图解，我直接写下答案，我想你一定能理解的：

$$\begin{cases} x' = x - vt \\ t' = t \end{cases}$$

以上这两个数学表达式，我们称为伽利略变换式。我知道你此时正在想：x' 到 x 的变换马马虎虎还能算个数学公式，不过也真是够简单的，但这个 $t' = t$ 真是要让我惊讶了，这算什么意思？难道只是表明小明的手表过去了几分钟，小红的手表也过去了几分钟吗？这也需要被伽利略当作一个伟大的定理告诉我们？

请暂时放下疑惑，让我来解释一下这两个数学表达式的伟大意义。坐标 x，我们可以抽象地认为是小明眼中的世界；而坐标 x'，可以抽象地看作小红眼中的世界。通过这个关系式，只要知道了小红的速度和时间，我们就能把小红眼中的世界转换为小明眼中的世界。嗯，我承认，上面几句话还是有点令人费解，所以我需要举例子了。

想象一下小红在一艘做匀速直线运动的船的船舱里面进行力学实验，测量实验数据来推导各种力学定理。力学实验要测量什么？仔细一想，你会发现，所有的力学实验对于物理学家来说只需要测量两样东西，一是坐标（比如小球的起点坐标和终点坐标），二是用一个尽可能精确的钟表记录的时间（当然通常还要测量质量，不过一次实验一般只需要测量一次质量，或者使用标准质量物体）。所有的力学实验无非就是测量各种各样的坐标和时间的数据，然后从这些杂乱的数据中寻找普遍规律，从而总结出力学定律。

小红是一个在匀速航行的船舱中做实验的物理学家，小明是一个静止站立在岸上的物理学家。对于同一个实验，小红以自己为参照系可以很方便地测量出来一堆数据，但是你想想，如果小明也想测量小红所做的那些力学实验的数据，他该怎么办？小明既没有"千里眼"，也没有"千里手"，船每时每刻都在离他而去，小明只能望洋兴叹。

伽利略突然出现了，他看着愁眉苦脸的小明，微笑着说："不用发愁，山人自有妙计。"

小明问："什么妙计？"

伽利略："你只需要知道船的速度即可，剩下的事情就都好办了。"

小明："船的速度不难知道，测出来以后接下来怎么办呢？"

伽利略："你只要让小红下船以后把她测量到的所有实验数据给你，用我强大的伽利略变换式，就能把她测得的所有坐标数据和时间数据变换成以你为参考系的数据。"

小明："原来如此，伽利略你真了不起！"

于是，小明按照伽利略的办法如愿得到了所有他想要的实验数据。然后，小明和小红分别用自己手头的数据开始研究力学定律。研究完毕，两人把他们各自总结出来的规律一比较，竟然完全一致。

你看，有了伽利略变换式，我们就能证明对于同一个力学实验，不管是站在小明的角度观测，还是站在小红的角度观测，所得到的规律是相同的。这说的不就是伽利略相对性原理吗？看来伽利略还真是不简单。

大家应该还记得上中学的时候学过一个关于自由落体定律的公式：$h = \frac{1}{2}gt^2$。这个公式告诉我们，只要知道物体下落的时间，就能算出物体下落的高度。

我本想以这个定律为例子来说明虽然通过伽利略变换后实验数据的值变了，但是通过数学运算，等式两边同时加加减减，所有的差异居然都神奇地抵消了，最后总结出来的公式不论是在小明还是在小红的参考系中都是完全等价的。但是考虑到很多人天生惧怕数学公式，我担心吓跑各位耐心的读者，那就悲剧了！因此，我还是不卖弄数学风骚了。

伽利略变换的伟大意义就在于它用数学的方法证明了伽利略相对性原理。

说到这里，我相信各位读者已经完全理解了伽利略相对性原理和伽利略变换，它们一点都不难理解。正因为简单好懂，符合我们日常生活经验，因此，伽利略大侠的"倚天剑"（相对性原理）与"屠龙刀"（坐标变换）才能统治物理学江湖长达两百多年。在两百余年的时间里，无人不臣服，无人敢于挑战，就好像此刻的你也认为这是天经地义的事情。难道这真有可以挑战的地方吗？是的，两百多年后一个叫亨德里克·洛伦兹（Hendrik Lorentz, 1853—1928）

的侠士拿着一把锈迹斑斑的大刀，向伽利略变换发出了挑战，并且竟然一刀就将伽利略变换这把屠龙刀斩为两截。随后，一个 26 岁的年轻人，无门无派，不知道从何方冒出来，携一把木剑向伽利略相对性原理这把倚天剑发出了挑战。这一战，那真是刀光剑影、霹雳惊雷。这个年轻人，姓爱因斯坦，名阿尔伯特，那真是一位五百年一遇的奇男子。当然，这些是后话，我们暂且按下不表。

1642 年 1 月 8 日，在伽利略的故乡意大利，78 岁的伽利略走到了人生的尽头，他不断地重复着一句话："追求科学需要特殊的勇气。"声音越来越轻，终于，伽利略吐出了最后一口气，合上了眼睛——一位科学巨星陨落了。冬去春来，斗转星移，将近一年后，在英格兰的林肯郡有一名男婴呱呱坠地，一位新的科学巨星诞生了，力学的接力棒从伽利略手上交到了这名男婴的手上，这名男婴叫作艾萨克·牛顿（Isaac Newton，1643—1727）。

史上最牛炼金术士牛顿

牛顿是历史上最伟大的炼金术士，没有之一，也是最伟大的物理学家、天文学家、数学家、自然哲学家、神学家之一。纵观古今中外所有的"家"，能集如此众多的"家"于一身的，古往今来可能就只有牛顿一人。非但空前，而且极有可能绝后，因为现代科学的分支越来越细，研究越来越深，在任何一个领域想要成为"家"都得穷其一生才行……打住打住，你说什么？牛顿是最伟大的炼金术士，还没有之一，真的假的？对于这件事情，我没有半分开玩笑的意思，这是千真万确的。牛顿投入数十余年研究炼金术，不过没有证据说明他是为了财富才炼金的，我想他去炼金也应该是出于对大自然奥秘的追求。牛顿自己多次说过他最大的兴趣是炼金术，而且他用自己的实际行动证明了这一点，他流传下来的关于炼金方面的著述超过 50 万字，他在炼金方面花费的时间相当于他在其他学科上所花费的时间的总和。但大多数人都不知道牛顿是炼金术士，主要还是因为他在这个方面没有成就，因为以当时人类对自然科学的认识，是不可能掌握点石成金之术的。

牛顿在自然科学方面的贡献，那真是可以用多如牛毛来形容。在物理学方面，他提出了著名的牛顿运动三定律；在天文学方面，他发现了万有引力定律（还记得那个苹果掉在牛顿头上的传说吗？那只是个传说，别太当真），发明了反射式望远镜；在数学方面创立了微积分；在光学方面发现了色散现象、牛顿环现象，写出了《光学》（*Opticks*）；在经济学方面，身为皇家造币厂督办的牛顿化解了英国的白银危机，也为此后的"金本位"制度奠定了基础。这个清单如果继续往下还能写得很长很长，但是上面说的这些你都可以在看完本书后忘掉，只有一样，你一定要记住。以后跟人谈起牛顿，你只要一提起这一点，人家就会认为你对牛顿了解得不少，那就是牛顿写过的一本书，书名全称叫作《自然哲学的数学原理》（*Mathematical Principles of Natural Philosophy*），一般简称为《原理》。这本书代表了经典物理学的巅峰，牛顿把从大到天上的皓月星辰，小到地上的潮起潮落，一切的自然规律都纳入了这本震古烁今的《原理》中。这本书就像是神话中的魔法书，读懂了它，就可以预测一切天文奇观。我们前面说过伽利略为经典力学打下了基桩，牛顿在上面构筑了雄伟的大厦，而《原理》就是这座大厦的丰碑。好了，毕竟我们这本书是讲相对论的，不是给牛顿著书立说的，总之我们只要知道一点——牛顿是一个光芒万丈的天才科学家。对了，必须说一下他的墓志铭，诗人蒲柏在为牛顿所作的墓志铭中写下了这样的名句：

自然和自然的规律隐藏在黑夜里，

上帝说：让牛顿降生吧！

于是世界就充满光明。

看看，诗人就是诗人，在蒲柏的笔下，牛顿简直就是神的化身！这样一位像神一样的人物，耗费数十年时间研究炼金术，这世界上还有谁能比他炼得更出色？牛顿炼金炼累了，顺便想一下物理、数学、天文的事情，想出来的东西就够我们后人仰视一辈子了，这样的人如果还不是史上最牛炼金术士，谁敢是？但毕竟我们要说的是相对论，因此，我只谈牛顿跟相对论有关的内容，牛顿在其他方面的成就，我就不再多说了。

牛顿的绝对运动观

下面，我要虚构一段牛顿在剑桥大学给物理系的新生们授课的场景。有史料表明牛顿的讲课水平烂得出奇，据说在他的课堂上，常常到第一节课结束时，座位上的学生已经寥寥无几，牛顿只好对着空荡荡的教室快点把剩下的内容讲完，然后匆匆回到实验室做研究，以至于后来牛顿把每节课的时间减少到15分钟，这样才不至于对着空气讲课。可见，牛顿实在不能算得上一个优秀的老师。但为了让各位可敬可爱的读者能坚持看下去，我会尽可能地把牛顿的这个短板补上，让这堂课有趣一点。特别申明，场景和对话纯属虚构。

牛顿："同学们，上课了！下面开始点名。汤姆，到；杰瑞，到。嗯，不错，今天来了两个，比昨天多了一个。今天我们要讲的是时间、空间和运动。

"我们假设有一艘船正以10米/秒的速度开着。（画外音：'船，怎么又是船，你就不能换个新鲜点的吗？比如火车。'唉，我也不想啊，那个时代没有火车、飞机、火箭，能开的东西不是马车就是船，所以那会儿的物理学家一说起运动，就只能说船，但我跟你保证这本书接下来不仅有飞机还有宇宙飞船，包你过瘾。）汤姆，现在我把你扔在船尾，你以1米/秒的速度朝船头方向走动。杰瑞，你站在岸上，我想问，汤姆在你眼里的速度是多少？杰瑞，杰瑞，这才刚开始，你怎么就打瞌睡了？振作点，还有读者呢！好吧，杰瑞，看在你这么诚恳地看着我的分上，我就不难为你了。

"我们可以利用伽利略变换式很容易地算出，在杰瑞的坐标系里面，汤姆的移动速度是船的移动速度加上汤姆自己走路的速度，也就是10+1=11米/秒。

"那么，问题一：如果杰瑞自己在岸上用2米/秒的速度和船做同方向的运动，在杰瑞眼里汤姆的速度是多少呢？问题二：如果杰瑞和船做着反方向的运动，在杰瑞眼里汤姆的速度又是多少呢？

"我们再次利用伽利略变换，可以算出，问题一的答案是10+1-2=9米/秒，问题二的答案是10+1+2=13米/秒。汤姆和杰瑞，你们的老师我如此婆婆妈妈、啰啰唆唆地问你们这些看似很无聊的问题，是希望你们能自己总结出速度合成的规律，给出速度合成的定律。怎样，你们俩谁先表现一下？"

汤姆举手，说："教授，我知道了，假设 A 的速度是 v，B 的速度是 u，那么他们的相对速度 w 的公式是：

$$w = u \pm v$$

"取加号还是减号，关键看两个速度的方向，如果一致就取减号，否则取加号。"

牛顿："非常好。那么，杰瑞，你同意汤姆的结论吗？"

杰瑞："我完全同意，教授。我想补充说明的是，速度到底是多少，绝对不能脱离参考系，同样运动的物体，在不同的参考系中，速度是不一样的。比如，在我眼里汤姆的速度是11米/秒，但是如果在一个站在太阳上的人眼里，汤姆的速度还得再加上地球绕太阳运行的速度。"

汤姆："我再补充一句，当我们说某某的运动速度是 v 的时候，必须先设定该速度的参考系，否则就会失去物理意义。按照这个道理，世界上也不存在绝对的速度快慢。当我站在船上，杰瑞站在岸上，在船上飞舞的苍蝇眼里，杰瑞运动得比我快；反过来，在岸上飞舞的苍蝇眼里，我运动得就比杰瑞快。"

牛顿："说得很好，你们两个今天果然精神多了，有观众和没有观众真是不一样啊。但是接下来我就要问你们一个有深度的问题了，请问，什么东西可以当作参考系？"

汤姆和杰瑞异口同声："任何东西都可以做参考系。"

牛顿："很好，那空间本身是不是也可以做参考系？"

汤姆和杰瑞："呃……这个，我们还真没想过这么深奥的问题。"

牛顿："请你们想象一下，宇宙中充满了空间，宇宙延伸到哪里，空间就延伸到哪里。这个巨大的空间本身代表的就是宇宙的母体，处处均匀，永不移动，所有的东西——天上的星星，地上的蚂蚁，我们所居住的地球——都在这个空间中运动。如果把空间本身看作一个参考系，这个参考系就是一个'绝对空间'，所有物体在这个参考系中的运动速度就是一种'绝对速度'，它们就可以比较快慢了，我们会发现，原来地球的绝对速度比太阳的绝对速度要快。"

汤姆："教授，您的这个想法真是太深刻了，学生佩服。"

杰瑞："可是，我还是有点无法理解。"

牛顿："汤姆，在上帝的眼里，我们的宇宙就像一个巨大的玻璃球，玻璃球中充满了水，水安安静静地待在那里，没有一丝一毫流动。太阳、星辰和我们就像水中的鱼儿一样在里面游动，鱼儿感受不到水的存在，我们也同样无法感受到空间中的某样实体的存在。亲爱的杰瑞，就像水充满宇宙这个大玻璃球一样，我们的宇宙也被一种叫作以太（Ether）的物质充满，宇宙万物的运动相对于以太都有一个绝对速度。你能理解了吗，亲爱的杰瑞？"

杰瑞："是的，教授，我理解了。但是，您说的这种叫以太的物质总是让我心里有点不安，因为它无法被我们感受到，用我们老家奥卡姆很流行的一句话来说，似乎这样的东西就跟没有是一样的。教授，您能设计一个实验来证明绝对空间的存在吗？"

汤姆："我说杰瑞，你是不是想多了，教授是多么伟大的人，他的思想还能有错吗？"

牛顿："不，汤姆，别这么说，我可不是胡克（另一位著名的英国科学家罗伯特·胡克，他发现了胡克定律，也就是弹性定律。胡克与牛顿一生争执不断）那个小矮子，不容别人质疑。我是站在巨人肩膀上的人，当然比胡克那个小矮子看得远点，哈哈哈。杰瑞，你提的问题很好，我已经想到了一个思维实验来证明绝对空间的存在。"

牛顿水桶实验中的绝对时空观

牛顿转身在黑板上画了一个大大的水桶的俯视图，又在水桶里画了一些水，要不是牛顿一边画一边解释，汤姆和杰瑞都会以为牛顿在画大饼。

牛顿："我们下面来做一个水桶实验。杰瑞，你看到我画的这个装着半桶水的水桶（图2-5）了吗？外面这一圈是桶壁，里面都是水。

图 2-5：牛顿的水桶实验

"现在，杰瑞，想象你的身体突然缩小了，缩得很小，然后我把你固定在水面附近的桶壁上，让你可以很方便地看到水的状态。注意了，我现在用一根绳子把水桶吊起来，接着用力一转，水桶就转起来了。杰瑞，你在水桶里面感觉好吗？"

杰瑞："教授，感觉很不好，我的头要晕了，我的眼睛在冒金星。"

牛顿："坚持住，孩子，集中精神，观察水面。"

杰瑞："放心吧，教授，我能坚持。"

牛顿："汤姆，我已经跟你们讲过我的第一运动定理，物体会保持自己的惯性。在水桶刚刚开始旋转起来的时候，整个水体因为要保持惯性，所以不会马上跟着转起来，水桶会转得比水快很多，这一点不用怀疑。那么在水桶刚开始旋转起来的时候，在杰瑞眼里，水相对于他开始转动起来了，我们现在向杰瑞求证一下，看看是不是这样。杰瑞，快点告诉我你看到了什么？"

杰瑞："教授，我听到你跟汤姆说的话了，正如你所说，我看到水转动起来了。"

牛顿："很好，杰瑞，我们都知道一个旋转的物体会产生向外的离心力（准确地说是向心力），这个离心力表现到一个呈圆柱形的水体中，就会使得水面中心凹陷，这是我们在生活中经常观察到的现象。杰瑞，你看下水面发生了什么。"

杰瑞："教授，我看到水面依然平静如故，没有凹陷，这可真奇怪，我明明看到水在我眼前转动了啊？"

牛顿："汤姆，看到了吧，在我们眼里，转动刚开始的时候水面不凹陷非常正常，因为在我们眼里水由于惯性还没转起来。换句话说，水相对于绝对空间尚处于静止状态，但是对于桶壁上的杰瑞来说，他把自己视为静止状态，所以水相对于他就是转动的。现在我们稍等一下，因为水的黏着力，我们俩最终会看到水桶带动着水一起旋转起来，然而对于桶壁上的杰瑞来说，水就慢慢变成静止的了。杰瑞，你现在看到了什么？"

杰瑞："教授，我看到水越转越慢，越转越慢，快要停下来了。哦，天哪，太不可思议了，水面正在向下凹进去，这真是我这辈子见过的最不可思议的景象，水停止了旋转，而水面凭空就凹下去了，但是又没有漩涡，就好像水面上有一个无形的大铁球把水给压下去了一样！"

牛顿："你看，在杰瑞眼中的神奇景象，在我们眼里看来平常无奇，原因很简单，此时的水相对于绝对空间开始旋转起来了，这个旋转的本质不因观察者所取的参考系而改变。好了杰瑞，我现在把你复原，你回来吧。"

杰瑞擦了擦汗："这真是一次奇妙的经历，教授！"

牛顿："让我们再来回顾一下刚才那个水桶实验，如果运动都是相对的，没有一个绝对参考系存在的话，那么桶壁上的杰瑞应该看到水面是先凹后平，因为在杰瑞眼里，水相对于自己是从转动到静止的。但是实际上杰瑞和我们一样都看到了水面是先平后凹的，这就是绝对空间存在的证明。"

牛顿得意地说完，看着汤姆和杰瑞，俩人还愣着呢，一时半会儿反应不过来。牛顿的水桶实验虽然具备大智慧，但并不能让所有人满意，物理学界对这个实验的质疑声从来就没有停过。但毕竟牛顿的光芒实在太耀眼了，其他人的声音很难盖过他。

汤姆："教授，你的这个思维实验太伟大了，我折服了。"

杰瑞："教授，我恐怕一下子还不能完全理解，让我回去再想想。"

牛顿："杰瑞，看不见摸不着而又真实存在的东西有很多，不只是绝对空间，还有一样东西，你也看不见摸不着，但是我们谁也无法否认它的存在，那就是——时间。你们说说看，时间是什么？"

汤姆："时间就是生命，时间就是金钱，时间就是知识，时间就是胜利，时间就是丰收，时间就是灵感，时间就是思考。"

杰瑞："时间就是教堂的钟声，时间就是太阳的东升西落、斗转星移，我说不清楚时间是什么，但我分明感受到时间在流逝。"

牛顿："时间真实存在但又与外在的一切事物都无关，它绝对地、均匀地流逝，不与任何性质相关，任何力量都无法改变它绝对不变的频率。威斯敏斯特大教堂的钟声12点整敲响，不会因为你在洗澡还是在跑步而改变它12点整敲响这个本质。汤姆在伦敦，杰瑞在巴黎，如果忽略声音的传播时间的话，当钟声响起的时候，你们都应当听到钟声，在听到的那一刹那你们俩若有心灵感应，你们会同时感受到对方传递的感受。时间对于世间万物都是公平的，上帝既像一个慷慨的施主又像是一个超级吝啬鬼，不论你是国王还是乞丐，他老人家从不……"

此时，下课铃响了，汤姆和杰瑞几乎是在铃声响起的同时消失在了教室门口，消失速度之快甚至让牛顿都怀疑时间是不是真的存在了。

"……多给一点也不少给一点。"牛顿对着空气（他早就习惯了）把最后一句话说完，也夹着讲义走出了教室。

牛顿的时空观符合我们大多数人的日常生活体验，因此，牛顿的这套思想体系，我相信也很容易被各位读者接受。况且，和牛顿的想法一样本身是一件多么值得自豪的事情啊！在很多人眼中，牛顿就是神一样的存在，他是当时物理界的泰山北斗，他是物理界的教皇，牛顿说出来的话就像是来自上帝的启示。牛顿的绝对时空观被郑重地写入他的巨著《原理》中。这本书之所以是经典，是因为用书中所描述的定理可以准确地预测月食、日食发生的时间，精确到分秒不差，还能通过计算预言当时尚未被观测到的太阳系行星（海王星）的存在。当预言被证实的时候，牛顿和《原理》的声誉达到了空前的顶峰，再没有人怀疑书中描述的任何事情，牛顿的经典世界观大有"千秋万载、一统江湖"之势。

然而，就在牛顿去世一百多年后，一系列的物理实验却得到了让人匪夷所思的结果，这些结果如此地让物理学家诧异，以至于他们一次次地怀疑自己的实验设备是不是出了问题。但是不管重复多少次，实验结果都在无情地推翻着牛顿的绝对时空观，整个物理界都陷入了疯狂，物理学遇到了前所未有的危机。如若牛顿地下有知，他一定会说："上帝啊，这一切到底是怎么了？"

如果说到目前为止，本书所说的一切都还让你觉得这个世界就是自己所认识的那个天经地义的世界，那么，接下来发生的一切，都将慢慢颠覆你的常识，开始挑战你的思维极限。

Chapter Three

光的速度

The Shape of
Time

经过了前面两章漫长的阅读，我们终于要开始真正进入相对论的世界了。如果说相对论是隐藏在山谷中的桃花源的话，那么正是"光"引导着懵懂的人类拨开草丛，沿着蜿蜒的小溪进入一个幽暗的洞穴，穿出洞穴后，一切豁然开朗，桃花源就在眼前。

提到相对论，就必须谈谈人类对光的传播速度的探索历程，你必须再耐着性子，压下对相对论到底是什么的强烈好奇，和我一起回顾一下人类和自然界中最普通也最神秘的光的故事。注意，这绝对不是废话，"光"是本书最重要的主角之一。

伽利略吹响冲锋号

在人类漫长的历史中，大家曾一度认为光的传播是不需要任何时间的，也就是光的传播速度无限大。这非常符合我们的常识，你在漆黑的房间里面划亮一根火柴，火柴的亮光发出的那一刹那，整个房间就被照亮了，谁也没有看到过自己的手先亮起来，然后是自己的脚再亮起来，再看到房间的墙壁慢慢显现在光中。当太阳从山后升起来的那一刹那，地面上所有被照射到的东西都同时披上了金色的外衣，谁也没有看到过阳光像箭一样朝我们射过来。

但是，在今天，连小学生都知道，之所以我们无法感觉到光的传播速度，不是因为光的传播不需要时间，而是光传播的速度竟然达到惊人的 30 万千米 / 秒。这是一个多么快的速度啊，如果用这个速度跑步，1 秒钟可以绕地球 7 圈半。如果用这个速度从地球跑去月球，1 秒钟多一点就到了，而人类最快的载人飞行器"阿波罗号"登月飞船要飞大概 3 天。你可能很好奇，这么快的速度，到底是怎么测量出来的？这正是本章要讲述的故事——测量光速。但是所有参与这个故事的人都只猜到了开始，却没有猜到结局，人类对光速的测量本是一个普普通通的物理实验行为，没想到最后却给整个经典物理学说笼罩上了一层乌云。

第一个质疑光速无限大的人就是我们的老熟人伽利略先生。伽利略从哲学的角度思考，认为物质从一个地方到达另一个地方不需要时间是一件无论如何都无法想象的事情，上帝既然创造了空间，那么就不应该再创造出可以无视空间存在的东西。伽利略毕竟是伽利略，他不是停留在质疑光速无限大上，而是着手用实验来测量光速。

我们来看看伽利略是怎么做的。

伽利略一行四人，分成两组，分别登上两座相隔甚远的山峰，每组各自携带一个光源。很不幸的是，那个时代能够让伽利略他们挑选的光源只有两样：火把和煤油灯。他们只好带上两盏自己简单改良后的煤油灯——在灯的一面加上了一个滑盖，放下滑盖时，亮光就可以被挡住，而把滑盖拉起后，亮光又会照射出来，通过快速地拉动滑盖，就能制造出从远处看来煤油灯一闪一闪的效果。除了两盏煤油灯外，还需要两个一模一样的钟摆计时装置（这种装置也是伽利略发明的，利用钟摆的等时性原理制成，是摆钟的前身），以及记录数据的纸笔。好了，这就是伽利略他们全部的装备。各位，如果你们现在来到山顶，拿着这些装备，得到的任务是测量光速，你会怎么办？是不是会一筹莫展呢？且看我们的大科学家伽利略是怎么做的吧。

在上山前，伽利略开始给队员们布置任务："卡拉齐，你和我一组去 A 区，贝尼尼和卡拉瓦乔一组，你们去 B 区。我和贝尼尼负责掌管煤油灯，卡拉齐和卡拉瓦乔负责记录数据。贝尼尼，你给我记住，当看到我的煤油灯发出的信号时，你也立即拉开滑盖给我信号，我一看到你的信号就会关上灯。看到我的灯灭了，你也赶紧把灯关上，看到你关上灯后，我会迅速地再把灯打开发出信号，你也接着按照前面的步骤重复。我们就这么循环做下去，只要我给信号你就不要停。听明白了吗？贝尼尼。"

贝尼尼："是！"

看到这幅场景，不知道的人，保准以为伽利略是特种部队的头儿，正在打真人 CS 游戏呢。

伽利略继续说："卡拉齐，卡拉瓦乔，你们两个负责记录数据，你们听好了，你们的任务是，记录在钟摆的一个来回内，你们总共看到同伴发出了多少次信号。任务大家都清楚了吧，还有没有问题？"

众人齐声："没有问题！"

伽利略："有没有信心完成任务？"

众人齐声："保证完成任务！"

于是，带着必胜的信念，他们上山去了。伽利略的智慧是过人的，他已经有了用统计学的方法来消除误差的想法。他很清楚，他们在打开、关闭煤油灯的过程中，必然会有很多来自方方面面的误差，要消除这个误差，就必须重复做大量的次数，取均值。你可以想见在那个寒风凛冽、伸手不见五指的山顶（为了实验效果，他们还要特意选择没有月光、星光干扰的阴天），伽利略和他勇敢无畏的助手们为了探求光速的秘密，不知疲倦地做着开关煤油灯的机械动作，边上还有两个人一边数着煤油灯开关的次数，一边还要注意钟摆的摆动，其难度可想而知。

然而不幸的是，虽然他们有必胜的信念，但这是一个不可能完成的任务。如果伽利略地下有知，知道光速是 30 万千米 / 秒的话，他也只能用他的那句名言"追求科学需要特殊的勇气"来自嘲一下了。用煤油灯和钟摆计时器测量光速无异于把比萨斜塔抱起来去量一下细菌的长度，但我们仍然要向伽利略致敬，是他吹响了人类向测量光速进攻的号角。

光速测量大赛

伽利略死后，又过了 30 多年，也就是到了 1676 年左右，人类终于首次证明了光是有传播速度的。这个荣誉要授予一位丹麦天文学家，他的名字叫奥勒·罗默（Ole Rømer，1644—1710）。罗默特别喜欢观测木星（这是最容易在地球上看到的一颗星星，很大、很亮。像我在上海这样的城市，夜晚的天空很亮，天上只能看见少数的几颗星星，一般来说，那颗最亮的、像灯泡一样挂在天上的通常就是木星）。伽利略首次发现木星也有卫星，而且至少有四颗，这四颗卫星围绕着木星公转，从我们地球的角度看过去，有时候这些卫星会转到木星的背面去，于是就产生了如同月食一样的现象，木星的卫星慢慢消失，然后又在木星的另一侧慢慢出现。罗默对木星的"月食"现象观察了整整 9 年，积累了大量的观测数据。他惊奇地发现，当地球逐渐靠近木星时，木星"月食"发生的时间间隔会逐渐缩小，而当地球逐渐远离木星时，木星"月食"发生的时间间隔会逐渐变大。这个现象太神奇了，因为根据当时人们已经掌握的定理，卫星绕木星的运转周期是固定的，不可能忽快忽慢。罗默经过思考，突然灵光一现：我的天，这不正是光速有限的最好证据吗？因为光从木星传播到地球被我们看见需要时间，那么地球离木星越近，光传播过来的用时就越短，反之则越长，这用来解释木星的"月食"时间间隔不均现象真是再恰当不过了。罗默的计算结果是光速为 21.2 万千米 / 秒，虽然离真相还有一定距离，但已经差得不远了。罗默最大的贡献在于他用翔实的观测数据和无可辩驳的逻辑证明了光速有限，还精确地预言某一次木星"月食"发生的时间要比其他天文学家计算的时间晚 10 分钟，结果与罗默的预言分毫不差。从此，光速有限还是无限的争论画上了句号，整个物理学界都认同了光速是有限的。

接下来的事情就像一场比赛，大家比赛看谁能更精确地测量出光速。在这场比赛中，有两大阵营——天文学家阵营和物理学家阵营。天文学家用天文观测的方法来计算光速（除了利用我们前面说到的类似罗默观测木星卫星的方法来观察其他行星的卫星，还有一种方法叫光行差，这里不多介绍，有兴趣的读者可以自己上网查），而物理学家试图在实验室中精确地测量出光速。刚开始，天文学家一直跑在前面，毕竟光的速度太快了，在天文的大尺度范围内显然更容易观测到因为光速有限而产生的各种天文现象，但对实验物理学家来说，要想让实验的精度提高到足以测量光速，那真是比登天还难。不过，普通大众总是更愿意相信实验室中的数据，因为天文观测离我们太遥远。人们迫切地希望在实验室中真正测量出光速，毕竟看得见、摸得着的实验设备还是让人觉得更温暖一点。但是提高实验精度谈何容易，因此自罗默证明光速有限后人类对光速的定量测量停滞了170多年，直到1849年，法国物理学家阿曼德·斐索（Armand，1819—1896）想出了一个绝妙的主意来测量光速——旋转齿轮法。这个点子实在是太棒了！下面我们来看看斐索的旋转齿轮法是如何测定光速的，凡是见过这套实验设备的人无不拍案叫绝。

斐索的旋转齿轮法的原理如下（图3-1）。

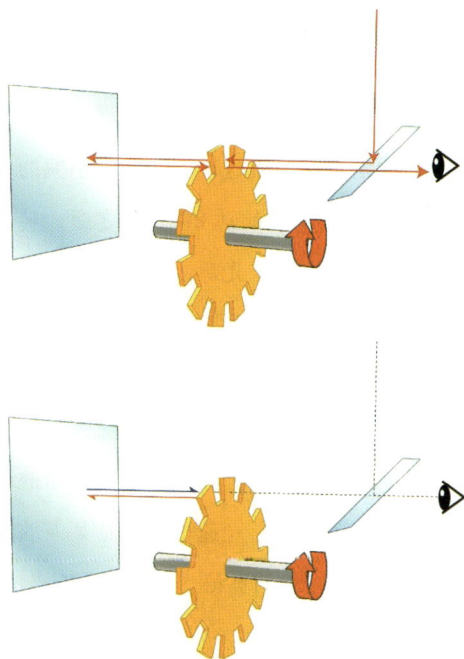

图 3-1：斐索的旋转齿轮法测量光速的原理图

　　一束光穿过齿轮的一个齿缝射到一面镜子上，会被反射回来，我们在这个
镀了银的半透镜后面观察（这种镜子有种特殊的性质，一半的光会被反射掉，
一半的光会被透射过去。这种现象一点都不稀奇，你在家里对着窗户朝外看，
如果明暗合适，就既能看到自己的影像又能看到外面的景物，这就是光的半透
射现象）。你想一下，如果齿轮是不转的，那么被反射回来的光原路返回，仍
然会通过那个齿缝被我们看到。此时，你开始转动齿轮，在刚开始转速比较慢
的时候，因为光速很快，光仍然会通过这个齿缝回来。但是当齿轮越转越快，
越转越快，到一个特定的速度时，光返回的时候这个齿缝刚好转过去，于是光
被挡住了，我们就看不到那束光了。当齿轮的转速继续加快，快到一定程度时，
光返回的时候恰好又穿过了下一个齿缝，于是我们又能看见它了。这样的话，
我们只要知道齿轮的转速、齿数，还有我们的眼睛距离镜子的距离，就能计算
出光速了。注意，这个实验的最伟大之处就是不再需要一个计时器，之前所有
的实验室测量都失败的根本原因，就在于找不到有足够精度的计时器。但是你
们也别以为斐索很轻松，事实上因为光速实在太快了，斐索只能不断地加大光
源与镜子的距离，这样就对光源的强度提出了更高的要求，还要不断地提高齿
轮的齿数，齿数太少精度也不够。就这样，在斐索不懈的努力下，终于当齿数
上升到 720 齿，光源距镜子的距离长达 8000 米之遥，转数达到每秒 12.67 转
的时候，斐索欢呼一声，他首次看到光源因被挡住而消失了，当转速提高一倍
以后，他又再次看到了光源。斐索终于胜利了，他计算出的光速是 31.5 万千米
/ 秒，和光速的真相已经咫尺之遥了。

　　测量光速的比赛还在继续，各种各样的新方法被发明出来，实验精度一步
步提高，我们就不再继续深究下去了。我只想通过前面的讲述让你明白人类在
测量光速之路上是如何艰难跋涉的，光速也绝不是某人的凭空想象，而是经过
几代人的不断努力才发现的大自然的奥秘。但本章关于光速的故事才刚刚开始，
好戏即将上演。

惊人的发现

在斐索完成光速测定实验的 20 多年后，1873 年，英国科学家麦克斯韦（Maxwell，1831—1879）出版了堪与牛顿的《原理》比肩的物理学经典巨著《电磁通论》（*A Treatise on Electricity and Magnetism*），不过这本书并不像《原理》那样一诞生就技惊四座、光芒四射。《电磁通论》刚开始并未得到大多数人的认同，这也难怪，电和磁都是虚无缥缈的东西，对它们进行描述的理论总不像对小球的运动规律进行总结的理论让人觉得实在。麦克斯韦认为电和磁是同一种物质的不同表现形式，它们之间的性质和相互作用力被麦克斯韦用一组简洁优美的方程组所描述，这个方程组叫作"麦克斯韦方程组"（简称麦氏方程组）。你只要随便翻看一本讲物理学或科学史的书，里面基本上都会提到麦克斯韦方程组是数学美的典范，无数大科学家都为它的美所震撼，单从它的表现形式之美来说，它就不可能是错误的（事实上直到今天，所有经典物理学中的公式除了麦氏方程组以外，都被相对论修正了。唯独麦氏方程组仍然保留着它那简洁优美的形式，似乎添加任何一笔都是多余的）。不过，我不需要在这本书中把这个方程组写下来，我和很多读者一样也是电磁学门外汉，无法体会它的美，如果读者当中恰好有懂行的朋友，我相信麦氏方程组已经深深地印在了他们的头脑中，也不需要我再抄出来。

根据这一套优美的方程组，麦克斯韦预言了一种神奇的叫作电磁波的东西。麦克斯韦说："随着时间变化的电场产生了磁场，反之亦然。因此，一个振荡中的电场能够产生振荡的磁场，而一个振荡中的磁场又能够产生振荡的电场，于是，这些连续不断、同相振荡的电场和磁场循环往复，永不停歇，就像一粒石子扔入湖中产生的涟漪，电磁场的变化也会像水波一样向四面八方扩散出去，这个扩散出去的电磁场我把它叫作——电磁波。虽然我现在还无法用实验的方法证明它的存在，但我坚信它一定存在。"

很遗憾，天才麦克斯韦只活到 48 岁，到死也没能亲眼见证电磁波的发现。他死后没过几年，一位德国的青年物理学家赫兹（Hertz，1857—1894）接过了麦克斯韦的衣钵。终于在 1887 年，赫兹在实验室里发现了人们怀疑和期待已久的电磁波。赫兹的实验公布后，轰动了全世界的物理学家，大家纷纷效仿此实验，所有的实验结果都证明麦克斯韦的电磁理论是正确的，麦氏方程组取得了决定性的胜利，麦克斯韦的伟大遗愿也终于得以实现。既然电磁波是一种波，那么它的传播速度就可以用频率乘以波长算出来。频率很好办，是由实验设备的各种参数决定的，而波长也不难测，只要拿着一个感应器找到波峰（感应电流最强）和波谷（感应电流最弱）即可算出波长。赫兹没有费多大劲就测出了波长和频率的数据，他把两个数值一乘，得出了电磁波的传播速度是 31.5 万千米 / 秒（受限于实验精度，和真实的速度有误差），一个惊人的速度。

等等，我相信你和赫兹一样，看到这个数字突然觉得很熟悉，这个数字好像在哪里见过，31.5 万千米 / 秒，31.5 万，啊！这个数字不正是斐索旋转齿轮法测出的光速吗？难道天下竟有如此的巧合？还是说，还是说……光就是一种电磁波？赫兹因为这个想法兴奋不已。不光是赫兹，全世界还有很多的物理学家都因为这两个一致的数字而猜测光是否就是一种电磁波。正所谓众人拾柴火焰高，很快，大量的实验数据接踵而至，各种电磁波和光的相同特性被发现，科学界很快就达成一致意见：没错，光就是一种电磁波！

现在我们再从电磁波的角度来研究一下光的传播速度到底是相对于什么而言的。波的传播速度等于介质振动的频率乘以波长，因而这个速度是相对于介质而言的。比如我们熟悉的水波，当一颗石子扔到水中产生涟漪的时候，这些涟漪在产生的瞬间就脱离了跟石子的联系，它们会在水中按照相对于水的恒定速度传播出去，因而我们在讲水波的传播速度的时候，隐含的参考系是水而不是那颗石子。同理，当我们谈论光的速度的时候，根据前面这种思想，隐含的参考系也不应该是光源，而是光的传播介质。但众所周知光能够在真空中传播，遥远的星光穿过空无一物的宇宙空间到达我们的眼睛里面，那么这个参考系、这个介质到底是什么？

那不就是牛顿所说的绝对空间和以太吗（注意，"以太"这个词并不是牛顿发明的，牛顿是以太学说的主要支持者）？牛顿的绝对时空观在统治了物理学界 200 年后达到了顶峰。伟大的艾萨克·牛顿爵士，您的光芒无人能挡，您为物理学构建起了雄伟的大厦，现在就差最后一个能证明以太存在的实验来为这座雄伟大厦砌上最后一块砖！

既然已经知道了光相对于以太的传播速度约为 30 万千米 / 秒，那么光速就成了能证明以太存在的最佳证人，关键是要说服它"出庭做证"。我们看看让光速"出庭做证"的这个实验是怎么构想的：地球以约 30 千米 / 秒的速度绕太阳公转，在宇宙空间中飞行，换句话说，地球在以太中高速地飞行，如果把地球想象成一艘大船，我们站在船头，迎面就会吹来强劲的"以太风"，那么通过伽利略变换和速度合成公式，我们很容易得出光在"顺风"和"逆风"中的传播速度，这两个速度显然会不一样。我们只要能用实验证明以上猜想，那么就确定无疑地证明了以太的存在，物理学界举杯同庆，新世纪就要到来了，这个实验无疑将是献给新世纪最好的一份厚礼。具体的实验设计众望所归地落到了实验物理学的两位泰山北斗级人物身上，他们就是迈克耳孙（Michelson，1852—1931）和莫雷（Morley，1838—1923）。这二位也的确是最佳的人选，尤其是迈克耳孙，此人一生痴迷于光速的测量。

科学史上最成功的失败

本章的压轴大戏即将上演，在上演之前，我必须提醒你，本书中提到的所有实验你都可以在看完之后忘掉，唯独这个"迈克耳孙 - 莫雷实验"千万不能忘掉。随便打开任何一本物理学史书，或者打开任何一本关于相对论的书，甚至随便打开一本科学史书，书里都一定会提这个实验。如果你记不住"迈克耳孙 - 莫雷"这么拗口的五个字，那你也可以记住"MM 实验"，很多书上都这么叫；如果你连"MM 实验"四个字也记不住，就简单记成"美眉实验"好了。总之，这个实验在整个物理学史甚至在整个科学史上都有着举足轻重的地位，它是给经典物理学带来狂风暴雨的两朵乌云之一。这个实验刚好发生在世纪之交，喻示着物理学新旧两个世纪的交接，怎么看都有一种史诗大片的感觉。所以，我需要在这个实验上多花一番笔墨，让大家对这个实验了解得多一点。当你看完本书以后跟人闲聊的时候，如果还能记得聊一聊"MM 实验"，这将是笔者莫大的荣幸。

迈克耳孙："莫雷兄，你先说说看，你对这个实验怎么想？"

莫雷："迈克兄（虽然莫雷比迈克耳孙大 14 岁，但是迈克耳孙在实验物理界的威望很高，所以莫雷尊称迈克耳孙一声"兄"，但听起来有点像是在说"麦克风"），在顺风和逆风中的光速理论差值是 30 千米 / 秒，而光速是 30 万千米 / 秒，这意味着我们的实验精度必须达到万分之一才行，以我们现在的实验条件，似乎离这个精度还差得很远。"

迈克耳孙："这个情况我很清楚，所以想听听你的想法，讨论一下怎么才能解决这个难题。"

莫雷："在短期内提高实验精度这条路估计是走不通的，我们必须绕开直接测量光速的方法，想一个间接方法来测量才行。"

迈克耳孙："莫雷，我跟你的想法是一样的，肯定不能硬着头皮去测量，必须想点什么别的办法。我想，我们是不是先把目标放低一点，不要想着一步就测量出绝对数值，先想出一个可以比较两束光谁快谁慢的办法。其实我们只要能先证明在顺风和逆风中光有差异，就迈出了胜利的第一步。"

莫雷："迈克，你说得很对，我们把目标分成两个阶段，先想想第一阶段如何达成。你是不是已经想到什么好办法了？就别卖关子了。"

迈克耳孙："我想到了英国人托马斯·杨（Thomas Young，1773—1829）发现的光的干涉现象，我们或许可以利用这个特性来比较两束光的速度是否发生了变化。"

莫雷突然转身面朝观众，说："各位亲爱的读者，我给大家解释一下什么是光的干涉现象，听说你们现代人上高中的时候都要做这个光的双缝干涉实验。简单来说，就是把一束光照到两条互相靠得很近的狭长的缝隙上，在这两条缝的后面竖上一面白墙，我们就会在墙上看到明暗相间的条纹（图3-2）。"

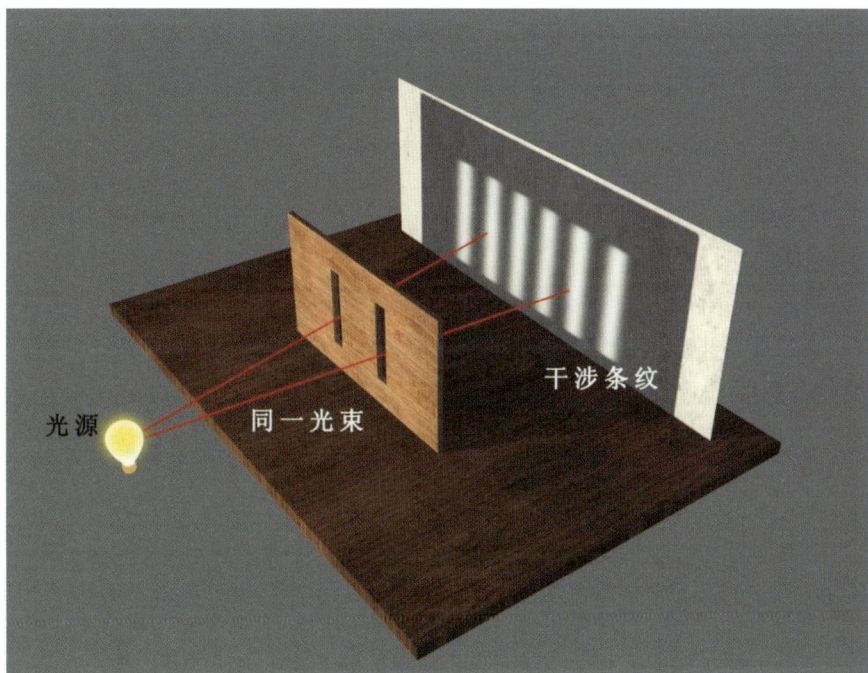

图 3-2：光的双缝干涉实验

"这是因为，光是一种波，同一束光被分成两束以后，两束光相遇时会产生干涉。所谓的干涉就是，波峰与波峰相遇时强度会增加一倍使得光更加明亮，而如果波峰与波谷相遇，则刚好互相抵消，光就会变暗，明暗相间的条纹就是这么来的。"

莫雷转回去，朝迈克耳孙尴尬地一笑："不好意思，作者告诉我会有很多一百多年后的读者观看我们的对话，我跟他保证我们之间的对话能让读者听懂，请多多包涵呀，麦克风（一紧张把迈克兄说成了麦克风）。"

迈克耳孙表示不介意，听说有观众，他表现得反而更积极了，他继续说："如果我们能想出一个什么办法，让同一束光分别走不同的路线，一条路线是顺风的，一条路线是逆风的，然后让它们最终会合到一起，互相产生干涉现象。由于这两束光的速度不同，因此它们产生的干涉条纹一定和我们正常情况下得到的干涉条纹有所区别，你说对不对，莫雷兄？"这句话看似是对莫雷讲的，迈克耳孙却有意无意地侧侧身子，似乎是想更多地引起观众的注意。

莫雷："迈克，你太牛了，这个点子实在是太绝了！"

迈克耳孙："我还有更精彩的没说呢。在实验过程中，如果我们把整个实验装置慢慢转动起来，你说会发生什么？"

莫雷："我明白你的意思了，迈克。转动实验装置相当于偏转我们这艘地球大船相对于'以太风'航行的角度，那么两束光的速度也会相应地发生变化，最后反映到干涉条纹上的结果就是条纹会慢慢地移动！如果这个神奇的现象发生了，那么就确定无疑地证明了两束光的速度在发生着变化。迈克，你太伟大了！"

迈克耳孙突然面朝观众，手里拿着张硬纸板，上面写着"鼓掌"两个字，很快地又转回去了。

迈克耳孙："这个利用光的干涉现象来证明光速变化的实验原理图我已经想出来了，我画出来给你看，关键就在于中间那块半透镜，它可以把光分成两路，一路被反射90度朝上射去，一路直接透过去（图3-3）。"

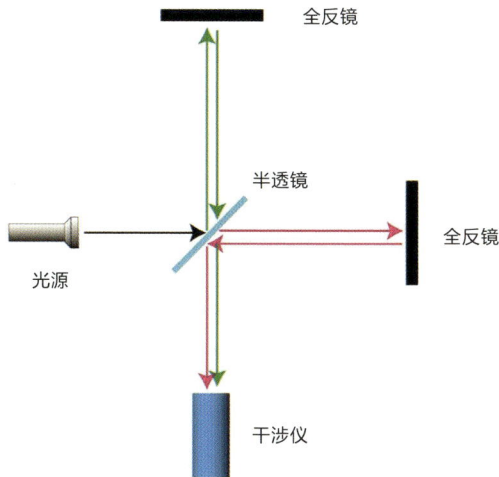

图 3-3：迈克耳孙 - 莫雷实验原理图

全反镜

半透镜

全反镜

光源

干涉仪

　　迈克耳孙："我发明的干涉仪现在可就大有用武之地了，它比我们肉眼观测的精度可不知提高了多少倍。我计算了一下，如果地球的航行速度真是 30 千米 / 秒的话，那么在整个实验装置转过 90 度以后，我们应该观察到干涉条纹移动了 0.4 个条纹的宽度，我的干涉仪可以分辨出 0.01 个条纹宽度的移动，因此，我们的实验精度绰绰有余。"

　　莫雷："不过这个实验装置要造起来也不容易，我们必须尽可能地消除地面震动带来的干扰，如果整个实验装置的底座不稳，则很可能前功尽弃。"

　　迈克耳孙："这个问题我也想到了，我准备建造一个巨大的水泥台，并且把这个水泥台放到注满水银的水槽上，让水泥台浮在水银上面，这样就能有效地消除震动。"

　　莫雷："好的，迈克，你怎么说我就怎么办，别看我脑子没你聪明，可我有力气啊，体力活你就交给我吧。"

　　莫雷在制作实验器具方面确实是一把好手，没过多久，"MM 实验"的实验台建造完成。现在一切就绪，只欠东风了。牛顿的夙愿即将实现，经典物理大厦就要落成，物理界全都在翘首等待实验结果。所有人都对实验结果相当乐观，前有伟大的牛顿，后有做物理实验尤其是测量光速方面的泰山北斗，一切都应该合乎逻辑，所有人都相信大结局必将以喜剧收场。这一年，爱因斯坦还只有 8 岁。此时的爱因斯坦正在痴迷地玩着父亲送给他的一个小小的罗盘（爱因斯坦在回忆录中经常提到这个罗盘），连头都没有抬起来看我一眼。（我女儿正在看电视，里面传出一个声音："唯一看破真相的是外表看似小孩，智慧却超于常人的名侦探柯南。"）

然而，可能读者们已经猜到了，最终的实验结果让所有人大跌眼镜，迈克耳孙的干涉仪自始至终没有观察到干涉条纹的任何移动，干涉条纹就像被定格在了干涉仪里面，不论怎么旋转实验装置，干涉条纹都纹丝不动。本来这个实验计划要做半年，要分别测量地球在近日点和远日点时对干涉条纹的影响，因为地球在近日点和远日点的公转速度不一样。但是实验仅仅做了四天就停止了，因为实验结果确定无疑地表明了光速没有丝毫变化，干涉条纹根本不动，实验值和理论预测值相差十万八千里，这个实验没必要继续做下去了，一定有什么地方不对。

整个物理界一时哗然，大家都明白，要么是理论出了问题，要么是实验出了问题。但牛顿的绝对时空观和以太学说看上去都是如此完美，而且也符合我们的日常生活经验，因此，当时的物理界也和此时的读者一样不愿意相信是理论出错了，而都倾向于是实验本身出了问题，于是各种各样的解释冒了出来。有的说是以太会被地球拖曳，这就是著名的曳引说，一度特别流行；有的说是量杆的长度在运动方向上会发生收缩，刚好抵消干涉变化；还有的说光的速度会受到光源移动速度的影响；等等。总之，各种各样的解释一时风起云涌，这股热潮一直从 19 世纪延续到 20 世纪。但从总体上来说，所有的解释都还是建立在相信牛顿的绝对时空、相信以太的存在、相信伽利略变换成立的基础上的，很少有人站出来质疑理论的根基出了问题。

　　19世纪最后一天的太阳落山了，20世纪的曙光照亮了人类写满沧桑的脸庞。人类文明经过数千年的艰难跋涉，即将在新世纪来临的时候迎来一次彻底的洗礼。

Chapter Four

爱因斯坦和狭义相对论

The Shape *of* Time

1900 年的第一场雪似乎来得比以往时候更晚一些，这是一个不平静的年份。在中国，孙中山接任了兴中会会长，正式登上政治舞台，他后来成了中国第一个共和制总统；随后，义和团运动达到高潮，八国联军攻入北京，慈禧太后和光绪皇帝仓皇逃出北京城；而沉睡了千年的敦煌莫高窟也在这一年被首次打开，中华文明史被重新发现。在欧洲，尼采逝世，弗洛伊德发表了他的传世名著《梦的解析》（ *The Interpretation of Dreams* ），巴黎正在举办世博会和第二届夏季奥运会。这一切，都带着创世记的味道。

两朵乌云

1900 年 4 月 27 日，此时的英国伦敦天气还有点阴冷。阿尔伯马街上的英国皇家研究所门前人来人往，一位绅士彬彬有礼地扶着贵妇人上了马车，赶去听普契尼的歌剧《波希米亚人》。马车驶过后，两位老太太望着马车远去，羡慕地讨论着刚才那个贵妇人的礼帽式样。在两个老太太的身边，一个个穿着考究、表情严肃的绅士走进了皇家研究所的大门。老太太们不知道，这些绅士都大有来头，全是当时欧洲最有名望的科学家，他们风尘仆仆地从欧洲各国赶来参加科学大会，这在科学界是一件大事。

皇家研究所的主席台上，站着一位白发苍苍的老者，此人就是德高望重又以顽固著称，已经 76 岁高龄的开尔文勋爵（Lord Kelvin，1824—1907）。他用他那特有的爱尔兰口音开始了他的演讲：

"The beauty and clearness of the dynamical theory, which asserts heat and light to be modes of motion, is at present obscured by two clouds. The first came into existence with the undulatory theory of light, and was dealt with by Fresnel and Dr. Thomas Young; it involved the question, how could the earth move through an elastic solid, such as essentially is the luminiferous ether?"

各位听我说，说到演讲，马丁·路德·金的《我有一个梦想》（*I Have a Dream*）是被引用最多的励志演讲，而在物理学界，开尔文的这段演讲是被引用最多的，所有关于物理学史的书一定会引用它。虽然本书不是一本严肃的物理学史书，只是一本通俗的科普小书，但我也不能打破行业潜规则，必须引用一下。上面这段话的中文版本有很多，五花八门，各种译法都有。考虑到我们都是物理学门外汉，所以我尽量用大家都容易理解的口语化语言给大家翻译一下。

开尔文讲道："在我眼里，我们已经取得的关于运动和力的理论是无比优美而又简洁明晰的，这些理论断言，光和热都不过是运动的某种表现方式（热是分子的运动，光是电磁波的运动）。但是在经典物理学这片蓝天上有两朵小乌云让我们感到有些不安。自从菲涅耳先生和托马斯·杨博士创立了光的波动学说以来，我们一直都在苦苦寻觅一个问题的答案，那就是——我们的地球是如何在以太中航行的？以太这种被我们称为'弹性固体'的看不见、摸不着的物质存在的证据又在哪里？这就是我所说的第一朵乌云。"

毫无疑问，开尔文口中的这第一朵乌云就是指，迈克耳孙 - 莫雷实验不但没能证明以太存在，反而貌似恰恰证明了以太不存在。他口中的第二朵乌云，则是黑体辐射实验的结果和理论不一致带来的困惑。这第二朵乌云牵出的又是一个长长的激动人心的故事，那是一个关于量子力学的故事，但它不是本书的重点。

第一朵乌云已经让我们耳旁隐隐传来雷声，很快就要遮云蔽日，掀起狂风大浪了。此时的物理学界，已是山雨欲来风满楼了。

巨星登场

时间终于走到了 1905 年，这一年后来被人们称为物理学的奇迹年。100 年后的 2005 年被定为"国际物理年"，全球举行了各式各样盛大的纪念活动，就是为了纪念 1905 年这个特殊的年份，或许人类文明史上再也不会出现这样的奇迹年了。这一年之所以被称为奇迹年，是因为本书的一号男主角在这一年中连续发表了五篇论文，每篇论文都像一颗耀眼的超新星照亮了宇宙，改变了物理学的纪元。

下面让我荣幸地介绍我们的一号男主角——阿尔伯特·爱因斯坦（Albert Einstein，1879—1955）先生登场。虽然在各位的心目中，爱因斯坦的形象早已经固化，乱蓬蓬的头发，满是皱纹的脸，经常叼着烟斗，鹰一样深邃的眼神。在很多人的心目中，这个老头代表的就是科学。但是，爱因斯坦成为本书一号男主角的时候，是一个只有 26 岁的英俊小伙子，完全不是你头脑中的那个形象。瞧瞧，这就是青年爱因斯坦（图 4-1）。

图 4-1：青年时代的爱因斯坦

下面是爱因斯坦"应聘"本书一号男主角时投递的简历：

姓名：阿尔伯特·爱因斯坦

性别：男

国籍：瑞士

年龄：26

婚姻：已婚

职业：专利局三级专利员

单位：瑞士伯尔尼专利局

学历：苏黎世联邦工业大学 物理专业 本科毕业

爱好：拉小提琴和做思维实验

成就：没有

如果这份简历被一个平庸的导演看到，不用想，肯定直接被扔进垃圾桶，桌上堆积如山的简历最次也是个博士，教授、博导更是多如牛毛，怎么可能轮得上这个不知道从哪里冒出来的、专利局的一个小小的三级技术员呢？但是笔者向来不爱走寻常路，所以决定前往瑞士伯尔尼一探究竟。

身为未来人的好处就是我可以看到爱因斯坦，但是他却看不到我。我不会跟过去的世界产生任何交流，也无法影响过去的世界，我只是一个全能的观察者。（科学原理：假设此时你能突然出现在距离地球 100 光年外的地方，拿起天文望远镜朝地球看，你看到的就是 100 年前的地球，只要精度足够，就能看清地球上 100 年前发生的事情的每一个细节。）

爱因斯坦作为一个三级专利员，他的工作主要是审查提交过来的各种发明专利是否具备原创性，是否符合专利申请的标准。最近一段时间，爱因斯坦发现关于远距离对时方面的发明专利申请特别多，这是因为火车正在快速发展。这个钢铁机器居然比马车跑得还快，并且不知疲倦，只要给它不停地吃煤，它就能不停地跑，而你给马不停地吃草只能把它撑死。因为火车跑得太快了，所以就催生了一个新的需求，就是要求能远距离对时。欧洲的各个城市之间还没有统一的时间标准，各个城市都拥有自己的地方时间，过去只有马车的时候，从一个城市到达另外一个城市，只需要把自己的钟表根据当地的时刻调整一下即可，也从来没人觉得会遇到什么麻烦。但是火车出现后，情况可就变了，火车跑得那么快，如果两个城市之间的钟表时间不调到一致的话，那么在同一条铁轨上跑的多辆火车很可能会撞到一起，因此，对时绝对不是一件小事。

此时，利用电磁波通信的无线电技术已经逐步趋向成熟。前文已经说过，电磁波的传播速度是光速，所以利用无线电来实现远距离对时就是一个很靠谱的想法。很多这方面的发明专利申请开始涌向伯尔尼专利局，因为爱因斯坦是物理专业毕业的，所以这类发明往往都会交给他来审查。"小爱"很敬业，也很细致，为了提高自己的业务水平，"小爱"也跟着思考电磁波、光速、时间这方面的问题。但是最近"小爱"有点烦，他申请二级专利员的申请书被驳回了，理由是专业能力还不够，这也促使"小爱"多努力思考，提升业务水平。

第一个原理：光速不变

每天专利局的工作结束后，"小爱"不急于回家，而是坐在办公室里，用自己用完的草稿纸卷起一根纸烟，点燃，深吸一口，往椅子上一靠，开始他的思考：

"光为什么传播得那么快？因为它是一种电磁波，电磁波是怎么传播的呢？根据麦克斯韦那个漂亮的方程组可以看出来，振荡的磁场必然产生振荡的电场，而振荡的电场又必然产生振荡的磁场，如此循环下去就产生了电磁波。那么，我是不是可以这样认为，电磁波的传播速度正是第一个'振荡'引起第二个'振荡'的反应速度呢？嗯，没错，这就好像一队人站成一排报数一样，听到一的人报二，听到二的人报三……光速其实就是这个报数的传递速度，它和我们常见的小球或者火车的运动速度显然有着很大的不同。火车从这里运动到那里,那就是火车这个实体的位置从这里变到了那里,但是电磁波,也就是光,它的传播速度其实是'每一个报数的人的反应速度',真空充当的就是这个报数人的角色,而交替变换的电场、磁场就是报出去的这个'数'。

"1864 年,伟大的麦克斯韦在《电磁场的动力学理论》(*A Dynamical Theory of the Electromagnetic Field*)中证明过,电磁波的传播速度只取决于传播介质。第一个在实验室中发现电磁波的天才赫兹也在 1890 年明确指出,电磁波的波速与波源的运动速度无关。麦克斯韦的方程组实在是太美了,我深信蕴含如此深刻数学美的理论一定是正确的。

"电磁波的速度和波源的运动速度无关,也就是说光速和光源的运动速度无关。让我来想象一下这是什么概念:当我朝平静的湖中扔下一颗石子,不管我是垂直地从上空扔下去,还是斜着像打水漂一样地扔过去,这颗石子产生的涟漪都应该以相同的速度在水中扩散出去。

"我可不可以做这样的一个思维实验:假设我现在一个人在黑漆漆的宇宙中飞行,虽然我飞得跟光一样快,但是因为没有任何参照物,我感觉不到自己的速度,就我的感觉而言自己和静止是一样的。这时候如果我身边有一束光,或者一个电磁波,我将看到什么呢?一束和我保持静止的光吗?一个静止的电磁波吗?会看到一个虽然在振荡的电磁场,但是它却不会交替感应下去吗?哦,不,这显然违背了麦克斯韦的方程组,波的速度和波源的运动速度无关,虽然我在以光速飞行,不论是我自己用发生装置发出一个电磁波还是我飞过一个电磁波发生装置,我看到的电磁波都应该是相同的,因为介质没有变。我将看到一个振荡中的电场能够产生振荡的磁场,而一个振荡中的磁场又能够产生振荡的电场,这个交替反应绝不会停下来。再想象一下报数的情况,如果我和这队报数的人都在一节火车车厢中,火车高速行驶,但是我并不能感觉到火车是静止的还是运动着的,我会看到报数人的反应速度提高了吗?这显然也很荒谬,火车跑得再快也应该跟报数人的反应速度无关,我应该仍然看到他们以同样的反应速度传递着'一、二、三……'才对啊。

"这么说来，光速相对于任何参照系来说，应该都是恒定不变的。哦，我这个想法实在有点疯狂，但是'MM 实验'是怎么解释的呢？'MM 实验'得出的最直接的结论不就是光速不变吗？为什么我们首先要把这个简单的结论复杂化，想出各种各样的理论和假设来否定光速不变呢？为什么我不先承认这个实验结果是正确的，然后再去考虑怎么解释这个结果呢？

"要解释'MM 实验'为什么测量不到以太的存在，无非就是下面两种思路：

第一种思路：

假设一：以太是存在的。

假设二：因为某种原因，无法检测出以太。

结果：我们没有在'MM 实验'中检测到以太。

第二种思路：

假设一：以太是不存在的。

结果：我们没有在'MM 实验'中检测到以太。

"根据奥卡姆剃刀原理，第二种思路更有可能接近真相，它需要的假设更少。"

想到这里，爱因斯坦手上纸烟的烟灰掉落在地上，瞬间散落一地。爱因斯坦从沉思中回过神来，对刚才的思考感到满意，他想这个问题已经不止一天两天了。他拿起笔在草稿纸上写下一句话：**"光速与光源的运动无关，对于任何参考系来说，光在真空中的传播速度恒为 c。"** 写完，他马上收拾东西回家，再不回去，老婆该冲他发火了。

第二个原理：物理规律不变

最近"小爱"被这些想法搞得有点兴奋，上班也不大有心思，脑子里面都是这些关于光速的问题。"小爱"的思考如汹涌的潮水般朝笔者的思维涌过来，让笔者应接不暇。在所有这些思考中，他关于伽利略相对性原理的思考尤为精彩，而且是从另外一个角度出发，同样得到了光速必须不变的结论。让我们来一起听听"小爱"的思考：

"伽利略相对性原理说的是，在任何惯性系中，力学规律保持不变。这一原理简洁而深刻，看起来是如此优美。但我想问的是，为什么上帝只偏爱'力学规律'呢？电磁学规律会变吗？热力学规律会变吗？这说不通。上帝一定是一个喜欢简单的老头子，他不想把问题复杂化。

"我的想法是：在任何惯性系中，所有的物理规律都不变。对，就应该是不变的，如果在不同的惯性系中，普遍的物理规律是不同的，那么我们会看到什么？天文学家早就测算出来我们居住的地球是以 30 千米 / 秒的高速绕着太阳公转的，对我们地球上的每一个人而言，我们都坐在地球这个大火车中，那么物理规律在不同的空间取向上就应该不同才对，因为地球的运动方向每时每刻都在发生着变化。也就是说，空间是各向异性的，我们做任何物理实验都不能忽略这个空间各向异性。但是，实际情况是怎样的呢？我们从来没有想过做一个赫兹的电磁实验要考虑实验室的朝向吧？如果有人告诉我们实验室的朝向将决定电磁实验的结果，你自己也一定会觉得荒谬。对我们的这个地球空间来说，哪怕是最小心的观察也没有发现任何物理规律的不等效性，也就是没有发现任何空间各向异性的证据。

"就我看来，'MM 实验'的实质就是对空间是否各向异性的检测。这是迄今为止有关空间各向是否异性的检测精度最高的实验了，但即便是如此高精度的实验，也没有发现任何空间各向异性的证据，反而恰恰说明了伽利略的相对性原理应该被修正为：在任何惯性系中，所有物理规律保持不变。

"伽利略曾经写过一个生动的故事，说假设我们被关在一艘大船的船舱中，带上一些小飞虫，在舱内放上一只大水碗，里面养上几条鱼，再挂起一个水瓶，让水一滴一滴地滴到下面的一个水罐中。接着你就可以开始观察飞虫的飞行了，观察鱼的游动，观察水滴入罐中，但是不论多细心地观察，你都不可能通过观察这些情况来判断船是静止的还是处于匀速直线运动中的（这个故事被称为'萨尔维柯蒂之船'）。同样，所有试图用力学实验的方法来判断船的状态的行为也都是徒劳的，不管你做什么样的力学实验，都不可能判断出船的状态。

　　"我的想法是，不仅是做力学实验不行，你在上面做任何物理实验，不论是光学、电学还是热学实验，都无法判断出船到底是静止的还是正在做匀速直线运动。上帝不偏爱任何物理规律，在惯性系里，众生平等。

　　"这就是我爱因斯坦的相对性原理，它比伽利略的相对性原理更简洁、更深刻、更优美，我很难想象它会是错的。

　　"根据这个原理，真空中的光速必定是恒定不变的，如若不然，我就可以通过做光速测量实验来判断萨尔维柯蒂之船到底是静止的还是运动的。"

　　"小爱"想到此节，立即拿出昨天那张稿纸，在昨天写的那句话下面又加上了一句话：**"在任何惯性系中，所有物理规律保持不变。"**写完，他马上收拾东西回家了，再不回去，老婆又该冲他发火了。

　　这天晚上躺在床上，爱因斯坦失眠了，对妻子的暗示也置若罔闻，他满脑子都是草稿纸上的那两句话。说实在的，"小爱"觉得物理学中蕴含的奥秘比身边的妻子更值得迷恋，他心底里有点后悔大学时过于冲动，干了不该干的事情。但是总该对米列娃负责吧，想起自己的婚姻，"小爱"总是觉得有点无奈。这些东西还是别多想了，草稿纸上的两句话在爱因斯坦的脑袋中一遍遍地显现出来：

　　1. 在任何惯性系中，所有物理规律保持不变（相对性原理）。

　　2. 光在真空中的传播速度恒为 c（光速不变原理）。

　　这两句话就像一个魔咒，在"小爱"的脑中挥之不去："如果说我的思考是正确的话，这两个假设成立，那么到底意味着什么呢？如果一个人在一列以速度 v 行驶的火车上，用手电筒打出一束光，那么在站台上的人看来，这束光的速度难道不应该是 $c+v$ 吗？但如果真的是 $c+v$ 的话，明显又和我上面写的两句话相矛盾。看来我要么放弃简洁优美的相对性原理，要么放弃我头脑中对于速度的既有理解。如果一只小鸟也在车厢里面以 w 的速度飞，从站台上的人看来，小鸟的速度显然应该是 v+w，对这个观念，现在没有人会否认。但是，凭什么我们对小鸟的结论也硬要安在光的头上呢？我们对光速的认识太浅薄了，相对于光速，不论是小鸟还是火车，速度都低得可以忽略不计。我们生活在一个速度低得可怜的世界里面，在这个世界里总结出来的规律难道真的也可以适用于高速世界吗？火车上的人和站台上的人看到的光速都仍然是 c，这个结论之所以让我们感到奇怪，是因为我们一厢情愿地把我们在低速世界的感受直接往高速世界延伸，但事实超出了我们的想象。我们应该果断地抛弃旧观念，接受新观念。"

"小爱"不再纠结了，他决定断然地接受光速恒定不变这个新观念，以此为基石，继续往下推演，看看到底会得到些什么结论。不论这些结论有多么奇怪，至少应该有勇气往下想，再奇怪的结论也可以交给那些实验物理学家用实验去检验真伪。

"小爱"想起了自己非常崇拜的古希腊数学家欧几里得（Euclid，约前330—约前275），他写的《几何原本》（*Euclid's Elements*）是"小爱"少年时代最钟爱的书。欧几里得从 5 条公理、5 条公设、23 个定义出发，解决了465 个命题。这种从几个基本的公理出发，逻辑严密而又无懈可击的推导过程，让青年时期的"小爱"深深地感受到数学之美。他还记得自己第一次亲手证明出三角形的内角和是 180 度时的兴奋，还记得自己苦苦推导了两个月，终于亲手证明了毕达哥拉斯定理（勾股定理）时的激动，这些事情历历在目。"那么我是否可以从几何学的公理思想出发，把光速恒定不变作为基本公理，在此基础之上往下推导呢？""小爱"想着想着，眼皮开始发沉，意识逐渐模糊起来。"小爱"睡着了，他做了一个梦，这个梦非常精彩。虽然"小爱"第二天起床以后把这个梦的情节忘掉了——证据是他在以后的著作中再也没提到过梦中的情节，但是显然这个梦中的结论他没有忘记——证据是他在以后的著作中以另外一个不同的故事描述了同样的结论。但从笔者看来，"小爱"的这个梦远比他后来自己写下来的故事要精彩得多，下面让我把"小爱"的这个梦记述下来。

环球快车谋杀案

凌晨 5 点，爱因斯坦的卧室。

一阵急促的电话铃声惊醒了熟睡中的爱因斯坦（图 4-2），爱因斯坦从被窝中伸出一只手，拿起了电话："喂，什么事？"

图 4-2：被铃声吵醒的爱因斯坦

电话里传出的声音:"警长,环球快车上发生枪击案,一死一伤,嫌犯受伤,请您速来现场!"

"我马上就到。"

爱因斯坦警长从床上蹦起来,穿衣出门。

天蒙蒙亮,环球快车伯尔尼站(图4-3),一列银白色的外形酷似鱼雷的火车停在站台上,车身上刷着一行标语:"环球快车,一小时环球旅行"。

现在,车站四周拉起了警戒线(图4-4)。

图 4-3:环球快车伯尔尼站

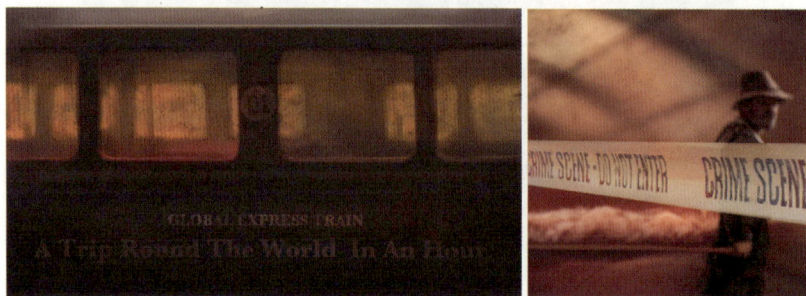

图 4-4:环球快车车身标语及车站的警戒线

　　一个探员上前迎接爱因斯坦，他一边陪同爱因斯坦朝火车走去，一边介绍案情。

　　探员："警长，我们 30 分钟前接到一位女士的报案，声称环球快车上发生枪击案。我们赶到现场的时候，发现两名男子分别倒在车厢的两头，其中一人头部中弹，当场死亡，另外一人只是手臂中枪，没有生命危险，目前正在列车上的医务室休息。他拒绝回答我们的问题，说一定要见到我们的上司才肯开口。案发当时除了这三人，该车厢没有其他人。"

　　爱因斯坦问："那个报案的女士呢？"

　　探员："报案的女士叫艾尔莎，是一位年轻漂亮的小姐，我们赶到时，她正在给受伤男子包扎手臂。她声称中枪的两人都是自己的朋友，其他的就不肯说了，也是要等您到才肯开口。"

　　发生枪击案的列车车厢中，三四名探员正在仔细勘查现场。

　　爱因斯坦看到死亡男子已经被搬离了现场，在男子倒地的地方用白色的粉笔勾勒出了一个人形，在车厢的另一头也用白色粉笔勾出了一双白色的脚印（图4-5），看位置可以想象出案发当时受伤男子坐在地板上，背靠着车厢壁。

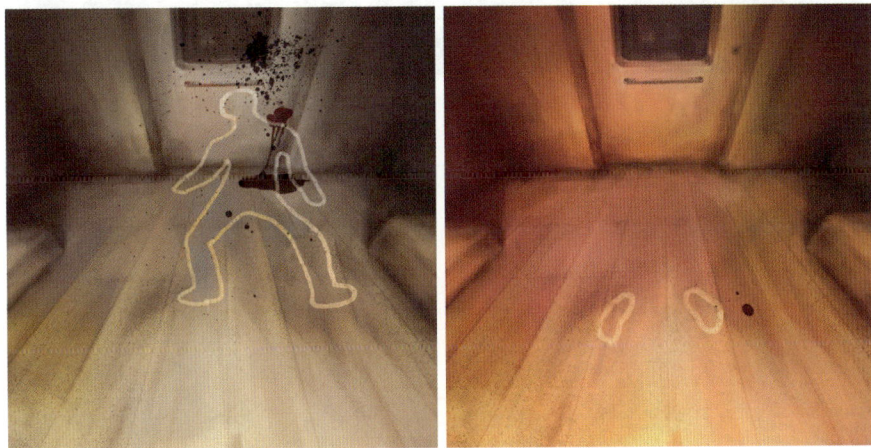

图 4-5：粉笔勾勒的白色人形及脚印

爱因斯坦看到，列车中间的走道上有一盏自制的电灯还亮着，这盏灯跟普通的电灯没有什么两样，只是上面似乎多加了一个自动延时装置（图4-6）。

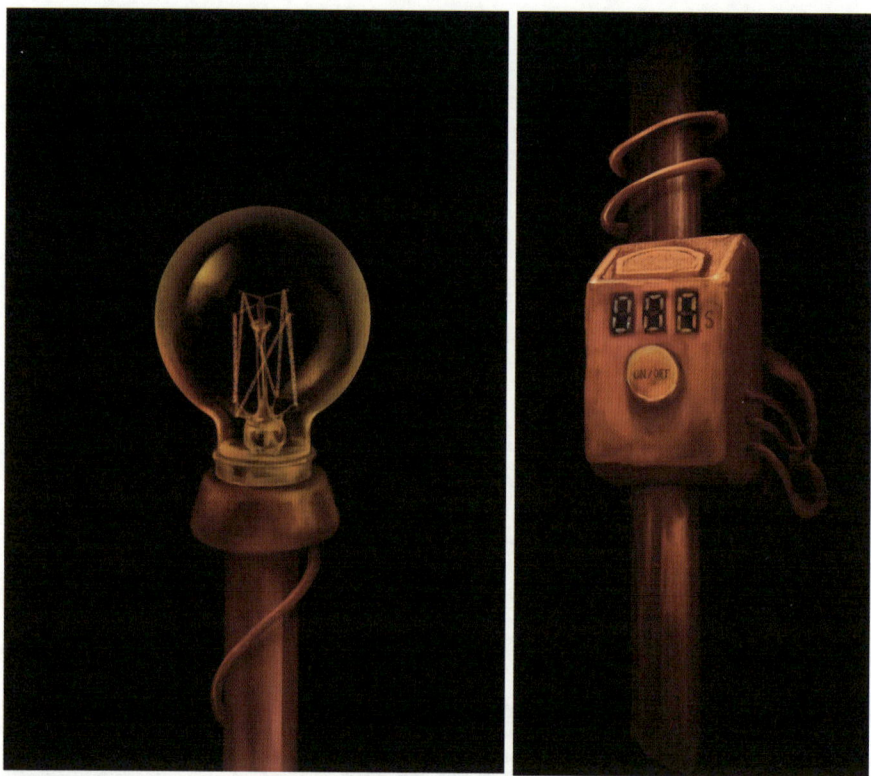

图 4-6：列车过道上的自制电灯与其上的延时装置

探员："警长，这盏灯我们刚才已经试过了，在打开开关后，它会延迟五分钟再亮，不知道有什么用意。"

爱因斯坦没有回答，只是简单地说了声："走吧，我们去医务室。"

列车医务室，艾尔莎坐在椅子上，表情忧郁。她边上躺着一位英俊的年轻男子，男子正在闭目养神，上臂靠肩的位置包扎着纱布，隐隐有血迹透出来（图4-7）。

图 4-7: 列车医务室的病床上

爱因斯坦在他们对面的椅子上坐下来，对着年轻男子说："我是爱因斯坦警长。"

男子："我是泡利。"

爱因斯坦："中枪的男子你认识吗？"

泡利："认识，他叫狄拉克，我们是情敌。"

爱因斯坦转头看着艾尔莎，报以询问的目光。

艾尔莎忧郁地说："是的，可惜我来晚了一步。"

爱因斯坦："泡利，这么说，你和狄拉克先生是为了这位小姐在决斗吗？"

泡利："是的，警长，我们在决斗，为了神圣的爱情。"

爱因斯坦问艾尔莎："泡利先生和狄拉克先生同时爱上了你，是这样吗？他们之前有提到过决斗这回事吗？"

艾尔莎哭泣了起来:"他们总是在我面前争吵,逼我从他们中选一个,可是我实在不知道该选哪一个。昨天晚上,我看到他们俩留给我的一封信,说是要在环球快车上决斗,让我嫁给胜利的一方。信上有他们的亲笔签名,我看到信以后立即往车站赶,终于在开车前一分钟登上了火车,但我不知道他们在哪节车厢,等我找到他们的时候,一切都已经晚了。"

爱因斯坦:"泡利先生,根据决斗法案,如果你能提供证据,证明你们俩之间的决斗是完全公平和自愿的,你将无罪。"

泡利从上衣口袋中拿出了一份文件,递给爱因斯坦,说:"这份文件是我们俩商定的决斗规则,有我们的亲笔签名,请过目。"

爱因斯坦接过文件,阅读起来。

泡利继续说:"我们的决斗规则是这样的——我和狄拉克分别站在车厢的两头,在我们的正中间放一盏灯,这盏灯在按下开关后,会延迟5分钟亮起。我们约定,当我们看到灯亮起的刹那,就可以互相开枪射击(图4-8)。我们站立的位置有脚印,可以证明我们距离灯的位置完全相同。"

图 4-8:决斗场景

爱因斯坦看完文件,想了一下,说:"光速是恒定的,这个规则看起来的确公平,但是必须得有证据证明你确实是在看到灯亮起后才开的枪,否则,你将被以一级谋杀罪指控。"

泡利:"这很容易,我们之所以选择在环球快车上决斗,就是因为环球快车上每节车厢都有全世界最先进的高速影像记录仪，只要调出记录仪的画面记录，就可以证明我是在看到灯亮以后才开的枪。"

一个探员在边上说："警长，灯的位置我们已经仔细测量过，确实如泡利先生所说，离他们脚印位置的距离完全相等。"

爱因斯坦："那么我们现在就一起去列车的影像记录仪室（图4-9），我们当场查证。"

图4-9：列车影像记录仪室

影像记录仪室的一位工作人员正在屏幕前调阅影像，他一边操作仪器，一边对众人说："该仪器是目前全世界最先进的影像记录仪，理论上它可以无限放慢画面，甚至连光的运动都能看得一清二楚。找到了，这个时间记录的画面应该就是案发当时的影像，警长你可以操控这个旋钮来使画面前进或者后退（图4-10）。"

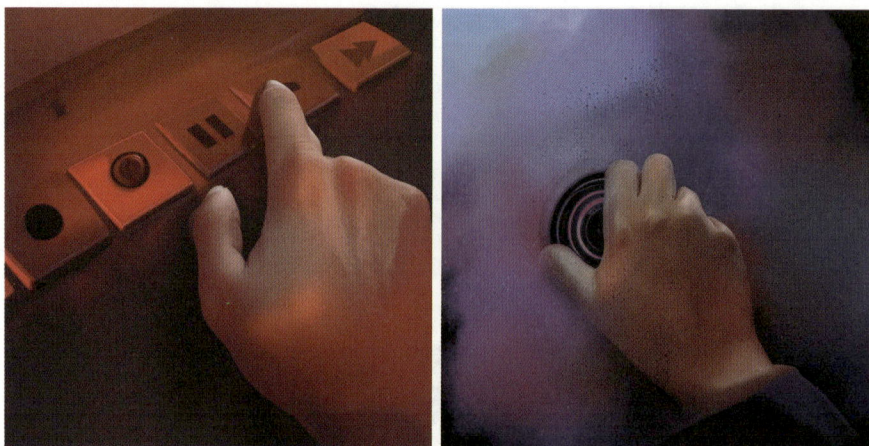

图 4-10：操控按钮与旋钮可以查看影像

　　车厢中，泡利和狄拉克两个人正站在车厢的两头，手都放在腰间的枪套上，屏幕右下角显示"Time：4：15：20：345：667"。

　　爱因斯坦轻轻地转动旋钮，屏幕右下角的数字跳动着。

　　只见车厢中间的灯泡的灯丝慢慢变红，然后渐渐地由红变黄，又由黄转白，接着整个灯丝突然被一个黄白色的光球包裹了起来（图 4-11）。

图 4-11：灯丝由红转黄后再变为白色

爱因斯坦知道此时灯亮了，他继续转动旋钮。

黄白色的光球迅速扩大，就像一个膨胀的气球（图4-12）。

图 4-12：灯泡外的光球膨胀变大

爱因斯坦小心翼翼地转动着旋钮。

光球迅速膨胀开，一下子就把整个车厢都包裹进去了，整个车厢都被照亮了。

所有人都看得很清楚，光球同时到达泡利和狄拉克所在的位置，到达的时候，双方的手都没有动（图4-13）。

图 4-13：灯泡外的光球同时到达决斗双方

屏幕右下角的数字还在跳动，但是整个车厢的画面就跟定格了一样，等了很久，双方都没有动。

爱因斯坦："怎么回事？"

工作人员："请快进，警长！"

爱因斯坦一拍脑门："是的，我怎么忘记了，人的反应在光速面前是多么微不足道。"

屏幕右下角的数字快速跳动起来。

终于，人们看到了两人几乎同时拔枪的画面，但泡利的动作稍稍快了一点点（图4-14），两束火光从两把枪的枪口冒出来，接着两个人都倒地了。

图 4-14：在泡利（右）拔枪的瞬间，狄拉克（左）未动

爱因斯坦按下停止键："看来，事情都清楚了，泡利和狄拉克先生自愿决斗，决斗规则公平合理，双方也都遵守了规则，这样的话，泡利先生应该是无罪的。

但我不是法官，我会在法庭上陈述我的意见，在此之前，泡利先生必须被限制行动自由。"

爱因斯坦松了一口气，点上一支烟，准备走出列车，收工回家。

突然，他听到有人大声喊道："警长，等一等。"

一个头戴礼帽的中年绅士急匆匆地从远处跑来（图4-15）。

中年绅士刚跑到车门口便大声说道："警长先生，我是狄拉克的哥哥，我叫玻尔，请您别被无耻的杀人犯蒙骗了，我有证据证明这是泡利精心设计的一场谋杀。"

图 4-15：匆匆赶来的玻尔

爱因斯坦："您有什么证据？"

玻尔："请跟我来警长，我有证据展示给您看。"

爱因斯坦："我们去哪里？"

玻尔："我的职业是环球快车的监控员，我得知弟弟出事的消息后，立即赶到了车站。哦，上帝，我真的难以相信我的眼睛，我可怜的弟弟就这么轻易地被夺去了年轻的生命。泡利说这是一场公平的决斗，我刚开始也误信了，因为我也调阅了车厢里影像记录仪的画面，看到了当时的那一幕。从车厢记录仪的画面上来看，他们确实同时看到了灯光，并且都是在看到灯光之后才开的枪。但是我总有一种感觉，事情没有这么简单。我查到在枪击案发生的那个时间，环球快车恰巧通过巴黎站（图4-16），于是我就去调阅了巴黎站站台上的影像记录仪的画面，那个站台也安装了这种最先进的影像记录仪。于是，我看到了完全不同的一幕。"

图 4-16：环球快车通过巴黎站

在环球快车巴黎站的监控室中，玻尔熟练地操控着各种仪器，很快画面被定格在了环球快车通过巴黎站时的影像上，站台上的影像记录仪非常灵敏，从列车的窗户中可以清晰地看到车厢内的景象（图4-17）。

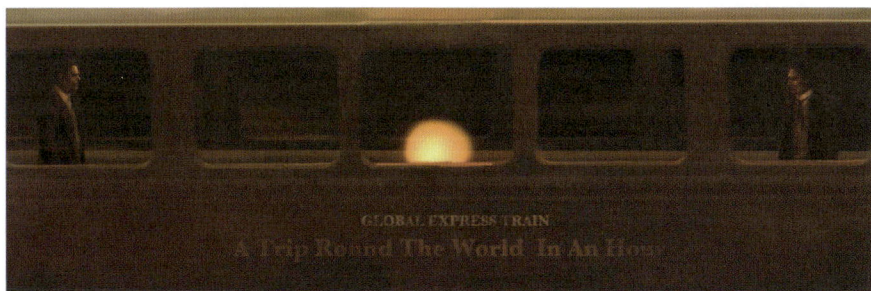

图 4-17：环球快车通过巴黎站时的影像

　　玻尔一边操作一边解说："警长，请注意，泡利的位置在车尾方向，狄拉克的位置在车头方向。看，灯光亮起来了，警长，请注意，此时环球快车正以每小时 30 000 千米的速度行驶着（图 4-18）。你看，当黄白色的光球扩散开的时候（图 4-19），泡利是迎着光球的方向运动，而狄拉克刚好相反，他正朝着光球前进的方向运动。警长，我现在定格在这个位置，你看，在泡利与光球相遇的这个时间，光球还没有追上狄拉克（图 4-20）。也就是说，泡利先看到了灯亮起，而不是像他所说的两个人同时看到了灯亮起。他是个无耻的杀人犯，他必须为我弟弟的死负责，他欺骗了我们，警长！"

图 4-18：高速行驶中的环球快车

图 4-19：巴黎站监控室影像中的光球扩散瞬间

图 4-20：影像中观测到的决斗双方的运动状态

　　爱因斯坦看着影像记录仪中的画面，脑中一片空白，他感到有一个想法重重地击中了自己的大脑。短暂的眩晕之后，爱因斯坦恢复了神志，他把整个事件在脑子里回放了一下，一字一顿地说："列车上的仪器记录的画面是真实的，没有造假；站台上的仪器记录的也是真实的画面，没有造假。从列车上的角度来看，他们俩确实同时看到了灯光，这不难理解，因为在列车上看，灯泡发出的光球到达车头与车尾的距离相等，且光射向两端的速度都为 c，所以光球同时与两个人相遇。但从站台上看，泡利却先于狄拉克看到灯光（图 4-21）。这一切都是因为光速与光源的运动无关，也就是光速不变。从这件事情上来说，时间也是相对的，对于列车上的人和站台上的人来说，没有真正的同时，任何所谓同时发生的事情，都只能对在同一个惯性系中的人成立。"

图 4-21：在站台仪器记录的画面中，灯光先到达泡利所处的位置

玻尔："警长，站台仪器记录的画面是确凿无疑的证据，泡利的决斗规则是不公平的，对泡利有利！他应该被指控一级谋杀罪！"

爱因斯坦："玻尔先生，我只能把我的观点如实地陈述给法官，至于法庭怎么判断，我无权干涉。您提供的证据非常重要，我非常感谢您。"

说完，爱因斯坦转身离去，玻尔在后面生气地大声吼道："阿尔伯特，你这个蠢货，你怎么能无视证据的存在，你给我醒醒！你给我醒醒！"

爱因斯坦突然感到很奇怪，玻尔的喊声怎么不见小呢？自己明明在走远，但这喊声怎么越来越大了？爱因斯坦突然感到脸上一阵疼痛，他惊醒了。

只见米列娃站在床边又准备打自己的脸，嘴里还叫着："阿尔伯特，你今天怎么又睡过头了？快点，你这个懒猪，该去上班了，要迟到了！"

爱因斯坦一骨碌爬起来，跌跌撞撞地赶紧穿戴好，夹着公文包出门了。

同时性的相对性

"小爱"来到自己的办公室，打开抽屉，昨天那张稿纸还静静地躺在那里，自己写下的两句话赫然在目。他喃喃自语道："光速不变……光速不变到底意味着什么？"他恍惚记得昨天晚上似乎做了一个很精彩的梦，他努力地想要回忆起梦中的情节，但是有点难，他只记得梦中他似乎说过"时间是相对的，没有真正的同时"这样的话。他还恍惚记得昨天晚上的梦跟火车有关。为了帮助自己回忆，"小爱"埋头在那张稿纸上画了一段铁路，又画了一个长方形表示火车，他又想起点什么，于是又在火车中间画了一个小人，他感觉自己就要想起来了。突然，局长哈勒（根据记载，哈勒也是物理爱好者，后来成了"小爱"的"粉丝"）的声音从门口传来："阿尔伯特，客户来催前两天提交的那个申请了，你审查得怎样了？""小爱"吃了一惊，用肚子把抽屉往前一顶，迅速合上了抽屉，局长这时刚好走进来。"小爱"赶忙说："这就好了，局长。"

局长走了以后，"小爱"擦了一把汗，再次悄悄地打开抽屉。可是思路被打断后，他怎么也想不起来昨晚的梦了。但是幸好他还没忘记梦中得出的结论——没有什么真正的"同时"，车上的人认为是同时发生的事情，到了站台上的人的眼里，就不再是同时发生的了。经过一番思绪整理，"小爱"想出了另外一个例子，它后来被"小爱"郑重地写入了他那本广为流传的著作《狭义与广义相对论浅说》（*Relativity: The Special and the General Theory*）中，书中是这样描述的：

"在铁路的路基上，闪电同时击中了相隔很远的 A 点和 B 点。如果我问你，这句话有没有意义时，你多半会不假思索地回答我说'有'。但是如果我让你解释一下这句话的准确意义，你在经过一番思考后会发现这个问题貌似不像原来想象的那么容易回答。你很可能会这么回答我：'这句话的意思本来就很清楚，没有必要加以解释。'但这样的回答显然是无法让我满意的。那么我们这么想，如果有一个气象学家宣称他发现某种闪电总是能同时击中 A 点和 B 点，这时候总要提出一种实验的方法来验证他所说的对不对吧？对于严谨的物理学家来说，首先要给出一个同时性的定义，然后还得有实验方法能验证该定义是否能被满足，如果这两个条件没有达成的话，那么那个气象学家就是在自欺欺人了。好了，经过一段时间的思考后，你提出了一个检验同时性的方法，你说：'请把我放到铁路上 A、B 两点的正中间的位置，然后通过一套镜子的组合让我能看到 A、B 两个点，如果闪电发生之后，我能在同一时刻看到闪光，那么这两道闪电必定是同时击中了 A、B 两点。'于是你提出同时性的定义就是一个人能在同一时刻看到闪电的闪光。我很高兴你能提出这个定义，当然这个定义的前提是你在 A、B 两点的中点上。

"好了，让我们想象一下：有一列火车正在铁轨上从 A 点开向 B 点，此时，你正站在 A、B 两点中点的路基上。突然，有两束闪电击中了 A、B 两点，过了一小会儿，两束闪光经过相同的距离到达了你的眼里，你同时看到了它们，所以你会毫不犹豫地认为这两束闪电是同时发生的。但是我们再设想一下：这次你站在了火车里，火车正从 A 点开向 B 点。当 A、B 两点被闪电击中时，你正好经过 A、B 两点的中点。你经过中点后，继续跟随火车向 B 点行进，因此在闪光到达你的眼睛之前的这段时间里，你又向 B 点前进（同时远离 A 点）了一段距离，而因为 A、B 两点闪光的光速恒定不变，所以 B 点的闪光一定会先于 A 点的闪光到达你眼里。于是就出现了这样的结论：以路基为参考系时，你认为这两束闪电是同时发生的；但是以火车为参考系时，对于火车上的你来说，它们却是先后发生的（图 4-22 ）。

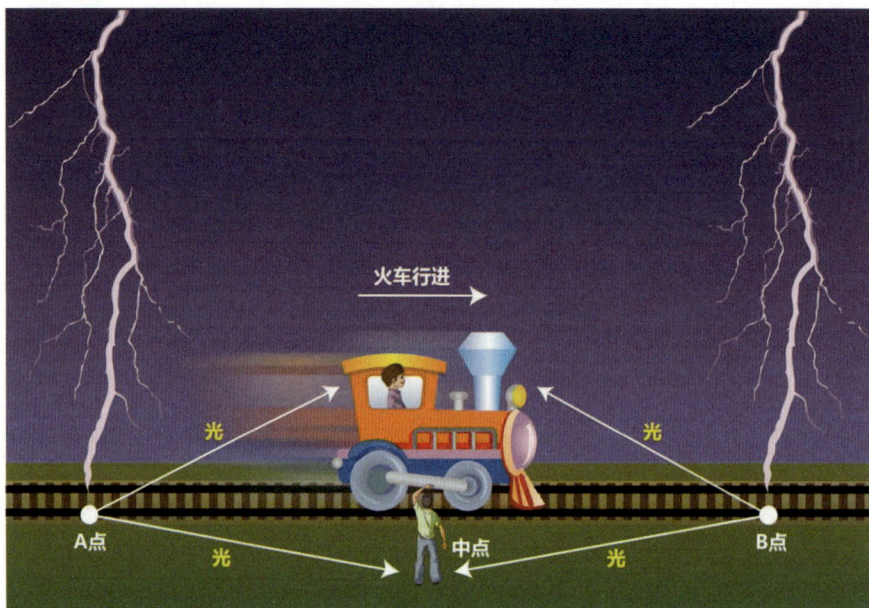

图 4-22：行驶中的火车上的人会认为闪电并不是同时发生的

　　"这是怎么回事呢？这说明'同时'也是相对的，以路基为参考系时同时发生的事情，换成了以火车为参考系时，却不是同时发生的了，反之亦然。每一个参考系都有自己的特殊时间，如果不指明参考系，宣称两件事情同时发生是没有任何意义的。这乍一听似乎很荒谬，在我之前的物理学家一直都在给时间赋予绝对的意义，而我却认为这种绝对的意义与我们前面讲的那个最自然的同时性定义并不相容，如果我们能坦然地抛弃对时间的绝对化的概念，则真空中光速恒定不变这个想法就会变得可以理解和接受了。"

　　不知道各位读者是否听明白了爱因斯坦的这个关于闪电击中铁轨的故事。不管你现在是不是云里雾里，一会儿在想那个环球快车，一会儿又在思考这个闪电的问题，总之爱因斯坦是在告诉我们这样的一个重要概念：同时性的相对性。

　　我听到有几位已经理解了的读者欢呼起来了："哈哈，同时性的相对性，我想明白了！原来这就是相对论，这不难理解啊！"

别急别急，相对论的大门只是刚刚打开了一条缝隙而已，同时性的相对性只是爱因斯坦运用相对性和光速不变这两条原理推出来的第一个结论。让我们跟随爱因斯坦的思维继续往下推导，马上就会有更多不可思议的推论出现在你面前，保证你会惊讶得嘴都合不拢。准备好了吗？我们的头脑风暴这就开始。

时间会膨胀

首先我们先想一下什么是"时间"，也就是怎么定义这个词。你很快就会发现这个词很难定义，在做了各种试图定义它的尝试之后，我们不得不承认，我们总是会陷入不得不用时间来定义时间的逻辑怪圈。最后我们会发现，借助外部衡量工具来描述时间可能是避免落入逻辑怪圈的最好方法。比如说钟摆，它摆动一个来回，我们就认为这代表过去了一秒，但是钟摆这种东西不够精准，误差太大，我们不能对这样的外部衡量工具感到满意。现在让我们借助强大的思维实验和光速不变原理构造一个宇宙中最理想、最精确的计时器，我把这个计时器叫作"光子钟"，下面我们看一下这个光子钟长什么样（图4-23）。

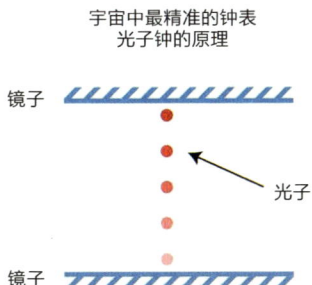

图 4-23: 光子钟原理图

　　光子钟的构造非常简单，但是很实用。上、下两面镜子相距 15 厘米，中间有一个光子可以在两面镜子中间来回地反射折腾。光子在两面镜子中间来回弹一次，我们可以想象成"嘀嗒"一声。我们已经知道光速是恒定不变的 30 万千米 / 秒，那么很容易就能计算出，"嘀嗒"一下花费的时间是 10 亿分之一秒，换句话说，"嘀嗒"10 亿次就代表时间走过了 1 秒。现在有了这个强大的光子钟，我们就不需要太纠结于时间的定义了，于是我们达成共识，我们通过"嘀嗒"的次数来衡量和比较时间这个虚无缥缈的东西。好了，现在你拿上这个光子钟，坐上宇宙飞船，飞船随即发射上天。而我也拿着一个光子钟，站在地面上，看着你的宇宙飞船从我的眼前飞过。注意，既然是思维实验，我便可以想象自己拥有神奇的能力，能够看清你手上的那个光子钟的情况。现在我把这个情况画出来（图 4-24），你看是不是这样。

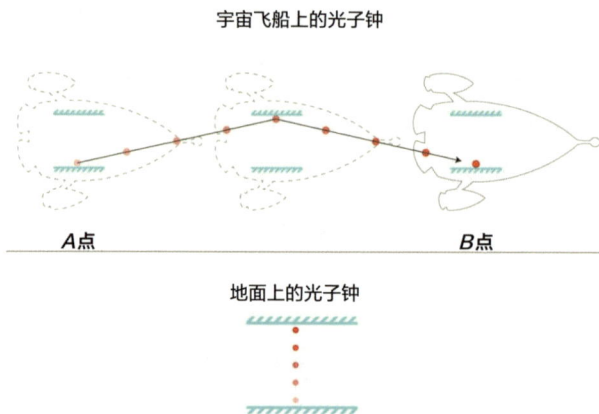

图 4-24：地面上的观察者看到的宇宙飞船中的光子飞行路线比地面上的要长

　　请开动你的脑筋，我保证本书中需要你像现在这样动脑子的地方很少，但无论如何，这都是关键的一次，这次想明白了，以后在别处再遇到类似的图就全部都可以轻松跳过了，扫一眼就知道是怎么回事。当我手上的光子钟在来回折腾时，你的飞船从 A 位置飞到 B 位置，那么我将会看到，你手上那个光子钟里面的光子走过了一条斜线。这是显而易见的，如果光子飞过的路径在我眼里不是斜线的话，光子必定飞到光子钟外面去了。现在我们运用光速不变原理来看一下，由于宇宙飞船上的光子飞行的路线比我手里的光子更长了，那么也就意味着，当我手里的光子钟"嘀嗒"一次的时候，飞船上的光子钟还来不及"嘀嗒"一次呢。换句话说，当我手里的光子钟"嘀嗒"了 10 亿次的时候，我看到飞船上的光子钟可能只"嘀嗒"了 5 亿次（打个比方，不要纠结 5 亿次是怎么算出来的）。根据我们前面已经达成共识的对时间的最自然的定义，我很自然地就得出了这样的结论：在宇宙飞船上，你的时间过得比我慢！

或许你还是觉得不放心，你会想："你用的是光子钟这种我从来没见过的东西，我还是对我自己的劳力士比较放心一点。"好吧，那么我们现在就来拿你的这块劳力士来做实验吧。我们把飞船也换成你更熟悉的火车，这样你就更放心了吧。现在你坐在一列火车里，左手一只钟（光子钟），右手一块表，火车在做着匀速直线运动，窗户外面黑漆漆的一片，你完全不知道自己是静止的还是运动的，那么你觉得你能通过观察光子钟或劳力士的走时情况知道火车是静止的还是开着的吗？根据我们前面已经阐述过的爱因斯坦的相对性原理（在任何惯性系中，所有物理规律保持不变），你不可能靠任何实验的方法来确定自己的运动状态。反过来想，在一个密闭的车厢中，如果你能观察到光子钟和劳力士的走时时而一样，时而又不一样，那才是咄咄怪事呢。

我们在这里谈论的是时间本身变慢了，没有任何机械的或者化学的原因，就是时间本身变慢了，与时间有关的一切都变慢了，用一个很酷、很形象的说法来说就是——时间膨胀了。还是回到刚才那个宇宙飞船的实验，在地面上的我会看到，不光是你的光子钟变慢了，你的动作、你眨眼的速度、你的新陈代谢、你的一切都变慢了。于是，你终于开始感到震惊了。趁着你现在精神好，赶紧让我们来计算一下，时间变慢的尺度和飞船的速度是什么关系呢？这个计算要用到我们非常熟悉的勾股定理，即直角三角形的两个直角边和斜边的关系式：$a^2 + b^2 = c^2$。

我们把刚才那个你坐宇宙飞船的景象再次画出来（图 4-25）。

v=飞船相对于地面的速度，t=飞船上经过的时间，t'=地面上经过的时间

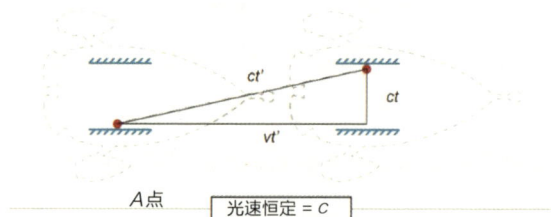

图 4-25：利用勾股定理可以推导出相对论因子

我在上面画了一些辅助线，并且用一些字母来表示飞船上经过的时间、地面上经过的时间、飞船相对于地面的速度和光速。注意那个 t 和 t'，我们在本书刚开始没多久的地方见过这个一撇。上面那个三角形的两个直角边分别是 vt' 和 ct，我估计你很容易理解，只是斜边为什么是 ct' 呢？这就是说，从我（地面上的人）的角度来观察的话，光子以恒定速度 c 在地面上经过的时间 t' 里走过的距离刚好是那个直角三角形的斜边。下面我们利用勾股定理写出这样一个等式：

$$\left(ct'\right)^2 = (ct)^2 + \left(vt'\right)^2$$

接下来，需要用到一点最基础的方程变换的知识来做点公式变形。我们的目的是要算出以地面为参考系时飞船上经过的时间 t 和地面上经过的时间 t' 之间的关系式。

第一步，先把括号都去掉：

$$c^2 t'^2 = c^2 t^2 + v^2 t'^2$$

第二步，两边同时减去 $v^2 t'^2$：

$$c^2 t'^2 - v^2 t'^2 = c^2 t^2$$

第三步，两边同时除以 c^2：

$$t'^2 - \frac{v^2}{c^2} t'^2 = t^2$$

最后一步，整理成最终形式：

$$t' = \frac{1}{\sqrt{1 - \dfrac{v^2}{c^2}}} t$$

结束。

如果你顺着我上面的步骤一步步下来，毫无阻碍地得到了最终形式，那么请你深吸一口凉气，因为你发现了这个宇宙的终极奥秘，这是迄今为止让人类最为震撼的等式，这一刻我们根深蒂固的时间观念崩溃了。

让我们凝视这个等式 10 秒钟，解读一下它的含义。

当 v 的速度相比光速很小的时候（比如我们的汽车、火车甚至飞机的速度都不及光速的百万分之一），则 $\frac{1}{\sqrt{1-\frac{v^2}{c^2}}}$ 约等于 1，这个公式就退回到了我们熟悉的伽利略变换式 $t = t'$，但如果我们的速度能达到光速，则 t' 等于无穷大。时间等于无穷大？怎么理解？这就是说，随着运动速度的增加，时间会变得越来越慢，最后慢到了停止的地步。假如我们的速度能超过光速呢？那么 $\sqrt{1-\frac{v^2}{c^2}}$ 就成了一个负数的平方根，大家知道这叫虚数。那这个虚数用在时间上表示什么？难道这就是传说中的穿越？哦，不，这不代表时光倒流，虚数没有现实意义。事实上，我们后面马上就要证明达到或者超过光速都是不可能出现的，本书将在第 5 章跟大家讨论关于穿越时空的可能性，但那也绝不是通过超光速来实现的。请不要着急，这次奇妙的时空旅程才刚刚开始，还有很多奇景等待我们前去观赏。

现在我们已经掌握了这个关于时间变换的神奇公式：

$$t' = \frac{1}{\sqrt{1 - \dfrac{v^2}{c^2}}} t$$

为了让这个公式看起来更加简洁，我们把 $\frac{1}{\sqrt{1-\frac{v^2}{c^2}}}$ 这个时间前面的系数记为 γ（读作伽马），于是我们可以把这个公式写作：$t' = \gamma t$。这个 γ 就是"相对论因子"，也被称为"洛伦兹因子"。你可能觉得奇怪：为什么不叫爱因斯坦因子？那是因为荷兰物理学家洛伦兹（Lorentz，1853—1928）首先写出了这个式子，但他没有深刻地认识到这个式子的时空含义。洛伦兹是绝对时空观和以太的捍卫者，因此在相对论问世后，洛伦兹与爱因斯坦有过许多争论，不过这并不影响两个人建立起深厚的友谊和合作关系。关于洛伦兹的事情我们很快还会提到，这里先放一放，让我们来继续思考时间变慢意味着什么。

你可能已经在心底欢呼终于找到了长寿的秘诀，因为运动的速度越快，时间就能变得越慢。我们姑且认为这没错，那么让我们来粗略地计算一下，你到底能年轻多少呢？先从坐火车开始吧，近似地认为现在火车的速度是 200 千米 / 时，也就是约 55 米 / 秒，相对论因子 $\gamma \approx 1.000000000000017$。什么意思？这就是说在这列火车上坐了 100 年以后，你下了车，会发现比你的双胞胎兄弟年轻了 54.7 微秒。"火车太'废柴'了，"你暗骂一声，"给我换飞机。"好，那我们就换飞机吧，飞机的速度大概是 300 米 / 秒，$\gamma \approx 1.0000000000005$，就是说你坐飞机

100 年以后下来，年轻了 1.58 毫秒。"原来飞机也这么'废柴'，"你有点怒了，"给我换登月飞船。"满足你，我把你换到登月飞船上。登月飞船的速度是 10 500 米 / 秒，$\gamma \approx 1.0000000006125$，也就是说你在登月飞船上飞 100 年下来后，年轻了 1.93 秒。这次你可能真的发火了："什么，登月飞船上飞 100 年也只能年轻 1.93 秒？这叫什么世道啊！给我快、快、快，再快一点！"在你的"淫威"之下，我发明了速度可以达到 0.9c 的飞船，现在坐上这艘飞船会发生什么呢？相对论因子达到了 2.3，也就是说，你的衰老速度差不多只相当于地面上的人的一半，你的 1 年等于他们的 2.3 年，这个 γ 的神奇之处在于，速度越接近光速，它增大得越快。

比如，我们的速度如果能达到 0.99c，则 $\gamma \approx 7$，也就是你的 1 年相当于地球人的 7 年，如果达到了 0.99999c，则 $\gamma \approx 224$，你的 1 年比地球人的两个世纪还长。我们不用再算下去了，因为我知道你已经禁不住开始狂喜了："哈哈哈，原来长生不老真的可以实现啊。"对不起，我不得不再次粉碎你的这个长生不老梦。我的计算确实没错，如果你坐上 0.99999c 的飞船飞行 1 年后回到地球，地球确实已经过去了 224 年之久，但是对于你自己的感受来说，你真真切切地还是只活了 1 年，一秒钟也不会多，一秒钟也不会少。如果你的寿命是 100 年，且在飞船上度过了这 100 年，当你回到地球的时候，地球确确实实过去了 22 400 年，但是对于你来说，仍然只能感受到自己生命中的 100 年，一天也没多，一天也没少，每天仍然是 24 小时，1 小时仍然是 60 分钟。只是在走出飞船舱门的那一刹那，地球上的景物对于你而言已经隔世。你用自己的一生验证了你向前穿梭了 22 400 年的时间。从我们地球人的眼里看来，其实你也并没有比我们潇洒多少，虽然你的 1 分钟相当于我们的 224 分钟，可是在我们眼里，你的一切动作都变慢了，我们吃一个包子 1 分钟就吃完了，而在我们眼里，你吃一个包子却要 224 分钟；我们打一个响指只用 1 秒钟，而在我们眼里，你却花了 224 秒钟才慢慢腾腾地把一个响指打完。我们在地球上仰望着飞船中的你，感慨道："噢，可怜的人啊，行动得比蜗牛还慢，活着还有什么意思呢？"

很遗憾，相对论无法让你长寿。

伽利略的相对性原理这把倚天剑已经被爱因斯坦用他的相对性原理斩为了两截,那伽利略变换呢?伽利略变换此时在你的心中可能也会变得不那么天经地义了,看了前面那些由光速不变推导出来的奇怪结果,你可能已经意识到伽利略变换多半也是站不住脚的。你的想法非常正确,伽利略变换这把屠龙刀也早就保不住武林盟主的地位了,事实上早在 1895 年,一位叫作洛伦兹的中年侠士就已经不把伽利略变换这把屠龙刀放在眼里了。

下面,让我来隆重介绍本书最重要的角色之一,来自荷兰的亨德里克安东洛伦兹先生。各位观众,还记得你们读中学的时候,老师让你们用手握住一个线圈,然后通过大拇指的方向来判断电荷在磁场中的受力方向吗?大声回答我。对了,很好,你们都还记得"左手定则"和"右手定则"吗?什么,你们恨死它们了?哦,可以理解,我那个时候也跟你们一样都快分不清自己的左右手了。电荷在磁场中受到的力就是以洛伦兹先生的名字命名的,叫作"洛伦兹力"。什么,我又勾起了你们痛苦的回忆?放轻松,放轻松,我们今天不考试。

洛伦兹在那个年代的物理学界有多出名,有两件事情可以说明。第一件事情,洛伦兹长期担任索尔维会议的主席(1911—1927),一直担任到临终前一年。可能你不知道索尔维会议有多牛,那你总知道体育盛会里面奥运会最牛,经济盛会里面 500 强财富论坛是最牛的吧。物理学家的会议里面就数索尔维会议最牛了(当然是在 20 世纪早期),见图 4-26。

图 4-26:1927 年第五届索尔维会议

　　这张图片有很多别名，列举一二：物理学全明星梦之队合影、科学史上最珍贵的照片、地球上三分之一最具智慧的大脑的合影。看到没，爱因斯坦居中而坐，他的旁边就是洛伦兹，其他人的名字我就不多说了。无数学校大楼的走廊上、教室里都挂着这些人的头像，这些名字你多多少少都很眼熟（你居然还发现了环球快车谋杀案里面的三个演员，你或许在想，那艾尔莎应该也有来头吧？哈哈，有的，暂时保密，答案在第6章）。第二件事情，洛伦兹于1928年2月4日在荷兰的哈勃姆去世，终年75岁。举行葬礼的那天，全世界的科学大师齐聚荷兰，爱因斯坦在他的墓前致悼词。爱因斯坦念道："洛伦兹先生对我产生了最伟大的影响，他是我们这个时代最伟大、最高尚的人。"

　　看到此处，相信你对洛伦兹的敬仰已经如滔滔江水了，我也一样。洛伦兹是电磁理论方面的大师级人物，麦克斯韦的电磁方程组在洛伦兹眼里美得不可思议，他多少次在梦中都惊叹它的简洁、深刻和美。但是，洛伦兹在研究电荷的运动时，居然惊讶地发现，伽利略变换和麦克斯韦方程组不可能同时正确，这件事情让洛伦兹非常郁闷，伽利略变换似乎是天经地义的，但是麦克斯韦的方程组更是神圣的。经过一番痛苦的纠结，洛伦兹决定放弃伽利略变换式，麦克斯韦的电磁方程组是神圣不可侵犯的，既然伽利略变换式没法运用到电荷的运动上，那什么样的坐标变换式能用呢？洛伦兹用他高超的数学技巧，通过微积分推出了一个变换式，如果用这个坐标变换式取代伽利略的变换式，就和麦克斯韦的电磁方程组不矛盾了。洛伦兹在1904年正式发表了这个著名的变换公式：

$$x^{'} = \frac{x - vt}{\sqrt{1 - \dfrac{v^2}{c^2}}}$$

$$t' = \frac{t - \frac{v}{c^2}x}{\sqrt{1 - \frac{v^2}{c^2}}}$$

这两个式子被人们称为"洛伦兹变换",在这个式子里面,我们看到了熟悉的 $\frac{1}{\sqrt{1-\frac{v^2}{c^2}}}$,这就是把它叫作洛伦兹因子的原因。你可能有点被搞糊涂了,我们前面亲手推导出来的 t' 和 t 之间的关系式好像不是这样的?在这里我要提醒我亲爱的读者,你一定要明白坐标变换的概念。所谓坐标变换就是当你的参照系(不是你自己运动,而是你的参照系)在你面前运动的时候,你在运动前所处的坐标和运动到"某一时刻"时所处的新坐标之间的关系。这个关系代表着我们对这个世界中运动和运动之间最本质的认识,换句话说,也就是小红眼中的世界和小明眼中的世界到底有什么不同。所以,洛伦兹变换中的 t 代表的是"时刻""时点",而我们之前那个时间和速度的公式中的 t 代表的是"时长""间隔"。这里还要说明的是,在洛伦兹心目中,变换所引入的量仅仅被看作数学上的辅助手段,并不具有物理本质。

洛伦兹可是权威啊,他的这个变换式一经发表,立即引起了强烈的反响,各界纷纷响应,有赞扬的,有拍马屁的,有质疑的,有惊讶的,当然也有大受启发的(比如当时还默默无闻的"小爱"同志)。下面是虚构的一场新闻发布会,发布会的主角是洛伦兹,他在接受全世界同行们的提问。请注意这场发布会的时间是 1904 年,相对论还没有发表,人们对"MM 实验"的结果还在争论不休。

问:"洛伦兹先生,我们注意到您这个新的变换式中含有光速这个参数,这很让我们费解,为什么参考系的运动引起的坐标变换会跟光速 c 相关呢?"

洛伦兹:"因为电和磁也是运动的一种方式,在考虑它们的运动时,就必然会引出光速这个常数来,至于普通物体的运动为什么会跟光速相关,我一下子也说不明白，总之普通物体的运动速度相较光速来说都小到可以忽略不计，对最终的结果似乎没有什么影响。"

问："先生，按照您这个公式，一列火车在运动的时候，如果车头取的坐标是 x_1，车尾的坐标是 x_2，火车的长度就是 x_2-x_1，根据新变换式，我做了一个简单的计算，发现火车在运动的时候长度居然比静止的时候缩短了，这也有点太不可思议了吧？"

洛伦兹："根据我的公式，结果确实如你所说，虽然听起来很荒谬，但是我认为这是有可能的，而且有实验可以支持这个现象，就是著名的迈克耳孙－莫雷实验。在这个实验中，我们之所以没有发现干涉条纹的变化，正是因为实验设备在随着地球运动的时候，长度在运动方向上会发生收缩，这个效应刚好抵消了光速的变化。而且根据我的公式计算出来的结果和实验的结果也吻合得非常好。"

问："那您依然认为以太是存在的吗？"

洛伦兹："那当然，以太一定是存在的，我们总会在实验室里把它揪出来的。"

问："在您的公式中，我还发现一个神奇的地方，时间 t' 跟速度 v 和光速 c 以及坐标 x 都有关系，坦诚地说，这让我们很费解。难道时间的流逝是不均匀的吗？跟速度相关吗？"

洛伦兹："千万不要那么想，这只是一种数学的辅助手段而已，时间就是时间，那是上帝主宰的东西，别想打时间的主意。"

问："您仍然支持牛顿的绝对时空观吗？"

洛伦兹："当然，毫无疑问。"

新闻发布会在各界的热烈讨论中结束。

洛伦兹变换式发表的时候，洛伦兹已经 51 岁了，人年纪一大，往往就容易失去勇气和丰富的想象力，这导致洛伦兹与伟大的相对论失之交臂。历史有时候真的很有戏剧性，虽然洛伦兹先于爱因斯坦写出了流传千古的公式，但是，虽曰同工实属异曲，洛伦兹看不穿皇帝的新衣，没有大胆地抛弃以太，也没有大胆地突破牛顿的绝对时空观，在回答时间 t' 为什么会跟光速相关时含含糊糊，连自己都说服不了自己。在洛伦兹的脑子里，绝对时空观是神圣不可侵犯的，他到死都没有放弃证实以太的存在。一个不可否认的事实是，近 100 年以来，物理学上取得的所有重大突破几乎都是杰出的科学家们在 30 岁左右的时候取得的，量子力学更是被戏称为"男孩物理学"，连爱因斯坦这样伟大的天才在他人生的后 30 年中也没有取得什么重大成就。有一句流传很广的话是这么说的："如果爱因斯坦在他 38 岁的时候死了，那么今天这个世界不会有什么不同。"各位亲爱的读者，如果你现在正值 20 来岁的大好青春年华，请接受我对你的羡慕，你很有可能跨入"男孩"们的行列。

空间会收缩

我们此时已经把一号男主角爱因斯坦同志冷落了好久，"小爱"快要失去耐心了，迫不及待地要求再次登场。经过前一段对于时间和速度关系的思考，"小爱"的思想已经越来越成熟。根据两个基本原理，他又能推导出些什么令人惊异的结果呢？让我们再次回到瑞士伯尔尼专利局一探究竟。

仍然是我们已经很熟悉的专利局的那间办公室，唯一不同的是有一次"小爱"在上班时间偷偷做计算的时候被哈勒局长发现了。在了解了"小爱"的工作之后，哈勒局长对爱因斯坦那是相当佩服，特别准许他可以在工作之余安心计算，还时不时地来跟"小爱"打听又有啥新鲜玩意出炉。哈勒后来成了"小爱"最忠实的粉丝，并以此自豪了一辈子。这一天，哈勒又来到了"小爱"的办公室，满怀期待地走到"小爱"身边。

哈勒："'小爱'啊，最近又有什么新鲜玩意告诉我啊？上次你跟我讲的时间会变慢真是让我大开眼界啊，虽然最后对于没法延长生命还是有点小遗憾，不过你的推导真是无懈可击，还有没有了？"

爱因斯坦："局长，我发现，不仅时间是相对的，空间也是相对的，就跟没有什么绝对的同时一样，也没有什么绝对的大和小、长和短。"

哈勒："天哪，这太夸张了，你得给我说说这是怎么回事。"

爱因斯坦："这还得从洛伦兹变换说起，去年洛伦兹先生公布了他的洛伦兹变换式，这个您听说了吧？"

哈勒："当然听说了，虽然我觉得伽利略变换式被推翻了这事有点难以置信，但是洛伦兹先生可是大师级的人物，他的结论应该不会错吧？"

爱因斯坦："其实从惯性系中物理规律不变和光速不变这两个原理出发，我也推导出了洛伦兹变换式，推导过程不难，我给您演算一下。我们只要做这样一个思维实验，让我们测量光在同一段时间在两个坐标系内走过的距离。因为光速不变，他们走过的距离是 ct 和 ct'……"

爱因斯坦边说边在草稿纸上画了一张草图，并且开始熟练地演算起来（推导过程略，本书毕竟不是教科书），很快，就得到了和洛伦兹变换式完全一样的两个变换式：

$$x' = \frac{x - vt}{\sqrt{1 - \frac{v^2}{c^2}}} \qquad t' = \frac{t - \frac{v}{c^2}x}{\sqrt{1 - \frac{v^2}{c^2}}}$$

哈勒："这太有趣了，你跟洛伦兹得出了同样的公式，但推导过程却有所不同。"

爱因斯坦："我们从洛伦兹变换式出发，来研究一个关于长度的问题。局长，你现在到一列飞驰的火车上去，火车上有一根铁棍，我们想测量一下在我眼中铁棍的长度 L 和在你眼中铁棍的长度 L' 有什么不同，该怎么办？在此之前，我们先来给长度做一个定义，只需要同时读出铁棍两头在我们各自坐标系的坐标值，将两头的坐标值相减得到的数值就是铁棍的长度，你对这个定义没有任何异议吧，局长？"

哈勒："当然没有异议，这跟我们拿一把长尺去量铁棍是一样的，把一头放在 a 刻度上，另一头的刻度读出来是 b，那么 $b-a$ 就是铁棍的长度啦。"

爱因斯坦："很好，但是一旦火车运动起来，我就没法实际去拿把尺子量一下了对吧？但好在我们有坐标变换公式，你只要把你读出来的坐标值记录下来，然后我们只要知道火车的速度，用公式一变换，就可以求出在我眼中铁棍两头的坐标值，接着把两个坐标值一减就可以得到长度了。把我所在地面的坐标系设为 K，你所在火车的坐标系设为 K'，火车现在正在运动，于是我们就要用到坐标变换式来求出我眼中正在运动的铁棍的长度了。假设现在的坐标变换式是伽利略变换，我们很容易就可以得到你我眼中的铁棍长度是一样的结果，就像这样。

$$x_2'-x_1' = (x_2 - vt) - (x_1 - vt) = x_2 - x_1$$

"根据定义，两个坐标值相减就是长度，于是得到：

$$L' = L$$

"但问题是，现在的坐标变换式已经不是伽利略变换了，我们应该用洛伦兹变换推导坐标变换式，那就让我们用洛伦兹变换来计算一下运动中的铁棍的长度吧：

$$x_2' - x_1' = \frac{x_2 - vt}{\sqrt{1 - \dfrac{v^2}{c^2}}} - \frac{x_1 - vt}{\sqrt{1 - \dfrac{v^2}{c^2}}}$$

"整理公式，得到：

$$x_2' - x_1' = \frac{x_2 - x_1}{\sqrt{1 - \dfrac{v^2}{c^2}}}$$

"依然根据定义，两个坐标值相减就是长度，于是进一步整理得到：

$$L' = \cfrac{1}{\sqrt{1 - \cfrac{v^2}{c^2}}} L$$

"为了看起来更舒服一点，我们把它换成相乘的形式：

$$L = \sqrt{1 - \frac{v^2}{c^2}} L'$$

"看，我们的长度变化公式出来了，这里面的 L 就是在 K 坐标系中，也就是我眼中运动铁棍的长度，而 L' 则是在 K' 坐标系中的你眼中静止铁棍的长度。让我们来解读一下它的含义吧。"

哈勒迫不及待地抢着说："我理解了，铁棍在运动方向上的长度缩短了！$\sqrt{1-\frac{v^2}{c^2}}$ 总是小于 1，所以运动的物体在我们眼里会在运动方向上产生长度收缩现象。如果我在火车上，你会看到我变瘦了，但我的高度不会变，洛伦兹先生也得出了这个结果。啊！如果这列火车的速度超过光速怎么办？根号里面变成负数了，会发生什么？"

爱因斯坦："谁也不知道会发生什么，负数的平方根是虚数，是没有意义的。虽然洛伦兹先生也得到了长度在运动方向上收缩这个结论，但我跟他的解释不一样，洛伦兹先生认为这种长度收缩是由于某种压力效应产生的收缩，他并不是从光速不变这个原理出发来解释的。而我的观点不一样，从我们刚才推导的过程中也可以看出来，其实不需要用铁棍打比方，用任何东西打比方都能得到同样的结果，我的结论是……"

爱因斯坦顿了一下。

哈勒问："是什么？"

爱因斯坦露出一种神秘的表情："是空间本身收缩了！就跟没有绝对相同的时间一样，也没有绝对相同的空间，牛顿先生再次错了。运动物体的收缩不是任何机械的、化学的、材料的原因，跟任何外力无关，这是我们这个宇宙的物理规律，看似空无一物的空间本身也必须当作一个实体来看待。"

"小爱"说完上面的话，露出一种得意的表情朝观众的方向看了一眼，那意思好像在说："如何？我没有辜负观众的期待吧？"

哈勒："太神奇了，'小爱'，你太给力了！"

爱因斯坦："局长，还有一件事情，我不知道当讲不当讲。"

哈勒："讲啊，讲啊，有什么不当讲的，还有什么，快说，快说。"

爱因斯坦脸一红："局长，我那个二级专利员的申请，您看，是不是能再考虑考虑？"

哈勒脸上的笑容突然就消失了，他板起脸正色道："爱因斯坦先生，公事是公事，一切都要按规矩、按流程办，明白了吗？"

爱因斯坦："知道了，局长。"

速度合成

各位亲爱的读者，我相信因为前面已经有了一次时间膨胀（你也可以将时间变慢理解为时间膨胀了，这种说法比较酷，很多书都喜欢这么说，我也喜欢）的神奇经历，再看到这个空间收缩的结论时，你已经能平静地接受了。那让我们来算一下这个空间收缩的效应跟速度的关系到底有多大，不举一些例子，我们始终没有一个直观的感受。一辆时速 300 千米的高铁从你身边开过，它的长度会收缩多少呢？一算，大约收缩了 10^{-13} 米。这是多少呢？差不多就是一根针尖的千万分之一的长度，人类到目前为止还不具备这样的测量精度呢。但是如果你能坐上一艘速度为 0.99999c 的宇宙飞船，那收缩效应就可观了。你在地面上的亲人将看到"压缩"了 224 倍的你和飞船，变成一个很扁很扁的玩具模型了，但是在飞船中的你，却不会有任何感觉。我们所说的收缩是指一个参考系相对于另一个参考系的收缩效应。飞船没有发射的时候，你拿一把尺子丈量出飞船的长度是 10 米，飞船飞起来后，你用这把尺一量，飞船还是 10 米。尽管地面上的亲人看到飞船"压缩"成了玩具模型，但你的这把尺子也同样缩短了，随着你的宇宙飞船运动的一切物体都缩短了。

　　我们勤奋的"小爱"已经通过两个基本原理推导出了同时性的相对性、时间膨胀、洛伦兹变换、空间收缩这几个推论，但他并没有停止他非凡大脑的思考活动，紧接着就又从洛伦兹变换推导出了新的速度合成公式，这个公式可以解决你脑袋中可能会冒出来的若干疑惑。比如第一个疑惑：如果两艘宇宙飞船一艘朝东飞，一艘朝西飞，飞船的速度都达到了 0.9c，那么从其中一艘飞船看另外一艘飞船，另一艘飞船的速度岂不是可以超过光速 c 了吗？第二个疑惑：如果我从一艘速度达到 0.9c 的飞船上再发射一艘速度为 0.9c 的飞船（或者导弹），那地面上看到的第二艘飞船（或者导弹）的速度岂不是也应该超过光速 c 了？之所以还有这样的疑惑，是因为牛顿时代建立起来的速度合成公式 $w = u + v$（此处的 w 代表合成后的相对速度），在你的脑海里仍然是一个天经地义的常识，而且根深蒂固。但是牛顿的经典物理学已经在爱因斯坦的两个原理下崩溃了，几乎所有的公式都需要修正，都需要考虑光速这个看似不搭界的东西。让我们来看一下爱因斯坦推导出的新的速度合成公式是怎样的：

$$w = \frac{u + v}{1 + \dfrac{uv}{c^2}}$$

　　你仔细一看就会发现，当 uv 远小于 c 时，这个公式就近似等于经典速度合成公式。那让我们用这个新公式来解决你上面的两个疑惑吧：

$$w = \cfrac{0.9c + 0.9c}{1 + \cfrac{0.9c \cdot 0.9c}{c^2}} = \frac{1.8c}{1 + 0.81} \approx 0.9945c$$

看，不论速度多快，两个速度的合成速度最终都超不过 c，哪怕两束光背道而驰，利用这个速度合成公式简单一算，结果最多也还是 c。当然了，其实这个公式本身就是在光速不变的基础上推导出来的。但这绝不是文字游戏，这叫作物理公式的"自洽性"，也是非常重要的一条物理法则。

到此，爱因斯坦对自己的思考和得出的推论比较满意了。他把抽屉里演算用的草稿纸都翻了出来，还好，关键的几张都还在，没有被用来卷烟丝当香烟抽掉（历史上，爱因斯坦有用草稿纸当卷烟纸的习惯，以至于他当初演算用的众多草稿纸都这么白白地被烧掉了。从今天的眼光来看，这烧钱烧得可够厉害的，毕竟每张草稿纸都准能在拍卖会上卖个好价钱）。爱因斯坦整理了一下自己的劳动成果：

1. 相对性原理：在任何惯性系中，所有物理规律保持不变。

2. 光速不变原理：光在真空中的传播速度恒为 c。

3. 同时性的相对性。

4. 洛伦兹变换。

5. 时间膨胀。

6. 空间收缩。

7. 新的速度合成公式。

爱因斯坦用五周时间把以上成果写成了一篇论文，题目叫作《论运动物体的电动力学》（*On the Electrodynamics of Moving Bodies*）。在这五周的时间里，爱因斯坦的快乐心情无法言表，他对专利局的好兄弟索特（索特经常与爱因斯坦探讨物理学问题）说："我无法表达我的快乐。"1905 年 6 月底，爱因斯坦将论文投给了德国的学术期刊《物理学年鉴》（*Annals of Physics*，这份期刊发表过爱因斯坦的许多著作）。该刊物负责理论的一位编辑——大物理学家普朗克（Planck，1858—1947）对文章中的观点感到非常吃惊，虽然与自己的观念相冲突，但开明的普朗克依然大胆地决定将论文发表出来，并且他在日后成为相对论在科学界得到承认的过程中最重要的人物之一。

各位读者，请特别注意，到此时"相对论"三个字还没有正式"出生"，更不要说本章的标题"狭义相对论"五个字了。笔者正是要牢牢抓住你的这份好奇心，放到本章的最后再来解释为何要加上"狭义"二字。

论文虽然发表了，但是爱因斯坦自己心中的一个困惑还没有解决，搞得他茶饭不思，连晚上做梦也总在想：如果物体的运动速度超过光速会怎么样？从公式上看，结果会得到一个虚数，但虚数是一个数学概念，它到底有没有实际的物理意义呢？爱因斯坦非常纠结，不论他怎么做思维实验，虚数这个数学怪兽总会跳出来挡住去路。

但爱因斯坦终究是爱因斯坦，此时的他已经打通了六脉中的三脉，虽然离最终练成神功还有 10 年的时间，但仅凭这"三脉神剑"也让他成功地战胜了这只数学怪兽。且让我们来看一看爱因斯坦是如何用一招"质速神剑"一剑封喉的。

质速神剑

为了能让各位读者更好地理解爱因斯坦这神奇的一招，请让我们一起来回忆一个最基本的物理规律——动量守恒。还记得我们小时候玩的打玻璃弹珠吗？如果你用你的玻璃弹珠把对方的玻璃弹珠打飞一定的距离，你就可以赢得那颗被打飞的弹珠。每一个打玻璃弹珠的人都会有一个自然的体会，那就是自己的弹珠越重，打出去的速度越快，则对方的弹珠就会飞得越远。但这里面还有些特别的技巧要掌握，首先，你要正面击中对方的弹珠，如果打偏了效果就不好了；其次，如果你能打出一颗"旋转弹"，则这颗弹珠打到对方的弹珠后，会停在原地旋转，而对方的弹珠则会滚得很远。这里面的道理就是动量守恒定律。在一个理想化的状态下，如果你的弹珠质量是 m_1，弹珠出手的速度是 v_1，对方弹珠的质量是 m_2，对方弹珠被撞后的速度是 v_2，假设对方弹珠被撞击后，你的弹珠停在原地不动，则符合下面的关系式：

$$m_1 v_1 = m_2 v_2$$

这便是动量守恒定律。由这个最基本的动量守恒的公式我们还能得出另外一个含义相同的公式。比如有一个物体的质量是 m_0，以速度 v_0 运动，在运动途中由于某种原因（比如某个定时断开的机关）突然一分为二，分成两个质量为 m_1 和 m_2 的物体，分开后的速度分别为 v_1 和 v_2，则它们之间的速度变化也要符合动量守恒定律。如果用公式写出来就是这样的：

$$m_0 v_0 = m_1 v_1 + m_2 v_2$$

爱因斯坦看着这个公式，突然想道：根据用洛伦兹变换推导出的新的速度合成公式，两个物体的合成速度不可能无限增大，而是会随着接近光速而递减，那么为了满足动量守恒，质量 m 的数值就必须增大。爱因斯坦想到之后马上就动手，他很快就利用洛伦兹变换和动量守恒定律联合推导出了下面这个公式：

$$m = \frac{m_0}{\sqrt{1 - \dfrac{v^2}{c^2}}}$$

我们又看到了熟悉的相对论因子，这个公式改写一下就是：

$$m = \gamma m_0$$

这个公式正是爱因斯坦解决超光速问题的神奇一招——"质速神剑"，通常我们也把它叫作"质速关系式"，用来说明质量和速度的关系。这个公式中

的 m_0 表示物体相对静止时的质量，m 表示物体以速度 v 运动后的质量。一看
到旁边有我们的老朋友 γ，你一定能马上反应过来，这就是说物体的运动速度
越快，质量就越大。

牛顿如果地下有知，必定会睁大惊恐的眼睛，暴怒道："这个世界疯了！"
在牛顿力学中，所有的定律都隐含着这样一个前提，那就是物体的质量是不变
的。我们用小球做实验，不管这个小球是在岸上还是在船上，不论是在实验室
里还是在山顶上，它的质量是多少就是多少，根本不需要我们去重复地称量。
现在爱因斯坦居然告诉我们物体的质量并非恒定不变的，质量也是相对的，就
跟没有什么绝对的快慢、没有什么绝对的长短一样，对不起，也没有什么绝对
的质量大小。刘慈欣在他的科幻小说《三体》三部曲中，描写了一个外星文明
用一个玻璃弹珠大小的物体击毁了另一个外星文明的"太阳"的情节，其中的
理论正是这个质速关系式。当"玻璃弹"的速度接近光速的时候，其相对论质
量就会变得无比巨大，足以击毁一颗恒星（有兴趣的读者可以去读一读《三体》
这部中国科幻界的扛鼎之作）。

我已经听见了你的嘀咕声："喂，跑题了，你还没讲清楚为啥爱因斯坦用
这个质速关系式杀死了那只数学怪兽，这个公式跟超光速到底有什么关系？"
当然有关系，还记得牛顿第二定律吗？物体的加速度和受到的力成正比，和质
量成反比。通俗地讲，就是如果你要把一个物体推得运动起来，物体的质量越
大，你要用到的力就越大。想想看，质速公式告诉我们，物体的速度越快，则
质量就越人，那么要推动它加速的力就必须越大。当物体的速度逐渐接近光速，
质量也会逐渐变得无穷大，那么显然要推动它继续加速的力也必须变得无穷大。
对不起，无穷大的力是不存在的，谁也不可能创造无穷大的力，你就是把全宇
宙的能量都集中起来，那也比无穷大要小。这就证明了任何有质量的物体的运
动速度都不能达到光速，达到都不能，更别说超过了。那光本身呢？因为光在
静止时没有质量，所以它能达到光速。

光速极限

关于超光速的话题还没完，我们还要解决一些你心中的疑惑。爱因斯坦说没有物体的运动速度能够超过光速，准确地说，是没有能量和信息的传递速度能超过光速，如果失去了这个前提，那么超光速的"东西"可就多了。比方说，你在地面上插一根棍子，用一个手电筒去照这根棍子，然后在棍子后面很远很远的地方（比如说在阿凡达居住的潘多拉星球上）放一块白板，理论上这根棍子的影子就会出现在这块白板上，这时候，你把手电筒轻轻转过一个角度，那么远在潘多拉星球的影子就会迅速地移动（图 4-27），可以想象只要距离足够长，这个移动速度绝对会超过光速。

图 4-27：移动速度可以超过光速的影子

这个想法有一个很酷的名字，叫作"暗影之疾"，它并不违反相对论。因为首先影子并不能储存能量，所以这里并没有能量的传递。那么通过这个"暗影之疾"能不能传递信息呢？你可能想，如果我在棍子上用刻刀小心地刻一个空心字"喂"，由影子组成的这个"喂"在潘多拉星球上不就能以超光速传递了吗？我非常佩服你能想到这个点子，但是这个方法真的能让潘多拉星球上的两个人超光速传递信息吗？

好，那么就让我们来设想在潘多拉星球上，男主角杰克站在白板的这头，女主角奈特莉站在白板的那头，现在杰克跟奈特莉在分手的时候约好：如果看到一个"3"的影子，表示3点开始进攻人类的基地；如果看到一个"4"的影子，就表示4点开始进攻。杰克在前方侦察完敌情，决定4点开始进攻，现在他要把这个信息传递给奈特莉，可麻烦的是，杰克必须先告诉远在地球的我赶紧把"4"的影子扫过去，才能让奈特莉看到这个信息。杰克跟我之间的信息传递马上碰到了光速极限问题，因此4点进攻的消息依然无法突破光速极限。

若取消能量和信息传递这个前提，要得到超光速还有更简单的方法。比方说，你找一个晴朗的夏夜，站在满天繁星下面，脚尖点地，来个轻巧的360度大旋转。乖乖，不得了，整个宇宙都在你的眼中转了一圈，这宇宙的转动速度何止光速，简直神速！对不起，你可以认为这种神速是超光速运动，但这并未违反相对论，因为没有实际的信息和能量在这个运动中传递。

总之，自从爱因斯坦得出了能量和信息的传递无法超过光速之后，有无数聪明人设计了各种各样的思维实验，经常有人宣称自己成功地设计出了超光速信息传递的方案，可惜除了那种死不认账的自恋狂外，所有的方案都经不起推敲。直到1982年，法国人阿兰·阿斯派克特（Alain Aspect，1947— ）领导了一个实验小组，成功地做了一个可能会在历史上成为第二个"MM实验"的特殊实验，这个实验的名称叫作EPR实验，实验结果把相对论关于光速极限的推论逼到了墙角（注意我的用词，我可没有说证伪或者推翻）。特别有趣的是，这个实验正是以爱因斯坦为首的三个科学家——E代表爱因斯坦、P代表波多尔斯基（Podolsky，1896—1966）、R代表罗森（Rosen，1909—1995）——提出的。最初这只是一个思维实验，爱因斯坦他们的目的是嘲笑当时出生没多久的量子理论有多荒谬，因为在这个思维实验中，按照量子理论的说法，两个基本粒子居然可以在相隔很远的距离时，在光速都来不及跑完的时间内互相知道对方的自旋状态（基本粒子就是物质和能量的最小单位，比如电子就是一种基本粒子）。爱因斯坦和另外两个科学家嘲笑道："哈哈，看看，这有多荒谬，量子理论居然发明了超光速的信息传递。"这个思维实验是 1935 年提出来的，当时的爱因斯坦早已经是物理学界的权威，但是当时的技术条件还无法实现这个 EPR 实验。

时光飞转，时隔 47 年之后，在爱因斯坦都过世 27 年之后的 1982 年，科学家们终于具备了实验条件，而实验结果震惊了全世界！被爱因斯坦称为荒谬的结论居然是事实，量子理论和相对论的矛盾彻底激化。EPR 实验到底有没有违反相对论，这个话题引发了从物理学界到民间科学家的旷日持久的热烈讨论，关于这个话题，我们将在第 9 章中详细说到。但直到今天，人类并没有发现任何超光速运动，所有关于超光速的报告都被证实是错误的。因此，光速极限仍然是相对论的坚实基础。

质能奇迹

聊完了超光速，我提醒各位亲爱的读者注意，一个伟大的时刻就要到来了，本章的压轴大戏将正式上演。爱因斯坦马上就要写下古往今来最出名、最牛，连小学生都知道的一个惊天地、泣鬼神的传世公式。请屏住呼吸，下面是见证奇迹的时刻。

如前文所述，爱因斯坦现在手上有这么一个质速公式：

$$m = \frac{m_0}{\sqrt{1 - \dfrac{v^2}{c^2}}}$$

此外，人们很早就知道一个运动的物体是具有能量的，子弹能把木板打穿，断头台能砍下路易十六的脑袋，靠的就是物体的动能。经典物理学对动能的计算公式是：

$$E = \frac{1}{2}mv^2$$

现在这两个公式到了爱因斯坦手里，他知道经典的动能公式肯定也需要修正，于是他开始像搭积木一样把这两个公式搭来搭去。笔者就不写出具体的推导过程了，因为那要用到一些"无穷级数展开"的数学手法，会影响很多读者阅读时的愉悦感。总之，我们的爱因斯坦用魔术师似的神奇手法演算着手里的方程式，很快，奇迹出现了，爱因斯坦的草稿纸上出现了下面这个公式：

$$E = mc^2$$

爱因斯坦写出这个公式后（爱因斯坦最早的论文是用 L 来代表 E 的，这里笔者有意换了一下），拿笔在公式上面画了一个圈，禁不住激动地抬起头来看了我们一眼，说："魔术是骗人的，我的这个是真的。"

这就是大名鼎鼎的质能公式。我保证这是本书出现的最后一个公式，从现在开始，再也不会有恼人的公式来刺激你了。

它代表了质量和能量是可以相互转换的，它解开了英国科学家卢瑟福（Rutherford，1871—1937）在此之前发现的神秘的放射性物质为何能发出巨大的能量之谜，也解开了开尔文勋爵（就是前面提到过的那个在演讲中用乌云做比喻的老头）冥思苦想也想不通的太阳为何能经久不息地放出如此巨大能量之谜。

这真是不可思议，因为这个 c^2 是个大得不得了的数字，这个数字是 90 000 000 000（千米/秒）^{2}，也就是说 1 克的物质如果全部转换为能量就可以产生

90 万亿焦耳的能量。这是多大的能量呢？打个比方，假设我能自爆，把我自己 70 千克的质量全部转换为能量，那么就相当于 30 多颗氢弹的威力。"这太恐怖了！"你惊呼一声，"周围每个人都随身携带 30 多颗氢弹啊，以后得躲远一点。"别激动别激动，没人能把自己变成氢弹自爆，即便是威力巨大的原子弹，也不过仅仅能把大约 1% 的质量转换为能量而已。如果你对这个结论是怎么得出来的仍然感到难以理解，我可以这么帮你理解一下：你想想，任何物体在光的眼里是不是都在以同样的速度，也就是光速运动呢？那么相对于光而言，每个物体都是具有庞大动能的子弹也就丝毫不稀奇了，当然这只是便于你理解的一种思考方式，真实的理论并不是从这个角度出发的。

但笔者请你千万记住的两点是：（1）爱因斯坦并没有参与原子弹制造，质能公式也不是造原子弹的理论；（2）即便没有质能公式，原子弹也一样能被造出来，只不过原因仍然会很神秘。

这个质能公式是如此简洁而又不可思议，以至于它成了相对论和爱因斯坦的代名词，甚至被用来代表科学。

在《论运动物体的电动力学》这篇论文即将发表的前夕（1905 年 9 月底），爱因斯坦把他最新发现的质速公式和质能公式写成了一篇仅仅三页纸的论文，作为上一篇论文的补充，定名为《物质的惯性同它所含的能量有关吗？》（*Does the Inertia of a Body Depend on Its Energy Content?*），又投给了《物理学年鉴》杂志，两篇文章终获发表。不过，在发表后的很长一段时间内，两篇文章并没有立刻获得惊天动地的反响，就好像一粒沙子扔进了沙漠，迅速埋没在沙海中。那是一个物理学创世纪的时代，每天都会产生大量新论文、新思想，物理学的新发现如潮水般涌进人们的大脑。一个新学说想要被学术界承认，不是一件轻而易举的事情。但毕竟爱因斯坦的理论不是沙子而是金子，迟早会发出耀眼的光芒。爱因斯坦耐心地等待着。

非常有趣的是，爱因斯坦虽然是相对论的创立者，却并非这个名称的创造者，他自己并不喜欢这个名称，完全是"被迫"接受的。在他的这个新学说渐渐受到重视，被越来越多的学者讨论时，也许是受到文章中无处不在的"相对"一词的影响，大家很自然地提出了"相对论"这个新词，并且普遍使用。时间一长，爱因斯坦也只好无奈地接受了这个新名称。

正当相对论逐渐被更多物理学家和数学家接受时，爱因斯坦本人却冷静地看到了其中的两个缺陷。是什么呢？请大家注意，爱因斯坦的相对性原理的前半句是什么——在任何惯性系里。惯性系就是相对静止或做匀速直线运动的参考系，但问题是，我们的生活中真的有惯性系存在吗？船在海浪中颠簸，火车要加速减速，孩子们扔出去的小球的轨迹是条抛物线……即便是我们一直把它当成惯性系的地球本身，也是在绕着太阳做圆周运动。我们几乎找不到真正的惯性系，而放眼宇宙，更是非惯性系主宰了我们的世界。同时，无论他如何尝试，都无法将引力纳入相对论的理论中，新的障碍横亘在了爱因斯坦的面前。然而10年后爱因斯坦便再次做出巨大突破，将相对论提升到了一个全新的而且更广阔的高度。于是人们把1905年的相对论称为"狭义相对论"（Special Relativity），把1915年的称为"广义相对论"（General Relativity）。

四个搞脑子问题

写到这里，本章的内容即将结束。如果你此时的感觉是"狭义相对论原来也不难懂，我基本上都看明白了"，那是笔者莫大的荣幸；如果你此时的感觉仍然是不明所以、一头雾水，那也一定不是你的问题，是我的问题。但是，我想问前一类读者·你真的明白了吗？抱歉，我马上要给你一点小小的打击了，你以为你全都明白了，其实也许并非如此，让我来问你这么几个问题，请你思考一下。

第一个问题：

想象一下，爱因斯坦和哈勒各自驾驶着一艘同一型号的宇宙飞船在黑漆漆的太空相遇。在爱因斯坦的眼中，哈勒的飞船开始是一个小亮点，然后越来越大，最后以高速从他身边飞过，一转眼就不见了。爱因斯坦心里想，根据狭义相对论的时间膨胀和空间收缩效应，哈勒的时间过得比我慢，哈勒的飞船相对我的飞船缩小了。但是，让我们跑到哈勒那里，在刚才那起相遇事件中，哈勒看到爱因斯坦的飞船开始是一个小亮点，然后越来越大，最后以高速从他身边飞过，一转眼就不见了。哈勒心里也在想，根据狭义相对论的时间膨胀和空间收缩效应，爱因斯坦的时间过得比我慢，爱因斯坦的飞船相对我的飞船缩小了。亲爱的读者，请问，他们到底谁比谁的时间变慢了？谁比谁的飞船缩小了？

第二个问题（双生子佯谬）：

想象一下，你即将坐上一艘亚光速的飞船告别地球上的双胞胎弟弟去太空旅行，当你弟弟看到你的飞船瞬间冲上云霄，一下子就飞得不见踪影时，他在心里面想："等哥哥回来的时候，我就比他老了，哥哥会比我显得更年轻。"可是，你在飞船上可不一定这么想，对于你来说，你觉得是地球载着你的弟弟突然飞离你而去了，你越想越觉得有道理，所以感慨道："等我再见到弟弟的时候，我就更老了。"亲爱的读者，你觉得你们见面的时候，你到底是变得更年轻了还是变得更老了？

第三个问题（长棍佯谬）：

洛伦兹开着一辆亚光速的飞车正在平坦的北极冰面上飞驰，他越开越快，真是爽极了。突然，车载雷达显示，前方有冰面出现了一道裂缝，裂缝的宽度刚好和飞车一样宽。情况十分紧急，到底要不要刹车？洛伦兹突然想道："啊哈，那道裂缝正相对我做着高速运动，它会在运动方向上收缩，于是会小于我的车长，我应该能顺利地冲过去。"这么一想，洛伦兹心里一宽，反而踩下了油门加快速度。可是马上就要到裂缝时，一个念头突然冒出来，他吓呆了："如果裂缝里面有一个人，从他的眼里看来，我正在朝他飞速运动，因此我的车子在运动方向上会收缩，我会更容易一头跌入冰缝，天哪，得赶紧刹车！"可是此时已经来不及了。亲爱的读者，请问倒霉的洛伦兹先生到底有没有掉入那道冰缝中呢？

第四个问题（潜水艇佯谬）：

庞加莱先生正指挥着一艘潜水艇在大西洋中游弋，海里的美景真是美不胜收，看上去比数学公式要有趣得多。突然，一阵凄厉的警报声把庞加莱的思绪拉回现实。中士慌慌张张地跑来报告说，一个不明物体击中了潜水艇，撞坏了深度控制箱，潜水艇正在下沉，情况危急。庞加莱不愧是久经考验的大师级人物，临危不乱，他想："只要我加快潜水艇的前进速度，那么对面的海水就会相对潜水艇做高速运动，根据狭义相对论的质速公式，海水的质量会增加，密度会增加，浮力就会增大，我们的潜水艇就能顺利上浮了。"当庞加莱正要发出以亚光速加速前进的指令时，他突然又想："哎哟不对，一加速，在海水看来，潜水艇的质量就增大了，我岂不是下沉得更快？"庞加莱这时也无法保持镇定了，看着全体成员焦灼的目光，大颗汗水从他的额角落下。亲爱的读者，请问可怜的庞加莱先生到底该不该下达加速前进的命令？

问题问完了。

请原谅我，你本来已经清楚的头脑，突然一下子又坠入深渊，你忍不住火冒三丈："这该死的相对论到底该相对于谁啊？！"

请息怒，我亲爱的读者，你一点都不需要感到郁闷，这些问题不仅困扰着你，同样也曾经困扰着比我们聪明十倍的大科学家们，那个双胞胎到底孰老孰少的问题也曾经引发全世界范围的大讨论。

这些问题，不是我三言两语就能说得清的。请你系好安全带，我们的旅程才刚刚过半，更刺激、更惊险、更不可思议的故事和风景还在前面等着我们。犹豫什么，这就跟我继续出发吧！

Chapter Five

广义相对论的宇宙

The Shape *of* Time

　　从狭义（special）到广义（general）是文字上的一小步，却是人类认识我们这个宇宙的一大步，其意义绝不亚于阿姆斯特朗在月球上跨出的那一步。这一步爱因斯坦整整跨了10年。在1915年最终完成广义相对论的所有内容后，爱因斯坦写道："让我好好休息一阵子，我实在是太累了。"他是应该好好休息一下，如果说狭义相对论是爱因斯坦集各门各派武功之大成的话，那么广义相对论则是爱因斯坦傲视天下的独门秘籍，其难度可想而知。

爱因斯坦的不满

　　当时，有很多学者已经触摸到了狭义相对论的边缘。我们前面提到过，洛伦兹与相对论只有一步之遥；另外一位法国数学家庞加莱已经正确地阐述了相对性原理，并推测真空中的光速可能是常数；此外，还有与爱因斯坦同时代的奥地利物理学家马赫，率先向牛顿的绝对时空观提出了挑战，坚定地认为不存在绝对空间和绝对运动（可惜在相对论发表后，庞加莱和马赫却一直表示反对）。可以说，当时狭义相对论在整个物理界已经呼之欲出，即使没有爱因斯坦，不超过五年，也一定会有别的"斯坦"发表狭义相对论。但广义相对论就不同了，它几乎是爱因斯坦一个人潜心修炼的成果，如果没有爱因斯坦，我们可能今天都还在等待这个理论。在一本美国人写的科学史书中，广义相对论被评为"人类历史上最高的智力成就"。你有点迫不及待地想知道广义相对论是怎么来的了吧？这事还得从头说起。

　　我们的故事要从……（读者："不会吧，又要讲四百多年前的历史？"）要从1905年开始讲起。（读者："还好，吓死我了！"）让我们再次回到瑞士的伯尔尼，还是那家专利局，故事的主角自然还是爱因斯坦，故事的配角仍然是我们的局长大人哈勒先生。话说爱因斯坦申请二级专利员被驳回后一直对局长有些耿耿于怀，他有些不服气：自己已经凭借《分子大小的新测定法》（*A New Determination of Molecular Dimensions*）顺利取得了博士学位（这篇论文是奇迹年五篇论文中的第二篇。据后人统计，在爱因斯坦一生发表的所有论文中，这篇论文被引用得最多），可是却连二级专利员都没能申下来，太不尊重人才了吧，此处不留爷，自有留爷处。对学术圈充满情怀的爱因斯坦开始申请伯尔尼大学的物理系讲师，准备跳槽，然而申请却被拒绝了（此后他坚持不懈地申请了 3 年，直到 1908 年终于获得了一个编外讲师的职位）。既然大学讲师当不成，爱因斯坦又试着去申请苏黎世中学的教师职位，没想到也没有成功，只好继续干着专利员的工作。

这一天，哈勒又踅进了爱因斯坦的办公室，笑嘻嘻地对爱因斯坦说："'小爱'啊，最近怎么样？又有什么新想法了没？"

爱因斯坦："最近很不好，很多事我想不通。"

哈勒："耐心点嘛，'小爱'，明年，明年一定提升你。"

爱因斯坦："我想不通的不光是这件事情。"

哈勒："还有什么事？"

爱因斯坦突然意识到自己说漏了嘴，自己准备跳槽去申请伯尔尼大学讲师的事情怎么能让局长知道呢？得赶紧想办法绕开，爱因斯坦急中生智，说道："惯性系！因为惯性系！"

哈勒："什么意思啊？"

爱因斯坦："我前不久告诉你的相对性原理你还记得不？"

哈勒："记得啊，不就是在任何惯性系中，所有的物理规律保持不变吗？我觉得很深刻、很伟大啊，这又怎么了？"

爱因斯坦："所有的物理规律为什么只有在惯性系中才维持不变呢？我们的生活中根本不存在真正的惯性系啊，所有的运动没有一个是理想中的匀速直线运动，你能给我举出一个真正的惯性参考系的例子吗？"

哈勒想了想："我们就用大地做参考系，这总是惯性系了吧？"

爱因斯坦："显然不是，别忘了我们的地球是以 10.8 万千米的时速绕着太阳做着圆周运动的，匀速圆周运动是一种加速运动，产生加速度的力就是太阳对地球的引力，速度是有方向的，哪怕速度的绝对值不变，只要方向在不停地变化，就是一种加速运动。所以，我们的大地根本就不是惯性系。"

哈勒恍然大悟："想想还真是这样，我们身边一个惯性系也找不到。"

爱因斯坦："惯性系实在是太特殊了，上帝这个老头子不应该这么偏爱根本不存在的惯性系。我们在惯性系中总结出来的所有公式其实根本不能解决实际问题嘛，最多只能求出一些近似值而已，你如果想求出点精确值，马上就会遇到加速度这只怪兽。"

哈勒："那我们干脆就不加惯性系了，直接说在任何参考系里面物理规律不变，一了百了，哈哈哈。"

爱因斯坦："说得倒是轻巧，可怎么个不变法呢？比如你坐在电梯里面，电梯加速上升的时候，你抛起一个小球，这个小球的落地时间就会跟电梯匀速上升时不一样。显然，在这个参考系里面，物理规律变了。"

哈勒："我只是随便说说，随便说说，你别认真嘛。"

爱因斯坦："但在内心深处，我又认为你说的是对的，物理世界应该是民主平等的世界，各种参考系都应当平等，惯性系不应该在这个世界中具有特权，凭什么惯性系的地位就那么特殊呢？"

哈勒见今天问不出什么新鲜玩意来，也就走了。

在此后差不多接近两年的时间里面，爱因斯坦都被这个问题折磨得茶饭不思。不过到了第二年，也就是 1906 年，哈勒局长果然没有食言，爱因斯坦升为二级专利员，薪水福利都涨了。又过了一年，到了 1907 年，爱因斯坦再次升职，这次升到了一级专利员，同时爱因斯坦还拥有了更宽敞的办公室和更舒适的椅子，这下爱因斯坦的心情好多了。虽然看起来伟大的灵感往往来自一些偶然发生的小事，但其实偶然中蕴含着必然。某些书里说一个苹果砸到牛顿的头上让他得出了万有引力定律，虽然这种故事的真实性经不起推敲，但它确实让人觉得很浪漫、很令人神往。有些书里说，有一次，爱因斯坦看到一个工人从房顶上摔下来，他灵光闪现解决了困扰自己两年的疑惑，这个故事既不浪漫也经不起推敲。爱因斯坦自己说过，他想到那个绝妙的点子的时候，是坐在椅子上的。当时的情况是这样的（别问我是怎么知道的）：爱因斯坦午后抽完一支烟，舒服地半躺在椅子上，不知不觉就进入了梦乡，他做了一个噩梦，当他从噩梦中惊醒的时候，万万没有想到，这个噩梦却造就了他"一生中最快乐的想法"。

生死重量

视线逐渐模糊，画面渐渐黑下去。

突然——

画外音："警长，警长，快醒醒！"

画面一阵摇晃，渐渐亮起。

爱因斯坦睁开眼睛，看见很多探员围在他的周围。

"出什么事了？"爱因斯坦问。

探员罗森："出大事了，在云霄电梯里发现一枚定时炸弹，拆弹组已经赶去，目前尚不知是何人所为，有何目的。"

"距离爆炸还剩多少时间？"

"不到 24 小时。"

"我们走！"

一座酷似埃菲尔铁塔的建筑物耸立在眼前，唯一不同的是这座建筑物一眼望不到顶，人们只能看到它直入云霄的塔身。塔基处挂着一行大字："云霄电梯，让你重新发现世界。"

罗森说道："这是本月刚刚落成的全世界最高的观光电梯（图5-1），高度达到 20 000 米，电梯往返一趟最短仅需 30 分钟，可以同时容纳 100 人左右。我前两天曾经上去过一次，真是让人震撼。天气好的时候，感觉可以把整个欧洲尽收眼底，天气不好的时候，可以看到一望无际的云海包围着大地，云海里面透出阵阵闪电，如入仙境。"

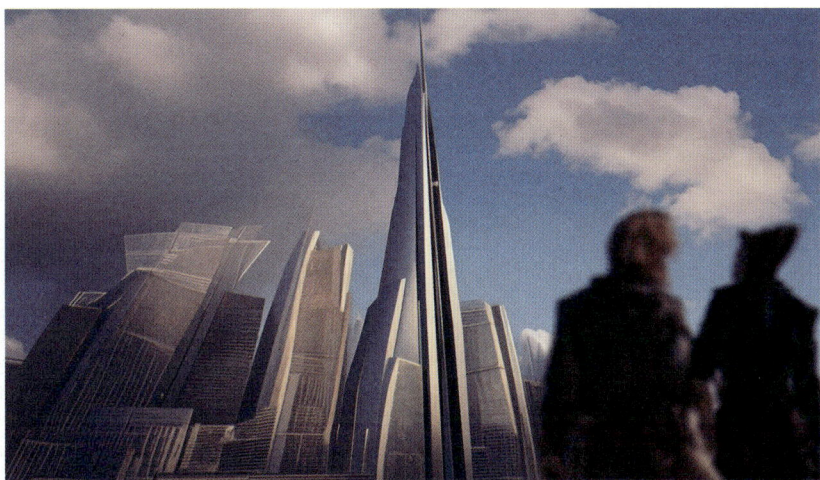

图 5-1

两人穿过警戒线。

罗森继续说："据初步判断，炸弹的威力可能极大，方圆 1000 米内已经开展疏散工作。"

爱因斯坦："炸弹是怎么被发现的？"

罗森："今天早上维修工人对电梯做运行前的例行检查时，在电梯的底部发现了这枚炸弹，炸弹吸附在电梯的底盘上（图5-2），上面有一个倒计时显示器，上面显示为 23:20:32，他们当即报了警。"

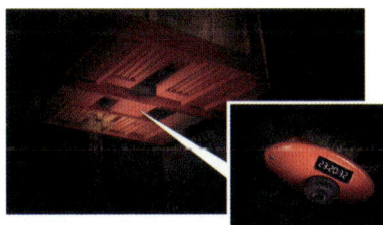

图 5-2

爱因斯坦："你们初步估计是何人所为？目的是什么？"

罗森："我们的初步判断是某个极端环保主义组织所为。环保组织一直反对云霄电梯这个工程浩大的项目，但目前尚未接到任何组织或个人声称对此事负责。"

说着两个人走到电梯跟前，通过一个楼梯下去，进入一个检修通道。在这里，抬头就能看见那枚炸弹，炸弹边上站着两位专家，其中一位正拿着一种仪器仔细检查，另一位在拍照（图5-3）。

图 5-3

爱因斯坦抬头朝炸弹看过去，首先映入眼帘的就是那个非常显眼的倒计时屏：

22:35:48

计时屏非常有节奏地一秒钟跳动一下。

炸弹比普通人的手掌大不了多少，呈椭圆形，银白色，锃光瓦亮，人影都能照得出。爱因斯坦问其中一位正在用仪器扫描的专家："我是爱因斯坦警长，有什么新发现？"

那人回答："你好，警长，我叫普朗克，国土安全局的首席爆破专家。这枚炸弹很复杂，是高手制作的。"

爱因斯坦："爆炸的威力能准确地预计吗？"

普朗克："这枚炸弹用的是目前威力最大的C4炸药，虽然我现在还不能准确地算出杀伤半径，但把整座电梯塔炸塌是肯定没问题的。"

爱因斯坦："有可能拆除吗？"

普朗克："没有把握，这枚炸弹所用的防拆装置是一个精密的重力感应器，只要感应到重力的变化超过一个阈值，炸弹就会立即爆炸。炸弹是用一种特殊的胶水粘在底盘上的，如果我们想要让它和底盘分离，就必须切割（图5-4），切割过程引起的震动肯定会让重力感应器超过阈值。"

图 5-4

爱因斯坦："那能不能把整个电梯轿厢拆下来，搬离现场？"

普朗克："我刚刚咨询过电梯制造商，这种电梯轿厢想要拆除，最快也需要花48小时，时间肯定来不及，而且也不能保证在拆除的过程中所引起的震动在安全范围内。"

爱因斯坦："看来，我们遇到麻烦了。"

2 小时后，国土安全局总部大楼。

会议室里坐满了人，每个人都表情严肃，一言不发。国土安全局的开尔文局长居中而坐，爱因斯坦坐在他的旁边。

开尔文环顾了一下全场，说道："今天召集大家过来，是因为我们正面临一场严重的危机，需要各方拿出解决的办法来。我们请负责这个案件的爱因斯坦警长做一个情况简报（图 5-5）。"

图 5-5

爱因斯坦立刻站了起来："各位，事情是这样的，今天早上我们在云霄电梯的底盘上发现一枚威力超强的定时炸弹，它一旦爆炸，威力会波及直径 1000 米范围内的所有建筑物，最重要的是，爆炸的威力足以把云霄电梯炸塌。这么一个庞然大物如果倒塌，后果不用我多解释，绝对是个大灾难，而现在离爆炸还有……"爱因斯坦看了看表，"还有 20 小时。关于炸弹的情况，我们请安全局的首席爆破专家普朗克先生介绍一下。"

普朗克："这枚炸弹里面安装了一个非常精密的重力感应装置，只要感应到重力稍有变化，就会立即爆炸。目前我们还在想办法拆除它，但是情况不容乐观，我们必须做好无法在爆炸前拆除的准备。"

开尔文："情况大家都了解了，请大家各抒己见，拿出办法来。"

消防局局长："我的意见是，让电梯升上去，万一拆不掉，就直接让它在顶上炸了，这样受损的范围有限。"

爱因斯坦在心里暗骂一声"文盲"，对消防局长说："这是不行的，电梯离地面越高，重力就越小，您不会连牛顿的万有引力定律都不知道吧？在上升的过程中，重力感应器就会感应到重力的变化，炸弹会立即爆炸（图5-6）。"

图 5-6

消防局局长脸一红，不说话了。

建设局局长："那么，我们是不是可以在电梯上升的过程中慢慢地增加炸弹的重量，比如，把吸铁石一小块一小块地吸附上去。"

爱因斯坦："没用，注意，重力感应器感应的是自身重力的变化，并不是整个炸弹的重量，往炸弹上加东西，根本不会改变重力感应器自身感受到的重力（图5-7）。"

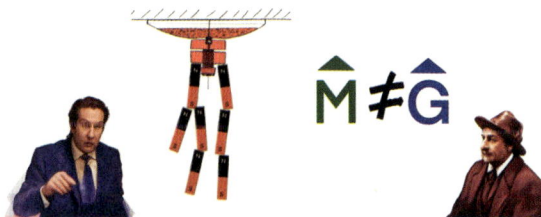

图 5-7

普朗克："我补充一下，其实，根本不用等到电梯升到半空，只要电梯一启动，炸弹就爆炸了，因为电梯启动的时候必然会产生一个加速度，这个加速度会让重力感应器感受到一个如同重力增加的力。我们坐过电梯的人都知道，当电梯刚往上升的时候，我们会感觉自己变重了（图5-8），就是这个道理。"

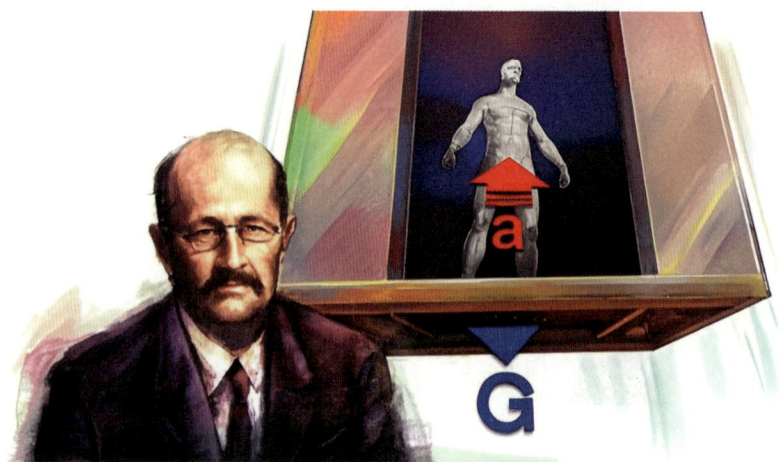

图 5-8

本来安静的会议室出现了一些骚动，大家纷纷交头接耳，但一时之间谁也拿不出好主意。

爱因斯坦低着头沉思，突然他抬起头，脸上闪过一丝喜色，站起来大声说："大家安静，请听我说，我想到一个办法。"

会场立刻安静下来。

爱因斯坦："刚才普朗克先生启发了我，电梯的加速度会产生如同重力的效应，而电梯升得越高，则重力越小。请大家想一想，如果我们能精确地控制电梯的加速度，刚好可以把重力降低的效应完全抵消（图5-9），我们就能把电梯安全地升到顶端，然后引爆炸弹，这样我们就可以保住整座云霄电梯塔了。"

图 5-9

开尔文："爱因斯坦警长的这个方案从理论上来说可行，不过，请云霄电梯的制造商方出来回答下是否有可能精确地控制电梯的加速度。"

一个谢顶的中年人站了起来："我是云霄电梯公司的总工程师爱丁顿。从理论上来说，云霄电梯具备控制任意加速度的能力，但控制系统需要加一个控制模块，当初设计的时候没有考虑到需要如此精细的控制。"

开尔文说："制造这个控制模块需要多久？"

爱丁顿看了看手表，想了一下说："如果现在马上动手的话，应该能赶在爆炸前半小时左右完成，时间还来得及，不过……"

爱丁顿迟疑了一下。

开尔文："有话就直说，爱丁顿先生。"

爱丁顿："因为考虑到摩擦力和空气阻力的变化，电机必须不停地调节输出功率。但在这么短的时间内，恐怕无法做出自动控制模块，必须……必须手动控制。也就是说，必须有一个人在电梯内手动微调参数（图 5-10），直到电梯升顶。不知道我是否说明白了，开尔文先生。"

图 5-10

开尔文瞬间就明白了爱丁顿的意思，不愧是久经沙场的老将，开尔文冷静地说道："请你立即动手去制作控制模块，剩下的事情交给我们，谢谢你，爱丁顿先生。"

爱丁顿说了声"是"，立即三步并作两步离开了会场。

此时，整个会场鸦雀无声，所有人其实都明白了爱丁顿的意思。

开尔文环视了一周，镇定地说："我想大家应该已经明白了，电梯只能在加速状态下才能维持重力不变，一旦升顶后开始减速，炸弹就会立即爆炸。"

会场安静得可以听见一根针落地的声音。

"我已经是一把老骨头了，对这个世界也没有什么留恋了，"开尔文一字一顿，"让我为这个国家的国土安全再尽最后一次责任吧。"

安静，死一般的安静。

开尔文缓缓地站起来，稳稳地一步一步走出门外。

云霄电梯检修通道。

倒计时血红的数字"00:26:23"每跳动一下，仿佛都是死神的敲门声。

云霄电梯中，爱丁顿在电梯控制面板上忙碌着，终于小心地合上面板，旋紧螺丝，面板上露出一个圆形的旋钮。爱丁顿抬起头来，脸色凝重地看着开尔文，郑重地把一个手掌大小的仪表交给开尔文。

仪表上甴什么按键都没有，只显示了一行醒目的数字：9.80665。

爱丁顿："尊敬的开尔文先生，再多的语言也无法表达此刻我对您的感激，这是重力常数测定仪，请您注意看仪表上的数字，如果数字增大，就说明电梯加速度过大，请把旋钮逆时针转动，减小输出功率。反之请顺时针旋转，增大输出功率。请注意，数字必须维持在 9.81 和 9.79 之间（图 5-11）。"

图 5-11

开尔文："相当明白了。启动电梯吧，时间不多了。"

爱丁顿庄重地朝开尔文鞠了一躬，缓缓地退出电梯。此时，电梯外所有人都注视着开尔文，就像看着一位英雄。开尔文回敬了一个注目礼，沉着地发出命令："启动电梯。"

突然，一个人影冲进了电梯，迅速地抢过了开尔文手里的仪表（图 5-12），并把开尔文往外一推，拉下扳手。开尔文一个趔趄的同时，电梯门缓缓地合上了。

图 5-12

在电梯门合上的那个瞬间，人人都认出来了，那人正是爱因斯坦警长（图 5-13）。

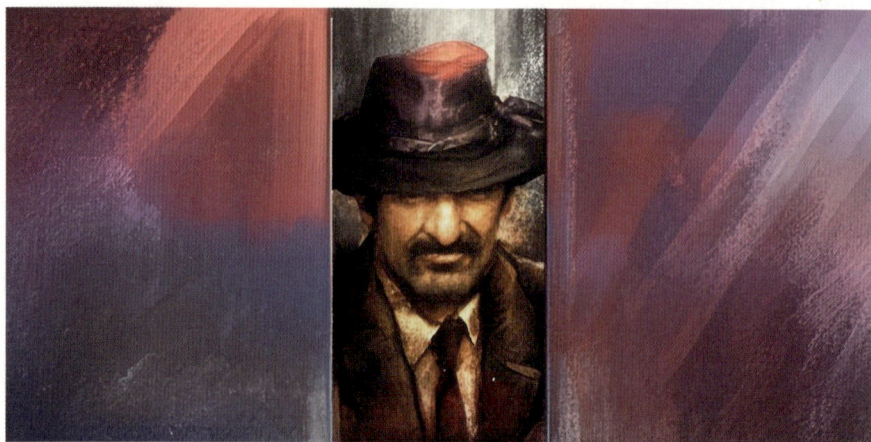

图 5-13

开尔文大怒，冲着电梯喊："岂有此理，你怎敢这么做！"

爱因斯坦在电梯中对大家说："请立即启动电梯，时间已经来不及了。我已经下定决心了，电梯门我已经反锁，我再重复一遍，请启动电梯，时间来不及了。"

僵持了一会儿，开尔文尽管暴跳如雷，但也无计可施，大家心里都明白，时间一分一秒地过去，必须启动电梯了。

开尔文痛苦地看着电梯里面的爱因斯坦，知道结局已经不可能改变了，红着眼睛对爱丁顿吐出两个字："启动。"

电梯顶上的一盏红灯变成了绿灯。

电梯无声无息地启动了，大家刚开始几乎看不出电梯有任何移动，慢慢地，看出了电梯在一点点抬升，随着时间的推移，移动越来越明显。

爱因斯坦一只手按着控制旋钮，一只手拿着重力测定仪，眼睛盯着读数，不时地调节旋钮（图 5-14），以维持读数的稳定。

图 5-14

　　电梯的速度越来越快。20分钟后，电梯终于要接近顶端了，爱因斯坦明白，电梯升顶前的减速会立即破坏炸弹上重力感应器的平衡，炸弹会立刻爆炸。

　　最后的时刻到了，爱因斯坦听到"咣当"一声，猛然感到自己的身体一下子轻了起来，手中仪表上的数字急剧变小（图5-15）。

图 5-15

等效原理

"啊——"爱因斯坦一声惊叫，从椅子上跳起来，他惊醒了，一身冷汗。

刚才的梦实在印象太深刻了，几乎历历在目。"加速度和重力等效，加速度和重力等效，加速度和重力等效……"爱因斯坦一声比一声大地念了三遍，他得到了他一生中最快乐的想法。此时，哈勒也走进了爱因斯坦的办公室，显然他听到了爱因斯坦的叫声。

哈勒："'小爱'，发生什么事了？"

爱因斯坦冲过去一把抱住哈勒："那个问题我想明白了，哈哈，哈哈哈！"

哈勒推开爱因斯坦："别激动别激动，你说的是哪个问题？"

爱因斯坦："惯性系。明白了吗？惯性系。上帝这个老头子不偏心，这个世界又回到了公平的世界，所有的参考系都是平等的。现在我们可以大声地宣布——在任何参考系中，所有物理规律保持不变。只要在这个前面加上一个等效原理的前提即可。"

哈勒一脸茫然："我不明白。"

爱因斯坦："加速度和重力，也就是加速度和万有引力，它们是完全等效的。请想一下，局长，如果你被关在一个密闭的电梯中睡着了，当你醒过来的时候，你如何区分自己是在太空中做着加速运动还是静止在地面上呢？你能用做任何物理实验的方法判断自己是静止地待在地面上还是在太空中加速上升吗？"

哈勒仔细地想了一下："好像是不能。"

爱因斯坦："反过来，如果你醒来的时候，发现自己飘在电梯中，请问，你能区分是自己在太空中失重了，还是电梯在地球引力场中做着自由落体运动吗？你能用做任何物理实验的方法区分这两种状态吗？"

哈勒又仔细想了想："很对，确实完全无法区分，不可能用实验的方法来知道自己的确切状态。"

爱因斯坦："因此，加速度就是引力，引力就是加速度，它们在物理性质上是完全等价的，我称之为**等效原理**。对于任何参考系来说，我们都可以把它分解为一个在引力场中的惯性系来考虑，这样一来，所有的参考系就平等了，参考系与参考系之间就没有任何区别了。比方说，你在地球上的一列做匀速直线运动的火车中做物理实验，我可以理解为是在一个施加了地球引力的惯性系中做实验；同样，如果我在太空中的一部加速上升的电梯中做实验，假设上升的加速度刚好等于地球的重力加速度的话，那么在没有等效原理之前，我们只能认为这部电梯不是一个惯性系，但是现在，我们可以看成是在一部地球上的、静止的电梯中做实验。再比方说，如果我们在地球上的一部加速上升的电梯中做实验，我们也可以等效地认为是在太阳上的一部匀速上升的电梯中做实验，假设电梯的加速度与地球引力之和刚好与太阳的引力相同的话。你看，有了这个等效原理后，我们可以把任何非惯性系都转换为惯性系，只要额外处理一个引力场的影响即可。"

哈勒："那做匀速圆周运动的参考系也能做同样的转换吗？"

爱因斯坦："当然可以，你想象一下，现在你处在一个密闭的链子球里面，我把你甩起来，你会感到一股无形的力让你贴在外壁上，这个力就是向心力，但是对于在密闭的球中的你来说，你是无法区分这是向心力还是引力的，如果我在太空中甩这个链子球，那么你就会感觉跟在地球上静止时一样，受到同样的重力。因此，只要考虑了引力场，任何参考系，不论是做加速还是减速直线运动，或是非直线运动，都可以分解为惯性系不变、引力在发生变化。因此，最重要的是我们要找出一个引力场方程来。在狭义相对论中，我们只研究了时间、空间、运动这三者的关系，现在我们必须再加入一个重要的对象，那就是——引力！"

哈勒若有所思地点点头："我开始明白了。"

爱因斯坦为这个快乐的想法高兴了很多天，每天都觉得思路比上一天更加清晰。他开始在引力这条路上往前探索，无数崭新的风景一下子涌过来，很多过去想也没想过的问题接踵而至，让爱因斯坦有一点应接不暇。

（笔者注：准确地说，等效原理的描述应为"加速度和引力局域等效"。上述电梯的例子严格说来是有瑕疵的。因为对于重力来说，人的脚比头离地心更近，因此，人的脚受到的重力会比头略微大一点点。而在一个加速的电梯中，人的脚和头感受到的重力是完全相等的。所以，严格来说，是有办法区分一个人是站在地球上静止的电梯里还是站在太空中做加速上升运动的电梯里的。加速度与引力等效必须满足同一"局域"的前提，局域的概念较为复杂，涉及高深的黎曼几何，不必深究。但这个电梯例子可以帮助我们粗糙地理解等效原理，笔者并不认为有何不妥。）

爱因斯坦首先通过一个思维实验很容易就得出了引力会使得光线弯曲的结论。你可能觉得非常难以理解，光线怎么可能弯曲呢？我们从来也没有见过手电筒打出去的光会有一丝一毫的弯曲，其实那不过是因为光的速度太快，弯曲的程度太低，令我们的眼睛无法察觉。我可以用一个思维实验很容易地向你证明——光，是不可能在任何时候都走直线的。

请闭上你的眼睛，跟我一起来想：现在假设你在一部做着自由落体运动的电梯中，你会感觉到失重，所有的东西在你身边都飘浮起来了。你随手从口袋里拿出一个玻璃球，在眼前松手，你会看到玻璃球在眼前飘起来，你轻轻地一弹，玻璃球在你眼皮底下以匀速直线运动朝前飞去。这一切都如此正常，大经地义。

现在我是站在地面上的一个观察者，我看到的情况就完全不同了，假设电梯是透明的，我会看到什么呢？我会看到那个在你面前做匀速直线运动的玻璃球以抛物线的轨迹下落（图5-16）。

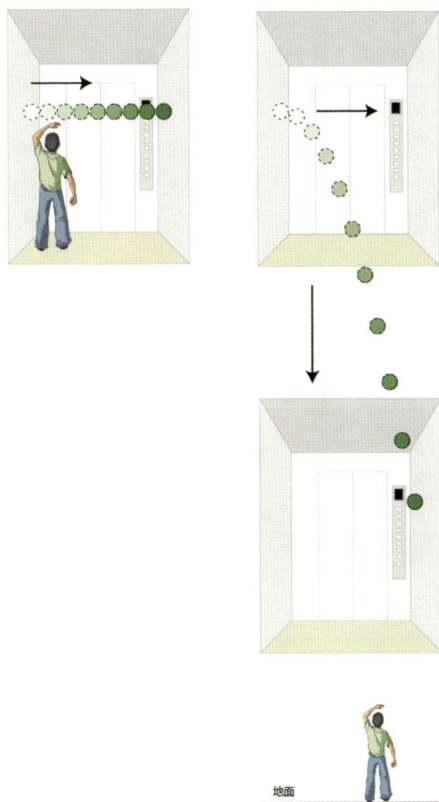

图 5-16：不同参考系的人看到的小球运动轨迹不同

　　这个情景就如同你在运动的火车上从窗口扔出一个物体，你自己看到这个物体直线下落到地上，可是在站台上的人眼中，物体做的是抛物线运动。这一切都是如此正常，天经地义。

　　那么，再次闭上你的眼睛，还是回到那部失重的电梯中，你打开手电筒，一束光从你的手里射出去，请把这束光想象成是一个小球。请问，这束光对你而言是不是做着匀速直线运动呢？如果是，那么对于地面上的观察者我而言，这束光就必定也是抛物线。如果你想不通，坚持认为地面上的我看到的光是直线而不是抛物线，那么，如果我看到的是直线，你看到的就一定是向上弯曲的抛物线了（图 5-17），别忘了，你正在不停地下落呢。换句话说，我们俩不可能同时看到光是一条直线，要么你看到的是抛物线，要么我看到的是抛物线，只能二选一。

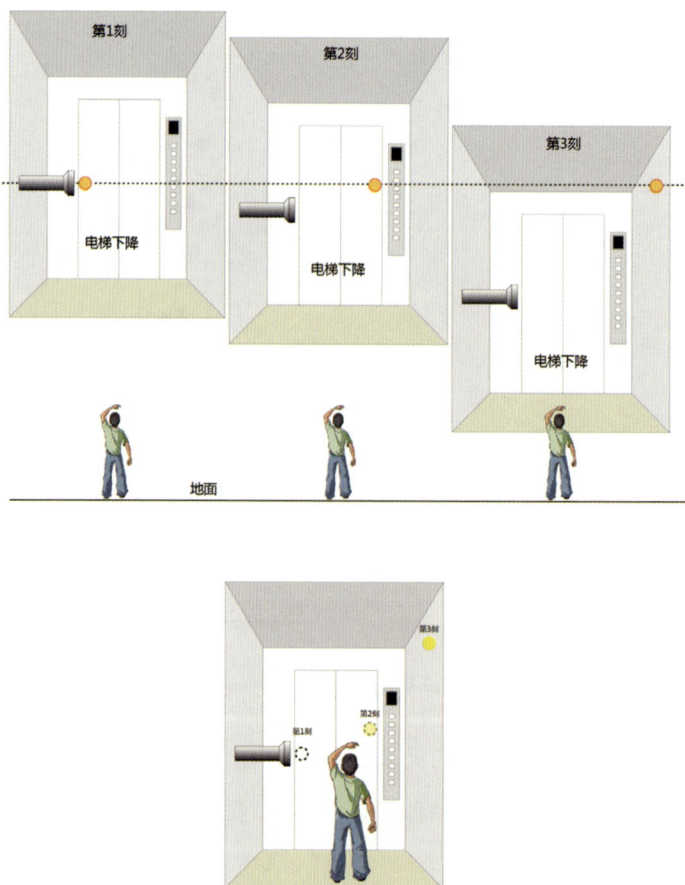

图 5-17：如果地面上的人看到的光是直线，那么电梯中的人看到的就是曲线

　　有了上面的这番思考后，光线会因引力场而弯曲也就不是什么不能接受的推论了。在地面上的观察者看来，光走的路线跟小球一样也是抛物线，只是光的速度太快了，这条抛物线拉得很长很长，因此弯曲度很低很低，我们的肉眼

根本察觉不出来。但是我们都应该能达成共识，那就是地球的引力确实会使光线弯曲（图5-18）。

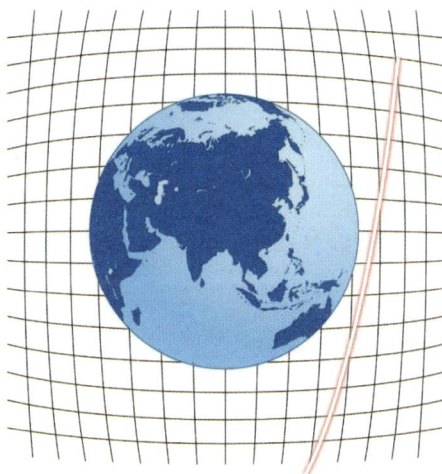

图5-18：地球的引力会使经过地球附近的光线弯曲

所有的引力场应当都会使得光线弯曲，引力越大，光线也就弯曲得越厉害。再根据等效原理，加速度就是引力，引力就是加速度，因此，加速度同样会造成光线弯曲。

太空大圆盘

这个世界已经变得越来越神奇了，连光线都不再是直的，还有什么是不能弯的呢？还有更神奇的，爱因斯坦用一个非凡的思维实验论证了这样一个事实：引力造成的结果其实是时空弯曲，也就是时间和空间同时被弯曲了。这下你的脑袋彻底晕了，你完全无法想象时间和空间弯曲是什么概念。如果我说时间变慢，甚至说时间膨胀、空间收缩什么的，你大概还马马虎虎能想象得出来，但是这个时空弯曲实在太令人费解了。别慌，爱因斯坦的这个非凡的思维实验叫作"爱因斯坦圆盘实验"。"有趣啊，"你心里想，"前有牛顿水桶实验，后有爱因斯坦圆盘实验。干脆我们把有趣进行到底，把汤姆和杰瑞再次请出来吧。"你的主意很好，我这就请出这两位小家伙，这回让他们担任爱因斯坦的学生，一起来做这个思维实验。

爱因斯坦："欢迎汤姆和杰瑞来到我的广义相对论大讲堂，本次讲课包你们满意。"

汤姆托着腮帮子："我讨厌上课。"

杰瑞眯着眼睛："能再睡会儿吗？"

爱因斯坦："你们听我说，这堂课我们不在教室里面上，我们去太空中上，怎么样？"

汤姆和杰瑞："太空，哇，太好了，怎么去？快走快走。"

爱因斯坦："请你们闭上眼睛，准备好了吗？般若波罗蜜！"

汤姆和杰瑞突然感到自己飘浮起来了，睁开眼睛一看，三个人已经悬浮在漆黑的太空中了，四面八方全是点点星光。

爱因斯坦："现在，我需要把你们俩放到一个特殊的、非常好玩的转盘机里面去。"

汤姆和杰瑞："在哪里？在哪里？"

爱因斯坦："巴巴变！"

突然，三人眼前出现了一个巨大的转盘，就好像一个超级巨大的圆形饼干铁盒。

爱因斯坦："这就是我们要去上课的地方，你们俩进去。因为我是这里的上帝，所以，你们俩的一切行动我都能看见，你们能听到我说的话，我也能听见你们说话。好了，现在给你们发道具，每人各一台原子钟和一把纳米尺，这可是全世界最精确的时钟和量尺，千万要保护好。"

　　汤姆和杰瑞接过钟和尺，丈二和尚摸不着头脑，完全不知道爱因斯坦教授有何用意。先进去再说，看看有什么好玩的。于是两人抓着"饼干盒"的门框，稍一用力，轻轻巧巧地就飘进去了（图5-19）。

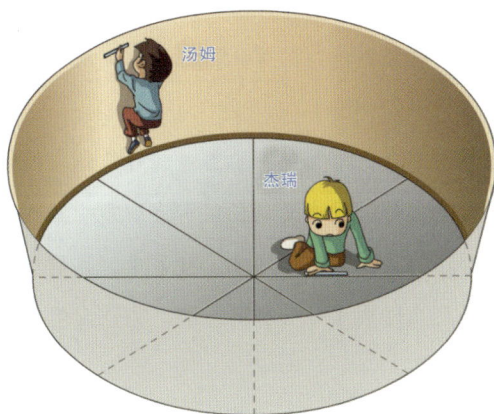

图 5-19：爱因斯坦圆盘实验

　　爱因斯坦："汤姆，现在请你在圆盘的内壁上就位；杰瑞，请在圆盘底的圆心就位，我们的实验马上就要开始了。"

　　汤姆："这让我想起了我家关小白鼠的笼子里面的那个轮盘。"

　　杰瑞："这让我想起了我小时候最喜欢玩的东西。"

　　爱因斯坦："请注意，我马上就要把它旋转起来了，你们准备好了吗？"

　　汤姆和杰瑞："准备好了。"

　　爱因斯坦手一挥，整个转盘飞快地转动起来。

　　汤姆由于是在圆盘的内壁位置，瞬间就感受到了向心力。从我们观众的角度来看，他感受到的是向心力，但是对汤姆自己来讲，他根本分不出是重力还是向心力。且看我们的汤姆怎么说。

　　汤姆："啊哈，我们是不是回到地球上了？我突然就感觉回到了地面，能正常走路了。"

爱因斯坦转身面向观众，解释说："匀速圆周运动的实质是一种加速运动，根据我的等效原理，加速度和重力是一回事，所以汤姆感受到了像在地球上一般的重力感。"

杰瑞站在圆心的位置，所以他相对观众来说是静止的——汤姆在杰瑞周围一圈圈地转着。且看我们的杰瑞是怎么说的。

杰瑞说："我没有感觉到任何的变化，这里能见度不够，我甚至连汤姆都看不到。"

爱因斯坦再次转向观众，解释说："杰瑞就好像处在引力的边缘一样，他此时仍然是悬浮在太空中的，没有受到任何引力的影响。我们用这样一个旋转的圆盘创造了一个小小的人工引力场环境。接下来，我们就要研究这个引力场对我们的时间和空间到底造成了什么样的影响。先让我们来研究一下相对比较容易研究的时间问题。"

爱因斯坦转过身去向两人问道："汤姆和杰瑞，请你们告诉我你们的原子钟的时间是多少？"

汤姆："11点55分，教授。"

杰瑞："12点整，教授。"

爱因斯坦解释说："很好。大家请注意，汤姆相对我们在运动，而杰瑞相对我们则是静止的，根据狭义相对论的时间膨胀效应，运动会使得时间变慢，因此，我们可以很容易得出结论，那就是汤姆的时间变慢了。但现在请大家把视角放回到汤姆身上，对汤姆来讲，他感觉自己并未运动，只不过是受到了引力而已，因此汤姆可以得出这样的结论——引力使得时间膨胀了。让我们继续深入研究。"

爱因斯坦对杰瑞说："杰瑞，现在我要你沿着圆盘上的径线往前挪一点点。"

杰瑞往前挪了一点点，突然就感受到了一点轻微的引力，这股引力在把他向远处拖曳，杰瑞赶紧打开了绑在腰上的推进装置，以维持平衡。

爱因斯坦："杰瑞，请你再告诉我你的时间。"

杰瑞报了一个精确的数字，爱因斯坦发现这个数字比自己的原子钟慢了1秒钟。

爱因斯坦："很好。杰瑞，请你继续沿着径线朝前挪一点，跟刚才挪动的距离一样，再告诉我时间。"

杰瑞照做，又报了一个精确的数字。

这次比爱因斯坦的原子钟时间慢了2.5秒。

爱因斯坦继续指挥着杰瑞一点点朝前挪动，每挪一段距离，就报一个时间，爱因斯坦记下每次杰瑞时间变慢的幅度。

爱因斯坦解释说："杰瑞的时间为什么会变慢？道理很简单，杰瑞一旦离开了圆心，就会产生速度，所以时间就会变慢，而且他的线速度是随着离开圆心的距离增大而不断增大的，因此他的时间变慢幅度就会逐步增大。现在让我们构建一个笛卡尔坐标系，把 x 轴当作距离的变化，y 轴当作时间变慢的幅度大小，然后我们把刚才杰瑞告诉我的所有数据用一个个点标在这个坐标系里，最后把这些点用线连起来，我们很快就会发现，这是一条抛物线，一条完美的曲线。换句话说，随着离开圆心的距离增大，引力会逐步增大，而时间会逐步变慢，但时间变慢的幅度是一条曲线。我们可以这样理解，在圆盘上时间弯曲了，进一步说，也就是引力使得时间弯曲了。"

你禁不住鼓起掌来："太精彩了，爱因斯坦不愧是大师级人物啊，我似乎明白了时间弯曲是怎么回事了。继续继续，那空间弯曲又该怎么理解呢？"

爱因斯坦："汤姆和杰瑞，请拿出你们的纳米尺，不要告诉我你们弄丢了，那一把尺子可要花去教授我一个月的薪水呢。"

汤姆："教授，尺子在手里呢，让我做什么？"

杰瑞："这把尺子真好看。"

爱因斯坦："杰瑞，我要你现在开始量一下圆盘的半径长度。汤姆你呢，帮我量一下圆盘的周长，就是你刚好走一圈的长度。"

不一会儿，两人都把数字报给了爱因斯坦。爱因斯坦用汤姆量的周长除以杰瑞量的半径，发现得出的数字比 2π 要大，这是怎么回事？

爱因斯坦解释说："请注意，从我们观众的角度来看，汤姆由于在运动，那么根据狭义相对论，在运动方向上就会发生尺缩现象，所以汤姆手里的那根纳米尺就会缩短一点点。而同时，杰瑞是在沿着径线方向丈量，在这个方向上，纳米尺没有运动，自然也就不会发生尺缩现象。所以，汤姆量出来的周长就会比静止时长一点点，而杰瑞量出来的半径则不会变化。于是，奇怪的事情发生了，这个转动的圆盘的圆周率大于 π。我们进一步想下去，在这个圆盘的人造引力场中，所有以杰瑞为圆心的半径不同的圆都可以用同样的方法得出圆周率大于 π 的惊人事实。观众们，你们能告诉我在什么情况下一个圆的圆周率大于 π 吗？"

一个聪明的观众说道："我知道，我知道。"

爱因斯坦："请讲。"

观众："在圆规的质量不过关，不小心把圆画成了椭圆的情况下。"

爱因斯坦："拜托，我们这不是脑筋急转弯，不考虑这种意外误差情况。"

观众一脸不好意思："那我就不知道了。"

爱因斯坦："如果你在一张纸上画一个标准的圆，圆周率自然是 π。但是，如果你在一个篮球上画一个标准的圆，然后去测算一下的话，就会发现篮球上那个圆的圆周率小于 π。同理，如果你在一个马鞍面上画一个标准的圆，则圆周率就会大于 π（图5-20）。观众们，我们的结论就是，如果在一个曲面上画圆，圆周率就不会等于 π。由此可见，在圆盘引力场中，我们发现圆周率大于 π，这说明这个圆盘引力场中的空间并非平直的，而是——弯曲的。"

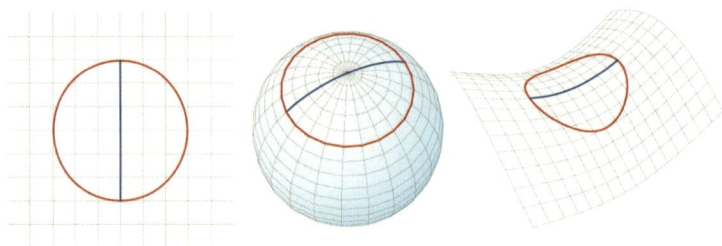

图 5-20：平面上的圆、球面上的圆、马鞍面上的圆

　　你再一次忍不住鼓起掌来，真是精彩啊！你对爱因斯坦的佩服之情真如滔滔江水了。其实笔者在理解了爱因斯坦的这个圆盘实验后，也是禁不住大声喝彩，这实在是一场思维的盛宴。你马上就想道："我这么抬起手来，朝空中一劈，使一招'扭转乾坤'，显然我的手劈下去时做的不是匀速直线运动而是加速运动，那我这一招岂不是真的可以把时空给弄弯曲了？"没错，你的思考完全正确，只是恐怕要把你的手放大到银河系那么大，你这一劈造成的时空弯曲效应才有可能被察觉到。我需要补充一下：

　　以上故事改编自布赖恩·格林（Brian Greene，1963— ）的《宇宙的琴弦》（*The Elegant Universe*）一书中所举的例子，原作者对于该例子还有一段注解：关于所谓"刚性转盘"（太空大圆盘更科学的叫法）的分析，很容易引起混乱。实际上，在这个例子中，许多问题到今天大家也没达成一致意见。正文遵从了爱因斯坦本人分析的精神，现在我们还是按照那个精神来澄清几点可能会令人迷惑的问题。第一点，也许有人奇怪，为什么我们圆盘的周长不跟尺子一样产生洛伦兹收缩，那样汤姆测量的周长应该和我们原先看到的一样。请记住，那圆盘在我们的整个讨论中都是旋转着的，我们从来没有分析过它静止的情形。这样，从我们静止观察者的立场看，我们的测量与汤姆的测量的唯一区别是，他的尺子发生洛伦兹收缩了。我们测量时，圆盘在旋转；我们看汤姆测量时，圆盘仍然在旋转。由于我们看他的尺子收缩了，所以认为他需要多测几步才能测完一个周长，那当然就比我们测量的长。只有当我们比较圆盘在旋转和静止状态下的周长时，圆盘周长的洛伦兹收缩才有相对意义，但我们并不需要做这种比较。第二点，虽然我们不需要分析静止的圆盘，但你可能还是想知道，假如它慢慢停下来，会发生什么事情呢？看来，在这时候，我们应该考虑由于不同旋转状态的洛伦兹收缩引起的周长随速度的改变而改变。但这如何与不变的半径相一致呢？这个问题很微妙。回答这个问题的关键一点是，世界上并没有这样的刚体，可以伸长或收缩，从而能够协调我们看到的伸长和收缩。假如不是这样，就会像爱因斯坦说的那样，熔铁在旋转运动中冷却形成的圆盘将因后来旋转速度的改变而断裂。

时空弯曲

这就是广义相对论的时空弯曲效应，在引力越强的地方，时空弯曲得越厉害，也就是时间变得越慢。地面上的地球引力要比在高山上的地球引力大，所以地面上的时钟会比高山上的时钟走得慢一点。

细心的读者可能会发现这里面有个特别有趣的事情：地球是在自转的，因此离地面越高，自转的线速度就会越大，根据狭义相对论，速度越快，时间越慢，因此似乎高山上的时钟应该比地面上的慢；但是根据广义相对论，高山上的地球引力更小，所以高山上的时钟又应该比地面上的快。那么到底是狭义还是广义相对论的效应更显著一点呢？根据精确的计算，是广义相对论效应更加显著，高山上的时钟走得比地面上的快。这一点在 20 世纪 90 年代得到了实验数据的有力支持。同样，天上的卫星也是同时受到狭义和广义相对论效应的影响，结论也是广义相对论效应更显著，因此 GPS 卫星上的时钟要比地面上的时钟走得更快一点。再来看看坐飞机的人，民航飞机时速一般是 800 到 1000 千米，那么你的时间到底是变快了还是变慢了呢？

1971 年，有两位美国科学家，一个叫黑费勒（Hafele），一个叫基廷（Keating），他们带上了全世界精度最高的铯原子钟（这种超精确钟 600 万年才会误差一秒）先后两次从华盛顿的杜勒斯国际机场出发，乘上一架民航客机做环球航行，一次自西向东飞，一次自东向西飞，飞行高度 9000 米左右，飞行时速 800 千米左右。两次飞行一次花了 65 小时，一次花了 80 小时。落地后他们将自己携带的铯原子钟与地面上的铯原子钟进行了比较，实验数据与相对论的计算结果吻合得几乎完美。

考虑到大气环流的影响，飞机相对地面的速度跟飞机自西向东飞还是自东向西飞有关。根据精确的计算，发现以飞机的时速考虑的话，如果是顺着大气环流方向飞，狭义相对论效应会更明显，你的时间会变慢；若是反过来逆着大气环流的方向飞，广义相对论效应更明显，你的时间就会变快。

因此，请你记住结论，以后从中国飞往美国就会年轻一点（不考虑从北极走的那条航线），从美国飞往中国就会老一点。看来坐飞机能让你变得年轻还真不是假的。不过英国的大物理学家霍金开玩笑地说："吃飞机餐对你寿命的损害要远远大过相对论效应。"（霍金《果壳中的宇宙》）有读者提出要求："把广义相对论的时间变化的公式告诉我嘛，我以后就可以自己算了，多好玩。"很抱歉，广义相对论的公式都是微分方程（为什么是微分方程？因为引力是一个随着距离变化而不断变化的值。这种不断变化的量，我们知道，必须用到强大的、令人头晕的、天书般的微积分来处理。爱因斯坦当年为了得出引力场方程，还特别去大学里学习了一年的微积分呢），所以必须把微积分学得很好才能计算，我前面做过保证，不再出现任何公式来刺激读者了。

还记得上一章结束的时候我提出的第一个问题吗？现在有了广义相对论的基础概念，我们就可以来研究一下了，让我们再回顾一下这个问题：

想象一下，爱因斯坦和哈勒各自驾驶着一艘同一型号的宇宙飞船在黑漆漆的太空相遇。在爱因斯坦的眼中，哈勒的飞船开始是一个小亮点，然后越来越大，最后以高速从他身边飞过，一转眼就不见了。爱因斯坦心里想，根据狭义相对论的时间膨胀和空间收缩效应，哈勒的时间过得比我慢，哈勒的飞船相对我的飞船缩小了。但是，让我们跑到哈勒那里，在刚才那起相遇事件中，哈勒看到爱因斯坦的飞船开始是一个小亮点，然后越来越大，最后以高速从他身边飞过，一转眼就不见了。哈勒心里也在想，根据狭义相对论的时间膨胀和空间收缩效应，爱因斯坦的时间过得比我慢，爱因斯坦的飞船相对我的飞船缩小了。亲爱的读者，请问，他们到底谁比谁的时间变慢了？谁比谁的飞船缩小了？

我们先来研究一下谁的时间慢的问题。为了把这个问题研究清楚，我们首先要想一个能比较两个人的时间的方法，你同意吗？你心想："这还不简单？两个人一对表，谁快谁慢不是一目了然吗？"但我们现在说的是两艘相对飞过且越飞越远的飞船，不是并排坐着的两个乘客。"那不是也很简单吗，一个人打个电话（你突然意识到可能手机没信号）或发个电报给另一个人，告诉他自己是几点了，另一个人看看表也就知道谁快谁慢了，难道不是吗？"你的主意很不错，我非常赞同，那就让我们来模拟一下吧。

现在爱因斯坦坐在飞船的驾驶室里面，开始呼叫哈勒："哈勒哈勒，我是爱因斯坦，当你接下来听到'嘀'的一声时，表明我这里是 12 点整，一切正常。请立即回报你的时间。"爱因斯坦认为只要哈勒听到"嘀"声的时候看看表，就能确定到底是谁的时间更慢了。

可是亲爱的读者们，大家千万不要忘了，信号的传递不是瞬时的，信号传递的极限速度是光速。因此，当爱因斯坦发出"嘀"的一声时，哈勒什么时候听见这一声取决于他们两艘飞船之间的距离。但不管怎么说，我们可以肯定的是哈勒在听到"嘀"声时，爱因斯坦的手表肯定已经过了 12 点了。过了几秒钟，爱因斯坦收到了哈勒的回报："爱因斯坦，我于 12:00:05 听见'嘀'声，当你听到我下面发出的'嘀'声时，我这里正好是 12:00:15。"爱因斯坦听到"嘀"的一声后迅速记下了听到"嘀"声的时间是 12:00:25。但是爱因斯坦马上就发现，靠这个时间无法证明哈勒的钟走得比他的慢还是快，因为还得扣除中途信号传递的时间。于是，爱因斯坦迅速拿出计算器，开始欢快地计算起来，结果他惊讶地发现，信号传播用的时间居然超过了五秒钟，也就是说，哈勒是在 12:00:05 才听到了"嘀"声，哈勒会自然地认为爱因斯坦的表走慢了，但是扣除信号传递的时间后，爱因斯坦仍然认为哈勒的表走得更慢。当哈勒给爱因斯坦回报"嘀"声时，他们俩之间的距离进一步加大，再计算一下信号传播的时间，对比一下爱因斯坦收到"嘀"声的时间，爱因斯坦得出的结论还是哈勒的时间走得比自己的时间慢。但问题是哈勒此时仍然认为爱因斯坦的时间更慢，哪怕他再次收到爱因斯坦报告的时间，因为哈勒总是在爱因斯坦报告的时间之后才能收到信号。不好意思，我知道你的脑子开始有点发蒙了。我只想说一点，以往我们完全不会考虑的信号传递的时间居然在这个比对时间的游戏中起到了决定性作用。通过进一步计算，我们会发现，随着速度的增加，信号传递的时间总是要大于相对论效应拉慢的时间。也就是说，在这个游戏中双方完全处于对称的地位，完全可以将一方的计算想象成另一方的计算，最后经过一番仔细的计算和论证，你会得出一个惊人的结论：尽管这看起来像一个悖论，但是无论爱因斯坦和哈勒用什么方法对比时间，他们都会得出同一个结论，那就是对方的时间变慢了。

"疯了，"你大声叫道，"这完全没有道理嘛。我不想看你上面啰啰唆唆的一大堆，我难道不能就用一个最简单也最可靠的办法吗？让他们俩见面，把两个人的表并排放在一起，谁快谁慢不就一目了然了吗？"

我没意见，这确实是个好办法，但是首先我们必须决定一下是让谁掉头去见另一个。"让哈勒那家伙去见爱因斯坦。"你不耐烦地说。OK，现在就让哈勒先生减速、掉头，然后加速追上爱因斯坦。亲爱的读者，你注意到没有，如果要让哈勒去见爱因斯坦，就必须让哈勒先减速再加速，于是广义相对论的时间膨胀效应在哈勒那里急速地显现出来。让我们假设他们分开时的相对速度是光速的99.5%，哈勒掉头后仍然以这个相对速度去追赶爱因斯坦，等他终于追上爱因斯坦的时候，哈勒觉得用了6年的时间。6年前的情景历历在目，哈勒激动地去跟爱因斯坦问好，但是爱因斯坦已经老了60岁，爱因斯坦要苦苦追寻自己60年前的记忆，回想他们相对而过的那一刻。如果你要求爱因斯坦去见哈勒，那么情况也是一模一样的。因此，最后的结论又如此让人啼笑皆非：谁要去见另外一个人，谁就会变得更年轻。换句话说，谁要是掉头去追另一个人，就是在向着对方的未来前进。

理解了谁的时间慢的这个问题，再来思考谁的飞船缩得更小的问题也就很容易了。答案就是，只要他们有相对速度，那么在任何一方看来，对方都缩小了，但一旦他们速度一致，可以放在一起比较，他们的飞船的长度就又变成一模一样的了。

此时，我们关于双胞胎兄弟孰老孰少问题的答案也就水落石出了：你乘着宇宙飞船飞离地球，只要你还在匀速飞行，你们兄弟两个就都很欣慰，互相都知道对方跟自己相比越来越年轻了。但是一旦你想返回地球，在掉头返回的那个时刻，时光开始飞逝，你的弟弟相对你而言开始迅速老去。

不看不知道，世界真奇妙！你发出了一声由衷的感叹。我跟你有同感。

引力的本质

引力，这正是广义相对论所要研究的核心问题，关于引力的话题我们还要深入地讲下去，这趟旅程比你能想象到的还要出人意料。引力这东西到底是什么？我们看不见它、摸不着它，但它又无所不在。从你有记忆的第一天起，你就能记得自己是怎么走在路上跌倒，又是怎么费力地爬起来的；当你逐渐长大，你丢沙包，打篮球，一头扎进水里游泳，这一切都让你无时无刻不在感受地球的引力；再长大一点，你开始明白潮起潮落是因为月球的引力影响了海水。有一天，你终于抬头好奇地注视着浩渺的星空，你能看到的宇宙中的一切无不被引力这双无形的大手控制着。你是否跟牛顿一样好奇过：引力到底是什么？牛顿认为，引力就像一根无形的线，牵连着宇宙中的所有物体。从牛顿优美的万有引力公式中，我们可以看到，引力的大小跟物体的质量成正比，跟距离的平方成反比。我们地球正是被一根从太阳上拉出的无形的线牵引着，绕着太阳做着有规律的圆周运动，就好像我们甩着一个链子球一样。按照牛顿的公式，如果太阳突然爆炸了，那么太阳的质量瞬间降为零，引力的大小也会瞬间降为零，就好像这根线突然断掉了，那么地球就会瞬间被甩出去，这就叫引力的超距作用。也就是说，在爱因斯坦之前，人们一直认为引力的相互作用是瞬间产生的，不管距离有多远，只要质量发生变化，引力的大小也立即跟着发生变化。

爱因斯坦对这个观点产生了严重的怀疑。根据狭义相对论所证明的，没有什么信号或者能量的传递速度能超过光速，如果太阳突然爆炸了，地球最快也要在 8 分钟后才能得知真相，引力的传播速度绝不能逾越光速这个极限。如果引力真的可以超距作用的话，那么就可以靠有规律地改变质量的大小来向远方传递信息，跟莫尔斯电码一样，这显然违反了狭义相对论的基本推论。牛顿肯定错了，但是，如果不是牛顿所说的看不见的线，引力到底是什么呢？为什么它可以隔着遥远的真空相互作用？

爱因斯坦点燃一根纸烟，陷入了深思。引力可以引起光线的弯曲，光为什么会弯曲？因为光要走最短的路径，在一个弯曲的空间里面，光的最短路径看起来就像一条曲线，就好像我们在一个皮球上的两点间画一条最短的线，它看上去就是一条曲线。既然光总是要走最短的路径，物理规律都是一样的，一个扔出去的小球是不是也应该走最短路径呢？我想应该是的，如果没有地球引力，这个小球就会沿着直线一直飞下去。现在有了地球引力，这个小球走了一条抛物线后落在了地上，它的运动轨迹是一条曲线，那么，这条曲线就应该是小球认为的在这个空间中的最短路径，我们这个空间是被地球引力包裹的空间。所以，就是这样，引力的实质并不是一种力，只不过就是空间弯曲的外在表现而已，没有什么无形的线，只有弯曲空间这个实质。我们的宇宙空间就好像一张张开的大网，地球就压在这张网上，网被压得凹陷了下去（图5-21）。

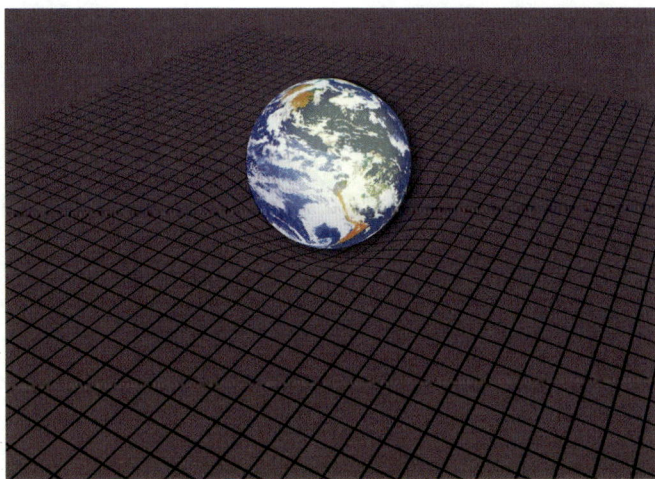

图 5-21：地球使得周围的空间弯曲

就好像我现在一屁股坐在沙发椅上，我的屁股底下凹陷了一块。这个凹陷的比喻和图示都非常粗糙，只是一种近似的形容，你千万不要认为空间真的就是这么凹下去的。实际上，三维空间在所有的维度上都弯曲了，以我们人类有限的想象力，是很难把它真正形象化的，更不用说把它在一张二维的纸上画出来。但不管怎样，有这么一个比喻总比没有这个比喻好，虽然结果可能会让这个世界上的少数聪明人更晕，但好处是会让大多数普通人突然理解时空弯曲。

我们在被地球压凹陷的网上放一个玻璃球，这个玻璃球当然会滚落到凹陷的最深处，直到和地球碰在一起。如果我们从远处贴着网朝地球弹一个玻璃球，当玻璃球滚到凹陷的地方时，如果速度不够，玻璃球就会绕着地球一圈圈地滚，越滚越深，最后和地球撞在一起。但如果玻璃球的速度足够快，它就会在滚到凹陷的地方时下沉一下，然后在另一头出来，它在凹陷的地方的轨迹看上去就是一条曲线（图 5-22）。

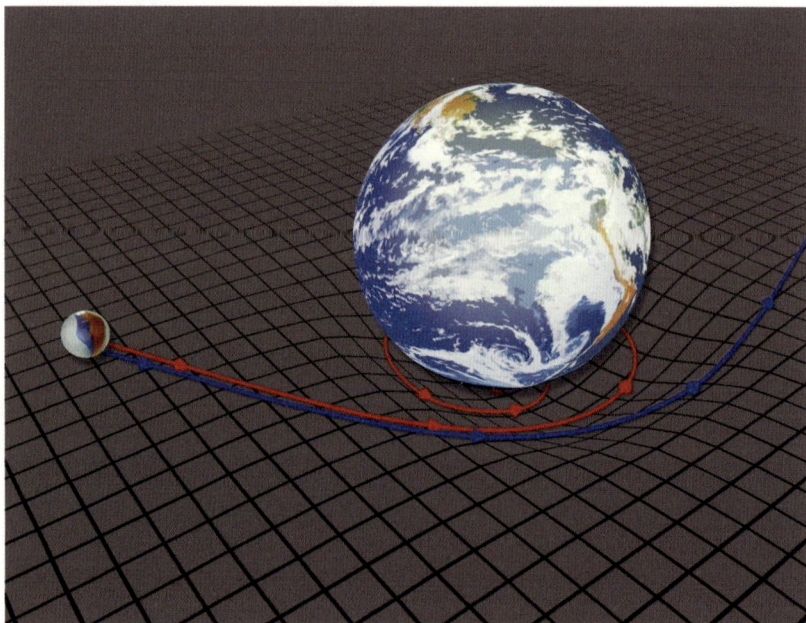

图 5-22：玻璃球走过的最短路径看上去像一条曲线

这些想象和真实世界中的一切都是如此吻合。流星划过地球的轨迹就是一条曲线，如果流星速度很快，就会划过天际，掠过地球而去。如果大网上的地球质量变化了，就好像地球在网上抖动了一下，下陷的深度就会产生变化，这个深度的变化会从中心迅速地传递出去，但是不可能瞬间抵达边缘，必然会有一个传递的过程，就好像卷曲的空间泛起了一道波澜，这道波澜的传递速度也是光速。这道波澜我们可以称之为引力波，引力波的传播速度也是光速。爱因斯坦在 1916 年和 1918 年分别发表了两篇论文预言了引力波的存在。

引力波，多么动人的一个词，如果引力波真的存在，它就是宇宙空间中的涟漪，靠着时空的卷曲在宇宙中振荡。不过，关于引力波的理论的诞生却一波三折，到了 1936 年，也就是爱因斯坦 57 岁那年，他却开始怀疑自己对引力波的预言是错误的，还与自己的学生罗森一起写了一篇否定引力波存在的论文，好在在这篇文章正式发表之前，爱因斯坦在罗伯逊的启发下，又改变了自己的观点，从否定引力波的存在转变为不确定。自从爱因斯坦预测了引力波的存在以来，近 100 年来，人类一直致力于通过实验捕捉来自宇宙空间的引力波，这个努力延续了将近 100 年。我在 2011 年写这本书的初稿时，是这么写的："很遗憾的是，我们至今尚未成功地探测到引力波。"

但是令我很庆幸的是，我竟然如此幸运，就在写下上面那段文字的 4 年多后，2016 年 2 月 11 日，地球上最大的引力波探测器 LIGO（图 5-23）正式宣布：引力波被找到了。我居然在有生之年亲眼见证了如此激动人心的物理大发现！我坚信，在今后的物理学年鉴上，2016 年将成为一个极为重要的里程碑式的年份，发现引力波就好像人类又进化出了一双新的眼睛一般，在未来，这双新的"眼睛"必定会看到前所未有的宇宙奇景。在人类揭开宇宙奥秘的历史中，望远镜的发明、电磁波的发现、引力波的发现就好像三级台阶，让我们一次又一次地站到一个新的高度。如果爱因斯坦还活着，那么 2016 年的诺贝尔物理学奖将毫无悬念地再一次颁给他。

图 5-23：LIGO 引力波探测器

　　另一个好消息是，我国也计划在太空中建设引力波天文台。相信在不久的将来，我们就能看到外壳上刷着五星红旗的引力波探测器在太空中运行。

　　当爱因斯坦有了"引力的实质是空间的弯曲"这个想法后，他并没有急于写论文向外界公布，因为爱因斯坦深知，如果他的假想不能找出有力的实验证据的话，没有人会相信他。要想理论能被实验证实，首先要设计一个实验，而且这个实验的结果要能根据自己的理论预测出来。只有实验的观测数据和理论预测的数据完全一致，这个理论才能站得住脚，被科学界接受。爱因斯坦知道，真正的挑战来了。第一步，他要找到计算空间弯曲程度和引力大小的关系公式，然后才可以谈实验，否则一切都是空中楼阁。为此，爱因斯坦开始潜心学习微积分的知识，同时，为了掌握曲面上的几何学知识，他专程去大学深造了一年，深入学习黎曼几何。在平面上的几何学是由欧几里得开创的，就是我们中学都学过的欧式几何，但如果是球面上的几何，就无法用欧式几何来计算了。比如你在篮球上画一个三角形，它的内角和就会大于 180 度；你在篮球上画一个圆，周长和直径的比也不再是 π。研究曲面上的几何问题就需要用到德国数学家黎曼创立的黎曼几何学的知识。就这样，爱因斯坦在打通了狭义相对论的"三脉神剑"后，继续朝着打通"六脉"的目标潜心修炼。仅有广义相对论的思想还远远不够，关键是要用数学的语言描述出来才行，因为数学是科学界通行的语言。

　　终于在1915年，爱因斯坦打通了剩下的"三脉"，"六脉神剑"大功告成。此时的爱因斯坦已经掌握了强大的数学工具，他已经能精确地推算出引力对空间造成的弯曲的程度。下一步便是做实验，且看爱因斯坦是如何设计那个将在4年后震撼全世界的著名实验的。这真是一个梦幻般的实验，它的视觉震撼绝不亚于大卫·科波菲尔的神奇魔术，爱因斯坦将一战成名。别走开，整点新闻之后马上回来。

水星轨道之谜

　　下面是今天的整点新闻。

　　主持人："各位听众，爱因斯坦先生近日宣布，他解决了困扰世人100多年的水星运行轨道之谜。这一事件引发了天体物理学界的强烈反响。不过，对大多数普通人而言，我们都还不知道什么是水星轨道之谜。我们今天有幸请到了著名的天文学家爱丁顿先生作为嘉宾，请他来给我们简单介绍一下这方面的知识。"

　　爱丁顿："大家好。自从开普勒的行星运动三定律和牛顿的万有引力定律被发现后，人类已经可以精确地计算天体运行的轨道了。总的来说，太阳系里面的行星都是绕着太阳运行的，运行轨道不是一个标准的圆形，而是一个椭圆。为什么是椭圆呢？因为……"

　　主持人："爱丁顿先生，可以跳过这段解释，大多数听众并不需要知道理论细节。"

　　爱丁顿："好，简而言之，行星绕太阳运行的轨道不仅受到太阳引力的影响，还受到太阳系中所有天体的影响，区别在于影响有大有小。行星最终的轨道是一个椭圆形，它运行到的离太阳最近的地方，我们称之为近日点，最远的地方则称为远日点。水星是距离太阳最近的一颗行星，几百年来，我们对水星积累了大量的观测数据。早在 100 多年前，天文学家就发现水星的近日点位置与理论计算值有轻微的差异，每个水星年的近日点居然都不在同一个位置。刚开始，人们以为这是观测精度导致的，但是随着观测手段越来越先进，观测精度逐步提高，这个差异的存在反而越来越明确了，这 100 多年来的观测结果是水星的近日点已经偏移了 43 角秒（1 角秒 =1/3600 度）。这就让天文学家感到很费解了，于是人们就推测在水星附近还有一颗我们尚未发现的行星，这颗未知行星的引力影响了水星的运行轨道。但是，这 100 多年来我们始终未找到这颗神秘的未知行星。事实上，我早就不相信有这么一颗 X 行星存在了，水星附近的空间对我来说就像我家的后花园一样，一草一木尽收眼底。但如果不是因为未知行星的影响，又是什么影响了水星的轨道呢？这就是水星轨道之谜，我们学界一般称之为水星近日点进动问题。"

　　主持人："谢谢爱丁顿先生。那么最近爱因斯坦宣布他解决了这个问题，又是怎么回事呢？"

　　爱丁顿："爱因斯坦先生认为并没有任何东西影响了水星的轨道，原因很简单，我们之前的理论不够精确，用粗糙的理论自然只能计算出粗糙的结果。"

　　主持人："原来是这样。那么爱因斯坦先生的理论又是什么呢？"

　　爱丁顿："爱因斯坦先生在 10 年前发表了狭义相对论，最近又发表了他的广义相对论。说实在的，他的理论看起来非常大胆，也非常挑战人们的想象力。爱因斯坦在 10 年前说运动会使得时间变慢，这已经够疯狂的了；最近他又说引力会使时间和空间弯曲。太阳的引力很强，所以离太阳越近，时空就会弯曲得越厉害。水星离太阳很近，尤其是在近日点时，因此这个时空弯曲效应产生的结果已经达到了能够被观测到的程度。根据他那晦涩难懂的方程式，由他的新理论计算出来的水星近日点的位置和观测数据吻合得非常完美。"

　　主持人："坦率地说，我无法理解什么是时空弯曲，我相信大多数听众也跟我一样无法理解，但我们现在知道爱因斯坦提出了一种新理论，修正了开普勒和牛顿的理论，可以解释水星近日点的进动问题，我这样理解对吗？"

　　爱丁顿："完全正确。"

　　主持人："那这么说，爱因斯坦的新理论是正确的？"

　　爱丁顿："我相信这个理论，但是也有不少反对的声音。"

　　主持人："现在有一个听众打电话进来，让我们来听听这位听众的高见。"

　　听众："我认为，虽然爱因斯坦的方程式解答了水星近日点的进动现象，但是，这不能证明爱因斯坦的理论就是对的，这是典型的'事后诸葛亮'行为，先有了大量的观测数据，然后爱因斯坦根据这些数据凑出了一个公式而已。时空弯曲之类的鬼话谁能相信呢？请问主持人，你见过一束弯曲的光线吗？"

　　主持人："我们谁也没有见过，谢谢这位听众的参与。我们今天有幸把爱因斯坦先生也请到了我们的线上，我们不妨来听听爱因斯坦先生自己是怎么说的吧。喂，您好，是爱因斯坦先生吗？对，您可以讲了。"

星光实验

　　爱因斯坦："谢谢。我给大家带来的这个实验叫作星光实验，有些魔术家可以把飞机瞬间挪动位置，而我，要把星星挪动位置，并且这不是魔术，是真实发生的事。

　　"首先我们找一个晴朗的夜晚，给某一片星空拍张照片。我们会看到很多恒星彼此靠得很近，我们可以把它们之间的距离给量出来。我们都知道恒星之所以叫恒星，就是因为它们在天上的位置相对于地球是不动的，也就是说每年地球运行到同一相对位置时，这张星空的照片应该是完全一致的，恒星之间的距离也应该是完全相同的。地球绕着太阳做着圆周运动，那么每年地球都会有两次机会和恒星的相对位置保持一致，也就是在图 5-24 的位置 A 和位置 B 时。由于恒星离我们非常非常遥远，所以在位置 A 和位置 B 拍出来的同一片星空也是完全相同的，至少以人类目前的观测精度，我们是无法发现差异的。

图 5-24：每年地球在位置 A 和位置 B 时，其相对于恒星的位置是完全相同的

"但是，请大家注意，下面是我要说的重点：当地球在位置 B 时，与在 A 位置时相比，有一个巨大的不同，那就是太阳挡在了中间。根据我的广义相对论，太阳的引力是如此之大，以至于星光经过太阳时会发生弯曲，从而使我们在 B 位置观察到的那些离太阳比较近的恒星的视位置发生可以被观测到的改变。那么如何检验恒星的位置发生了改变呢？我们只要测量离太阳很近的恒星与其他离太阳很远的恒星之间的距离即可。把在位置 B 处拍摄的星空照片和在位置 A 处拍摄的星空照片相比较，我们会发现，恒星之间的距离发生了变化，这就好像魔术师凭空把恒星挪了个地方一样，请看图 5-25。

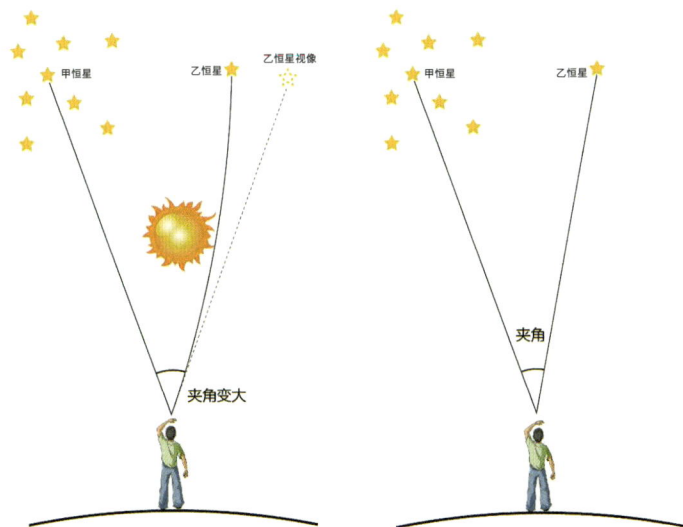

图 5-25：太阳的引力使得星光偏转，恒星的视位置发生了位移

　　"我们可以发现，离太阳近的乙恒星的视位置会朝着远离太阳的方向偏这么一点点。这一点点是多少呢？根据我的计算，这一点点是 1.7 角秒。我知道你们心中的疑惑，当地球处在 B 位置的时候是根本无法看到恒星的，因为是白天，谁也无法在白天看到星星。可是，大家千万别忘了，有一个特殊的时刻可以在白天看到星星，那就是当日全食发生的时刻。我希望天文学家们别闲着，在下次，也就是 1919 年日全食来临的时候，验证我的这个伟大的预言。谢谢主持人。"

　　主持人："谢谢，那么本期节目就到这里。我们期待着那一天的到来。"

　　爱丁顿："我都有点等不及了。"

　　（爱因斯坦的《狭义与广义相对论浅说》中的原文是这样的：尽管光线穿过引力场时其曲率极其微小，但是当星光掠过太阳时，其曲率的估计值达到 1.7 角秒，这应该以下述的方式来证明。从地球上观察，某些恒星与地球相隔并不遥远，因此它们在日全食时能够被加以观测。当发生日全食时，这些恒星在天空中的视位置与非日全食时相比，应该偏离太阳。这一个极其重要的推断，它的正确与否，希望天文学家能够早日予以解决。）

爱因斯坦提出的这个星光实验是具有非凡意义的。为什么自爱因斯坦1905年发表狭义相对论到1915年发表广义相对论，10年来，这些理论在科学界一直得不到广泛的认同和重视呢？关键的原因在于，之前提出的所有推论都无法用实验来验证。无论是时间膨胀也好还是空间收缩也罢，以当时的实验精度来讲，都是不可能测量出来的。但是这个星光实验就不同了，这是一个当时的观测精度能够达到的、可以真正去做的实验，而爱因斯坦对这个实验的预测在那个时代绝对可以用"疯狂"两个字来形容，毕竟"时空弯曲"这四个字对于大多数常人来讲既无法想象也难以理解。现在，居然可以让人们真实地看见时空弯曲所产生的效应，这实在是有一种梦幻般的感觉。

爱因斯坦的"皇榜"已发，且看哪位英雄来揭榜。

亚瑟·斯坦利·爱丁顿（Arthur Stanley Eddington，1882—1944）是英国的大天文学家，只比爱因斯坦小3岁，也是爱因斯坦的第一个粉丝。他相信相对论，决定去完成爱因斯坦交给天文学家的这个使命，验证对星光实验的预测到底准不准确。最近的一次日全食将在1919年到来，当时，第一次世界大战还没有完全结束，世界各地都还有未尽的战火，但是爱丁顿和其他科学家已经等不及了，毅然决定冒着一战的炮火奔赴日食发生地去进行观测。特别有趣的是，英国和德国是一战中的敌对国，爱丁顿是英国人，爱因斯坦可以被认为是德国人（他拥有过德国国籍，出生并长期生活在德国），于是我们看到一个英国人为了证明德国人的理论，不惜风尘仆仆远行万里，这为战后两国修好做出了巨大贡献。为了使观测的误差降到最低，同时也为了获得更多的公信力，爱丁顿还以他的号召力邀请到了很多出名的天文学家，比如柯庭汉、克罗姆林、戴维森等。他们分成了两个远征观测队，一个队远赴巴西的索布拉尔，另一个队由爱丁顿亲自率领，远赴西非的普林西比岛。1919年5月29日，日全食如约而至，虽然当时天公不作美，两支远征队都遇到了阴天，但是他们在关键的时刻还是拍到了至少 8 颗恒星的照片。他们把照片带回英国后，和半年前拍摄的照片仔细比较，进行了长达 5 个月的数据分析，同时邀请了全世界的天文学家齐聚英国皇家研究所一起分析与计算。最后，他们宣布，爱因斯坦的理论得到了完美的证实，观测值与理论计算值吻合得非常好！"这是一次彻底而令人满意的结果。"爱因斯坦自己说。

星光实验的成功，让爱因斯坦瞬间在全世界走红，他一战成名。全世界的记者蜂拥而至，闪光灯乱闪，全球的各大报纸争相报道。英国的《泰晤士报》（The Times）刊出头版大标题《科学革命——爱因斯坦的宇宙新理论——牛顿理论大崩溃》。最可爱的要数美国人了，《纽约时报》（The New York Times）不知道出于什么原因，派出了一个专门采访高尔夫球赛的记者去采访爱因斯坦，结果这个"科盲"记者几乎把所有的知识都搞错了，并且错得离谱，最后文章居然还发表了，据说这就是美国人接受相对论比别的国家晚的原因之一。

没见过这么黑的洞

宇宙的神秘面纱已经被我们轻轻掀起了一个小角，人类就像一个好奇的小孩，小心翼翼地往里面瞄了一眼，顿时从头到脚都震撼不已。但是各位亲爱的读者，你仅仅是看到了真相的冰山一角，后面的风景才将真正挑战你思维的极限。让我们顺着时空弯曲这条道路继续往下，看看还有什么惊人的推论等在前方。

通过水星近日点的进动现象和星光实验，我想我大概已经让你相信引力确实可以使空间弯曲了。那么让我们顺着这根线索，继续深入下去。什么东西产生了引力？对，是质量。质量越大，引力越强；引力越强，空间弯曲得越厉害。请把我们的宇宙空间想象成一张细密的网，任何有质量的物体就像一个球放在这张网上，这个球质量越大、体积越小，在这张网上下陷得就越深。刚开始只是像一个小小的凹陷坑，但是随着下陷的深度越来越大，凹陷处就会越来越像一个空间中的"洞"（图 5-26）。

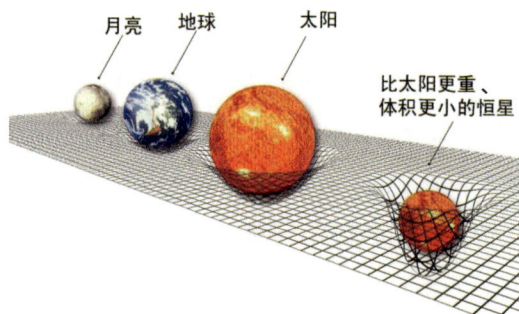

图 5-26：质量越大的物体在空间上形成的洞越深

　　任何掉进这个洞里面的东西想要出来，就好像井下的青蛙想要跳出来一样，必须达到一个能逃出来的最低速度才行，这个速度我们称之为逃逸速度。地球也会在宇宙空间中形成一个"洞"，不过地球质量很小，这个"洞"充其量就像是沙滩上的一个屁股印。那么要从地球上逃逸出去需要的速度是多少呢？这个速度，人类在牛顿时代就会计算了（当时的人并不知道引力使空间弯曲这个概念，当然更不可能有什么"洞"的概念，但是从研究运动和力的关系出发，同样能计算出逃逸速度），是 11.2 千米 / 秒，也叫作第二宇宙速度。这个速度大约是民航客机速度的 40 倍，所以要发射卫星到太空去，用飞机是不行的，非得用火箭才行。逃逸速度的值取决于天体的质量和半径这两个参数，用一个形象的比喻来形容，就是同样重量的木球和铁球，因为铁球的体积要小得多，所以造成的洞就会深得多，因此要从这个洞中逃出来需要的速度也会大得多。大家想想，宇宙中跑得最快的东西是什么？上一章已经说过了，是光，没有什么东西比光的速度还快。那么有没有一种可能，这个洞是如此之深，深到令它的逃逸速度比光速还要大，那就意味着连光都休想从洞里面逃出来，更别提其他任何东西了。如果真有这样的洞存在，那么这个洞可真够黑的，永远只进不出。

　　1915 年底，第一次世界大战的硝烟正浓，在德国的某间战地医院，一位 40 来岁的炮兵中尉躺在病床上。他知道自己得的是绝症，时日无多，因此，他没日没夜地在草稿纸上计算着，整个医院中没有任何人能看懂他写的那些天书一般的数学符号。这位炮兵中尉叫卡尔·史瓦西（Karl Schwarzschild，1873—1916），凡是知道他背景的人都会惊讶不已，他参战前是波兹坦天体物理天文台台长，普鲁士科学院院士。在简陋的病床上，史瓦西用劣质草稿纸计算着爱因斯坦场方程的解，他并没有意识到自己的计算结果有多重要，并且在第二年就病逝了。然而，他的研究成果在日后成了天文学一个重要分支的开端，他在草稿纸上计算出的那个解，在几十年后被称为"史瓦西半径"。

　　它的意思是说任何天体都存在这样的一个半径临界值，如果小于这个半径，那么它在宇宙空间这张网上抠出的这个洞就会成为一个名副其实的"黑洞"（"黑洞"这个词一直要到 1967 年才正式出现，笔者为了表述方便，提前借用，对严谨的学者们说声抱歉），这个半径的大小取决于天体的质量。史瓦西计算出来，如果太阳的半径缩小到 3 千米的话，那么太阳就会成为一个黑洞，什么光也发不出来了。他还说如果把地球压缩到半径只有 9 毫米的话，那么地球也可以变成一个黑洞。任何物体，只要有质量，在半径压缩到史瓦西半径以内后，都会成为一个黑洞。史瓦西半径之内也被形象地称为"视界"之内，因为人类的视线以这个半径为临界点，一旦越过这个半径，就是"全黑"的（图 5-27）。史瓦西半径一公布出来，立即引起了包括爱因斯坦在内的很多天文学家和物理学家的兴趣，吸引了一大批科学家去深入研究这个恐怖的黑洞。

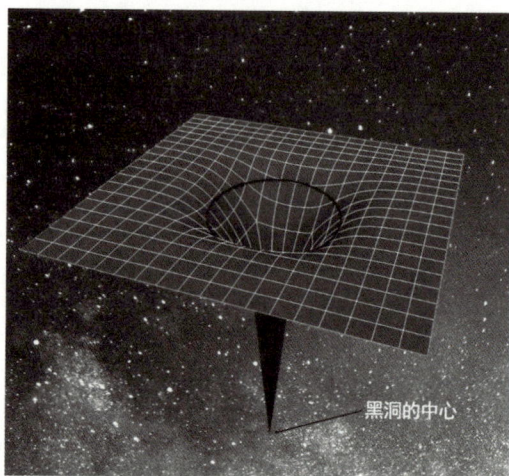

黑洞的中心

图 5-27：黑洞原理

　　黑洞在一开始仅仅是作为一个方程的解而存在的，也就是说黑洞仅仅是一个数学概念，宇宙中到底有没有这样恐怖的洞存在，谁也不知道。因为既然是黑洞，它就是完全不发光的，那么天文学家当然也就认为黑洞是永远无法被观测到的。不过，后来随着研究的深入，人们渐渐发现其实黑洞也是能被观测到的，并且有很多方法。比如，虽然黑洞是全黑的，但是它的质量和引力是实实在在存在的，引力产生的空间弯曲效应可以通过观测它旁边的星光的扭曲来验证。黑洞就好像一个透镜一样，在宇宙中运动的时候，边上的星光都会扭曲变形。再比如，如果黑洞与一个恒星相遇，则这颗倒霉的恒星会被黑洞一点点地吞噬掉，那个景象就好像一只猫在玩毛线球时把毛线一点点地抽出来一样。再到后来，科学家又研究发现，由于吸积盘效应，黑洞其实并不是全黑的，黑洞的两极（视界之外）会喷发出巨大的 X 射线，并不是从黑洞里面喷出来的。虽然这些辐射流不是可见光，但是用射电望远镜可以检测到它们。所有上面说到的这些方法都已经在最近几十年里被天文望远镜证实。为了便于大家直观理解，我们来看一些经过艺术加工和夸张后的黑洞图片（图 5-28 至图 5-30）。

图 5-28：电影《星际穿越》（*Interstellar*）中的黑洞，计算机逼真模拟画面

图 5-29：黑洞的引力透镜效应

图 5-30：喷出巨大辐射流的黑洞

　　黑洞是广义相对论最重要的推论之一，一开始也引起了巨大的争议，而且由于刚开始大家普遍认为黑洞不可观测，所以质疑其存在的人就更多了（还记得我们在第 1 章说过的奥卡姆剃刀原理吗，如果一样东西永远无法被检测到，那就跟没有一样）。但是时至今日，已经没有任何人怀疑黑洞存在的真实性了。黑洞已经成为广义相对论和天文学研究的标准对象。

　　黑洞还有个特别有趣的性质，它的质量大到把时间和空间都扭曲成了一个洞。空间被弄成一个洞还好理解，不就是进去的东西出不来嘛；但时间被扭曲成一个洞，你能想象是怎么回事吗？在黑洞里面，时间停止了，准确地说，时间不存在了，时空在这个地方被打了一个死结（别再追问了，我也想象不出是啥样子的），人类对宇宙的认识止步于黑洞的"视界"。假设有一个倒霉的宇航员不幸掉入一个黑洞，他在掉入黑洞的一刹那，在外面的观察者看来，这个倒霉的宇航员的时间停止了，他的动作也停止了，他就像定格的照片一样被永远定格在了黑洞的边缘，宇航员的亲人们永远也看不到他掉进去，宇航员的子孙后代世世代代都可以看到这幅恐怖的定格画面。但是，如果你是那个倒霉的宇航员，时间对你自己来说仍然是一样流逝的，你仍然会感到自己掉了进去。至于掉进去以后会发生什么，谁也不知道。如果你去问霍金，他会这么回答你："所谓黑洞，就是一切永远无法了解的事件真相的集合。"你明白了吗？他看似回答了你的问题，但他的回答其实跟我的回答是一样的。这个事情是不是很难以想象：外人直到宇宙末日那天都认为倒霉的宇航员始终处于将掉入未掉入的状态，而宇航员自己则认为自己掉进去了。

　　我们的思维不要停，继续往下深入，越往下越神奇。让我带着你继续沿着上面的线索往下想，千万别走开，更神奇的事情马上就要发生了。

从黑洞到虫洞

黑洞就是时间和空间在宇宙这张大网中形成的一个洞，越看越像一个漏斗。你有没有想过，如果宇宙中有两个这样的漏斗，刚好漏斗嘴和漏斗嘴接上了（图5-31），会发生什么情况？

图 5-31：虫洞原理

爱因斯坦和另外一个叫罗森的美国物理学家一起研究发现，广义相对论的方程中有一个解可以从理论上允许这种情况的发生，物理圈的人把它称为"爱因斯坦 - 罗森桥"，他们认为，这个连接部位就像一座桥一样连通了宇宙空间中两个本来相隔得非常非常遥远的区域。但很快人们就觉得，这情景还是更像一个洞，只不过这个洞就好像被一只虫子咬穿了的苹果一样。这个比喻更形象、更深入人心，因此，爱因斯坦 - 罗森桥在大多数情况下都被叫作"虫洞"。

虫洞这个洞太神奇了，不但可以连通相隔遥远距离的宇宙空间，让你能从一个地方跨越几百光年突然出现在另一个地方，而且它还能连通时间，让你从一个时间突然出现在另外一个时间，不光是从现在到未来，也有可能是从现在到过去。虫洞成了现在关于宇宙旅行和时间旅行的科幻小说的标准化理论，也成了地球上发生的无数古怪离奇的失踪案件和穿越事件的元凶。反正一切不可思议的事情都能用虫洞来解释，这个理由简直"无所不能"。

利用虫洞来做时间旅行的理论是由诺贝尔物理学奖得主基普·索恩（Kip
Thorne，1940— ）在 1988 年提出的，下一章我们再来详细讲解他的这个有
趣的理论。

广义相对论还有另外一个叫"白洞"的推论。所谓白洞，就是刚好跟黑洞
性质相反的一个洞，这个洞不停地把物质和能量以辐射的方式"吐"出来（迄
今为止尚未有任何直接或者间接的观测证据出现）。如果虫洞的一头是黑洞，
另一头是白洞，那么你就有可能从黑洞这头掉进去，从白洞那头被吐出来。

为了让虫洞这个纯数学的产物更富有浪漫色彩，更便于科幻小说作家创作，
最近十多年来有了无数种关于虫洞存在的、允许我们活着通过虫洞的理论问世，
那真叫一个五花八门。每个理论都被冠以很牛的名称，还有很多超级玄的名词，
不过这些名词我大都不认识。说实话，我是没有辨别真伪的能力的，因为这些
理论在被实验证实或做出预测之前，都只能被认为是"假说"。但不管怎样，
人类最可贵的才能就在于无限的想象力，没有这些想象力，我们是不可能从茹
毛饮血的古猿进化成能登上月球的万物之灵的，从这个角度来说，我们都应该
感谢科学家、幻想家甚至妄想家。

压轴大戏

讲到这里，本章已经接近尾声，让我们来梳理一下前面看过的那些风景。
首先，爱因斯坦从对狭义相对性原理的不满意出发，把狭义相对性原理推广到
了等效原理加广义相对性原理；然后从这两个原理出发，推导出了引力使得时
空弯曲的结论，继而又推导出了黑洞的存在；再从黑洞想到了虫洞，于是时空
旅行有了理论可能性。这么一路走来，风景越来越奇特，但都十分具有说服力。
如果我们不是这么一路走过来，而是直接从光速不变跳转到了虫洞这个神奇的

概念，你一定会嘲笑我是不是精神出了问题。科学的神奇就在于一步步往前走的时候，你会觉得每一步都是合理的，一段时间以后再回头一看，发现连自己都快不相信脚下的这片神奇土地了。难怪爱因斯坦会讲出下面这句名言：

"宇宙最不可理解之处在于它竟然是可解的。"

本章就到这里……

"等等，等等，"你突然大声叫起来，"作者，你忘记了一件重要的事情。"

什么事？

"压轴大戏啊，压轴大戏还没上演呢，前面两章都有压轴大戏，这章怎么可以没有？"

哈哈，就等你们这句话呢，压轴大戏自然是早就准备好了。而且这部压轴大戏是绝对可以压轴的，我们要让整个宇宙成为我们的演员，我们要对宇宙本身的生死做出终极思考。好戏这就上演！

爱因斯坦在打通"六脉神剑"之后，很快就把目光投向了整个宇宙，他把整个宇宙当作一个整体来研究。在深入地研究广义相对论的引力场方程后，他得出了一个让自己无法相信的结论：宇宙不可能是稳定的。也就是说，如果手头的方程式是正确的话，那么我们生存的这个宇宙要么是在不断膨胀的，要么就是在不断收缩的，总之方程的所有解都不可能得到一个稳态的宇宙模型。爱因斯坦对自己亲手得出的这个计算结果感到震惊，晚上连觉都睡不着。在爱因斯坦所在的那个年代，人类对天文学的认识还仅仅停留在银河系内，当时的天文学家认为银河系就是整个宇宙，宇宙的尺度大约是 10 万光年的量级。爱因斯坦毕竟不是天文学家，他对宇宙的认识也局限于当时天文学的普遍认识。

爱因斯坦一边看着手中的方程式，一边仰望苍穹。看着满天的繁星，他知道头顶上的这些星星在那里已经存在了亿万年，从有历史记录以来，星空都是同样的景象，北斗七星的勺子在大熊座上指引了人类上百年的航海史，就像一个忠于职守的守灯塔的老人，从来没有出过一次差错。这个深邃而美丽的宇宙始终给人以一种沉着、稳定、永恒的精神力量。现在，在他手中的这个方程式里面，宇宙不再是那个忠于职守的守灯塔的老人了。宇宙居然是不稳定的，它要么收缩要么膨胀，这怎么可能呢？

爱因斯坦怎么也无法接受这种结论，宇宙的博大和深邃的宁静深深地震撼着他的内心。于是，爱因斯坦拿起笔，在方程式中增加了一个常数。有了这个人为添加进去的常数，宇宙就是一个稳态的宇宙了，既不会膨胀也不会收缩。爱因斯坦长舒了一口气，合上本子，他终于可以美美地睡一觉，做一个好梦了。

可惜，爱因斯坦的美梦没过几年就被一个叫埃德温·哈勃（Edwin Hubble，1889—1953）的年轻的美国天文学家打破了。哈勃首先发现在仙女座附近的一片淡得像云一样的薄雾根本不是之前普遍认为的银河系中的尘埃云，在最新的大型天文望远镜里，这层淡淡的薄雾被发现居然是由数以亿计的恒星组成的。这就是第一个被人类发现的银河系外的星系——仙女座大星系，距离我们有几十万光年之遥（今测值约为 250 万光年）。很快，一个又一个星系被发现，而且一个比一个遥远，我们的宇宙显然比我们之前认为的要大得多。然而哈勃接下来的发现才是重点。他接着发现几乎所有的星系都在离我们远去，宇宙中几乎所有的星系和我们之间的距离都在不断增大（仙女座大星系是个例外），而且距离越远的星系跑得越快。这一切只能有一个解释，那就是宇宙就像一个正在膨胀的气球，每个星系都是气球表面的一个点，当气球膨胀的时候，每个点之间的距离都会增大。哈勃用他确定无疑的观测数据向爱因斯坦展示了这么一个事实：宇宙正在膨胀。

爱因斯坦读到哈勃的论文时，"当啷"一声，手中的酒杯落地摔得粉碎。他心想："天哪，宇宙竟然真的不是稳态的，而我居然天真地在我的方程式中画蛇添足地加上了一个常数，这真是一个不可饶恕的错误。"但恰恰是这个错误，反过来证明了广义相对论的伟大，它对整个宇宙模型的预言居然如此精准，而且这么快就被天文观测数据证实。

既然宇宙是在膨胀的，那么明天的宇宙就会比今天的大，换句话说，今天的宇宙比昨天的大，昨天的宇宙比前天的大。如此一路想下去，就跟没有什么东西能阻止宇宙的膨胀一样，也没有什么东西能阻止前一天的宇宙小于后一天的宇宙。既然是这样，那么宇宙是不是有一个诞生的时刻，是不是从很小的一个点开始，然后突然就爆炸出来的呢？这个疯狂的宇宙大爆炸想法首先被一个叫勒梅特（Lemaitre，1894—1966）的比利时学者提出来，但名不见经传的勒梅特的声音并没有引起世人太多的注意，直到几十年后两个美国人（彭齐亚斯和威尔逊）在新泽西州咝咝作响的天线上无意中发现了宇宙微波背景辐射，宇宙大爆炸理论才从一个疯狂的想法变成了一个有实验数据支撑的硬理论。这里面又有一个很长、很精彩、很有趣的故事，但这毕竟跟本书的主题关系不大，如果你有兴趣，可以阅读笔者的另一本拙作《星空的琴弦》。

虽然按照乔治·伽莫夫（George Gamow，1904—1968）的说法，爱因斯坦认为宇宙常数是他一生中的最大错误，但戏剧性的是，在爱因斯坦去世多年后，最近几年，最新的理论却又让这个宇宙常数死而复生了。爱因斯坦人为加上的这个常数居然像是冥冥之中的谶言，在今日的宇宙学研究中起到举足轻重的作用。但这个宇宙常数的复活有着复杂的背景和许多精彩的故事。

宇宙竟然有一个起点，这个起点用科学家的话说叫作"奇点"（Singularity）。宇宙诞生于一场疯狂的大爆炸，这个大爆炸的强度之大超出了人类的想象，大爆炸完了之后就是无休止的膨胀。请注意，你们是否听出来了，我这么描述宇宙有一个潜台词，那就是早期的宇宙是有明确大小的。

一旦说到宇宙是有大小的，1000个人里面估计有999个人会问一句话："那么，你说宇宙的外面又是什么？你说宇宙诞生于一个奇点，那么奇点的外面又是什么呢？"我知道各位亲爱的读者此时心中正在发出同样的疑问。今天我一定要帮你把这个问题弄清楚，以后再遇到有人向你问这个问题，你就能跟他们解释得清清楚楚了，要知道，能把这个问题解释清楚可是一种高深的表现，有助于提升你在他们心目中的魅力指数。经常有人打这样的比方，说我们就像在篮球上爬啊爬的蚂蚁，永远爬不到尽头。但是篮球是有限的，这么回答会让人感觉好一点点，但也就是那么一点点而已，因为他们还是会追问："那么篮球外面又是什么呢？"

　　现在，让我们做一个疯狂的假想，如果我们回到 137 亿年前，那时候的宇宙只有一个牢房那么大，20 平方米左右，那么，当你身处这个宇宙中时，你会看到什么？如果朝前面看，你会看到，自己的背影就在几米开外的前方；朝后看，你则会看到另一个自己就在几米开外的后方，与你做着同样的动作；无论你是朝上还是朝下看，都能看到一样的自己。当你朝前面跑时，前方的自己也开始跑，只用了几步你又跑到了自己出发时的位置，不管你朝任何一个方向飞去，都会回到原点。这是一个无限循环的三维空间，你根本不可能"出去"，因为根本没有"外面"，整个宇宙就在你的眼中，这就是"有限无界"的宇宙观。这听上去有点恐怖，这样的牢房是真正无法越狱的完美牢房。现在请把这样一个有限无界的宇宙不断地在你的脑海中缩小再缩小，一直缩小到只有一个原子大小，注意，没有"外面"，也没有黑暗。空间和时间都被禁锢在这个"宇宙"中，然后上帝说"要有光"，于是这个宇宙开始急速膨胀，这就是"宇宙大爆炸"理论。

　　起初，几乎所有的科学家都认为，在宇宙大爆炸之后，受到引力的作用，宇宙的膨胀速度会减慢，就像朝天上发射炮弹一样，炮弹出炮膛的一瞬间速度是最快的，然后就会开始减速，当达到最高点时，速度为 0，下落的过程就开始了。速度不够快是飞不出地球的引力范围的，炮弹上升的高度有极限值。

　　当然，如果炮弹速度足够快，就可以不掉下来，变成卫星，再快一些就可以飞出地球引力范围，一去不回头。所以在过去，物理学家们也一直认为宇宙大爆炸和发射炮弹很类似，宇宙中的所有物质都会产生引力。假如物质足够多，引力足够大，最终我们的宇宙膨胀到了顶点，还是会开始收缩的，最后重新变成一个点，这个过程叫作"大挤压"。这样的宇宙虽然无比辽阔，但是体积终究有限，因此也叫封闭宇宙。

　　假如物质不多不少刚刚好，我们的宇宙就再也不会收缩了，虽然膨胀速度在下降，但是永远也减不到 0，就和人造卫星不会掉到地球上是一个道理。这是一种温和的结局，一切都在慢慢消逝。

这一切的关键在于我们的宇宙物质密度有多大。根据科学家们的计算，宇宙物质密度有一个临界点，平均下来就是 3 个氢原子 / 立方米，如果超过这个临界点，那么宇宙恐怕将会走向大挤压的结局。但是我们目前发现宇宙的物质密度远比这要小，大约只有 0.2 个氢原子 / 立方米，看来我们的宇宙并不是一个封闭的宇宙。

为了探求宇宙的未来，天文学家们试图测量宇宙膨胀的精确速度，从而确定它的减速情况。几乎所有的科学家都认为，宇宙膨胀理所应当是在刹车，区别无外乎是温和的刹车，还是急刹车，也有小部分科学家认为是空挡滑行。

20 世纪八九十年代，有两个独立的团队向这个宇宙终极命运问题发起了冲击，其中一个团队由美国劳伦斯伯克利国家实验室的索尔·珀尔马特（Saul Perlmutter，1959— ）领衔，成员来自 7 个国家，总共 31 人，阵容强大；另一个团队则由哈佛大学的布赖恩·施密特（Brian Schmidt，1967— ）领衔，也是一个由 20 多位来自世界各地的天文学家组成的豪华团队。

珀尔马特团队的计划叫作"超新星宇宙学计划"，而施密特团队的计划叫作"高红移超新星搜索队"。最终，两个团队前后脚发现了让人大跌眼镜的现象，宇宙在前 70 亿年确实是在减速膨胀，可是在 70 亿年前的某个时间点上，减速膨胀反转成了加速膨胀，这就好像开车，先是踩刹车，然后再踩油门，这个事情就大大出乎科学家们的意料了。爱因斯坦或者伽莫夫要是听说这件事，估计一口老血都能喷出来。

宇宙加速膨胀这个观点足以惊动全世界，这样惊人的观点要站住脚，那必须经受住比其他科学观点经历过的更加严苛的挑战。因此，尽管两个团队公布了所有的观测数据和他们的研究方法，但要让全世界的科学家们接受，它依然缺少足够的证据。在这之后，世界各地的天文学家们又进行了大量的独立观测、验证，包括 COBE（微波背景探测卫星）、WMAP（威尔金森微波各向异性探测器）和普朗克卫星都对这个结论做了不同程度的观测验证，到今天为止，宇宙加速膨胀已经作为一个经受住严苛检验的事实而被科学共同体接受。

那么到底是谁在给宇宙膨胀踩油门呢？这是个大问题。

为了解决这个问题，1998 年迈克尔·特纳（Michael S. Turner，1949—　）引入了一个新名词，那就是"暗能量"。

根据已经观察到的现象，我们大致可以这样描述宇宙膨胀的过程：刚发生大爆炸的时候，宇宙膨胀极快，但是只要有引力在，必定是减速膨胀的，那时候暗能量的力量相对弱小。等到宇宙足够大了，物质足够稀薄了，物质相互之间变远了，引力开始变弱了，弱到一定程度，被暗能量翻盘压倒。最终，引力输给了暗能量的斥力，于是宇宙开始加速膨胀。

从宇宙膨胀先减速后加速的情况来分析，暗能量似乎不会随着宇宙尺度的扩大而被分摊，它似乎和宇宙的尺度没关系，似乎是处处均匀、处处一致的。难道神秘的暗能量就是当年爱因斯坦的方程里那个被称为"最大错误"的宇宙常数吗？

的确，宇宙常数可以体现为一种排斥效应，这是个非常合理的解释。常数就意味着不变，当然不会随着宇宙的尺度发生变化，也不会有均匀还是不均匀的问题。所以说，爱因斯坦的确够厉害，连犯错误都能歪打正着。

按目前的估计，暗能量的数值是非常小的，因此我们在实验室里面也没办法测量出来，哪怕达到星系级别也看不出暗能量有多大的本事。但是，最可怕的一点就是它处处都一致，哪怕到宇宙边缘，人家还是不会衰减。在宇宙尺度上，引力只能甘拜下风。

到现在为止，没人知道暗能量到底是什么东西。但是科学家们已经公认，宇宙大爆炸开始的一瞬暗能量曾经有过暴涨的阶段，膨胀速度极快，似乎那时候宇宙常数特别大。暗能量在空间上处处均匀，似乎数值是个常数。但是在时间维度上呢？过去的宇宙常数和今天的宇宙常数是一样的吗？总之，关于暗能量的许许多多的问题都依然是世界未解之谜。

有意思的是，自从"暗能量"这个词诞生以来，在我们的生活中，这个词经常会被一些搞伪科学的人或者神秘主义爱好者利用，他们把暗能量当作许多超自然现象的解释，甚至还有用暗能量来解释神佛鬼怪和灵魂的。你一定要记住一点，暗能量只有在整个宇宙这样的大尺度上才能体现出来，甚至在银河系这样的尺度中，暗能量的效应都几乎无法被观测到。记住了这一点，你就能有理有据地识别伪科学了。

还有一点，如果你看完了这一章，觉得很有意思，也想自己研究暗能量，那么我必须提醒你，要研究暗能量有一个前提，那就是必须先学习广义相对论。如果没有这个基础，你就永远也不可能取得与同行对话的资格。

好了，从光速不变这个起点出发，一路走来，我们竟然看到了恢宏的宇宙大爆炸，又看到了一个神奇的有限无界的空间，最后，竟然发现宇宙正在加速膨胀。还有比这更神奇的事情吗？请相信我，还有更神奇的事情等在后面。从下一章开始，我将带你去领略更加难以想象的神奇之事。在本章的结尾，请允许我用爱因斯坦的口吻写下这么一句话作为本章的结束语：

宇宙最神奇之处就在于，它比我们所能想象的还要神奇！

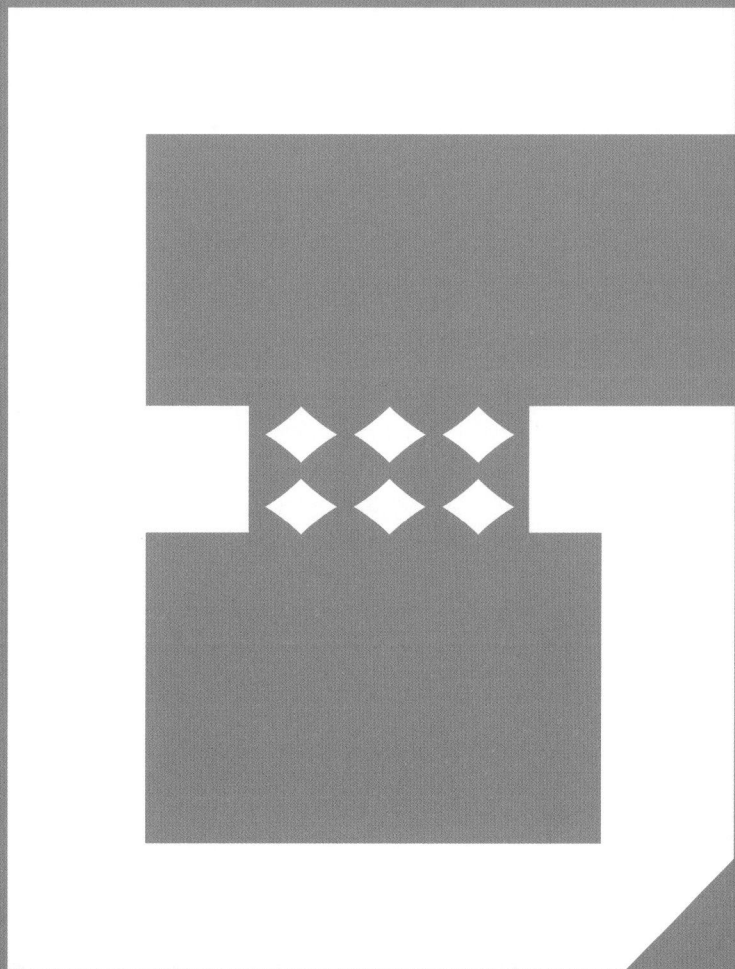

Chapter Six

时空那点事

The Shape of Time

自从相对论诞生以后，我们看到，时间和空间再也不是两个毫无关系的概念了，时间和空间就像是一对焦不离孟的结义兄弟，又像是难分难解地纠缠在一起的 DNA 双螺旋结构，我们再也不能只谈空间而不谈时间、只谈时间而不谈空间了。爱因斯坦指出，时间和空间不但不能独立于宇宙，而且不能互相独立，引力不可能只使得空间弯曲而让时间安然无恙。

从此我们多了一个新的名词——"时空"。请注意，千万不要把"时空"等价于"时间和空间"，时空就是时空，它是一个整体，就好像你不能把"牛奶"看成"牛"和"奶"的简单相加一样。被我这么一解释，我知道你开始对"时空"这个词感到疑惑了，你能想象出时间，也能想象出空间，但是你无法想象出时空的模样。

请随我来，让我来帮你在头脑中建立"时空"这个诞生于 20 世纪的伟大名词的概念，它是人类认识宇宙的一次大飞跃，我将再次带你踏上一场惊奇之旅。

时空中的运动

我们的故事要从一次跑步开始讲起，这个故事无所谓年份，无所谓地点，无所谓具体人物。

为了方便叙述，就让我们一起去学校的操场跑步吧。现在让我来计时，你来跑步。我们的规则是跑两次，白天一次，晚上一次。你先克制一下你的疑惑，让我们跑完再说。白天这次你跑了 16.8 秒，离达标还差一点。为了晚上取得更好的成绩，你努力锻炼了一下，试图恢复一些当年的勇猛。晚上你又跑了一次，这次你自我感觉很不错，觉得应该会比白天那次跑得更好一点，可是我把成绩一告诉你，你却吃了一惊，怎么反而变成 17.2 秒了？

图 6-1 可以解释为什么你晚上状态更好，成绩却更差了。原因很简单，晚

上视线太差，黑漆漆的，你跑了一条斜线都不自知。

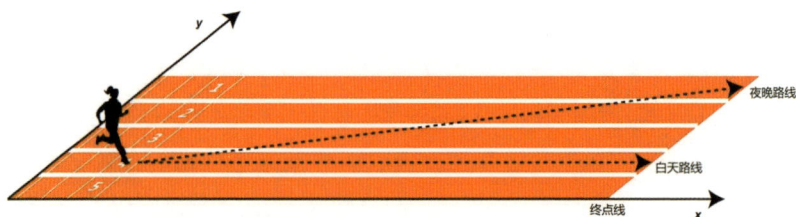

图 6-1：跑步的方向不一样导致成绩不同

看了这张图，你恍然大悟了："原来你小子让我在晚上跑步是别有用心的，故意让我跑偏方向。"你不要生气，为了科学，牺牲这么点面子不要紧。现在我来问你："假设你两次跑步的速度是一样的，为什么晚上的用时比白天更长了呢？"

你白了我一眼说："你这不是明知故问嘛，晚上我跑偏方向，跑的路程更长了，所以用时就更多了。"

我说："回答正确，用距离来解释这个现象是我们最自然、最朴素的想法。但是你知不知道，还有另外一种更抽象的解释，在这个解释中，我们不需要距离这个概念。"

你说："哦？什么解释，你说说看。"

我说："你刚才自己也提到了，运动是有方向的，我们可以把你的运动速度理解为 x 轴方向的速度和 y 轴方向的速度的合成速度。假设你跑步的速度是 v，白天跑步的时候，你在 y 轴方向的速度是 $v_y = 0$，而在 x 轴方向的速度 $v_x = v$。但是到了晚上，你在 y 轴方向的速度大于 0，所以在合成速度不变的情况下，你在 x 轴方向上的速度就必然小于 v 了。这就好比 y 轴方向的速度分走了一部分你的跑步速度，你在 x 轴方向上运动的速度变慢了，所以你晚上的成绩不如白天。"

你若有所思地点点头说："明白了，速度的方向看来很关键。"

千万别小看这个看起来更抽象一点的解释，这是我们对运动本质的认识的一次大飞跃。我们认识到，任何一个物体在空间中的运动速度，都可以分解为在互相垂直的三个方向上的运动速度，如图 6-2 所示。

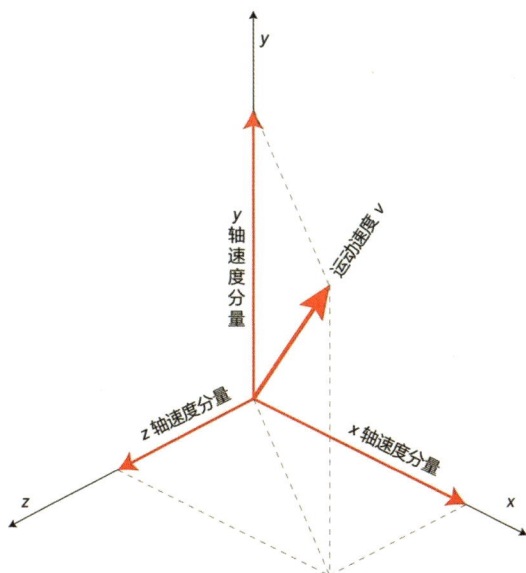

图 6-2：物体的运动速度是三个方向的合成速度

一个物体的运动速度 v 是由它在 x、y、z 三个方向上的速度的合成，如果总速度恒定的话，其中一个方向上的速度增大，另外两个方向上的合成速度就必然减小。速度就好比是被切成三块的蛋糕，你可以随便怎么切这三块，但是蛋糕的总大小不会改变。x、y、z 这三个方向，物理学家用了一个听起来很拉风的词来描述，那就是"维度"。我前面所说的概念如果让物理学家来说的话，他们就会说："物体在三维空间中的运动可以分解为在三个维度上的运动。"这种物理学的描述方式听起来很拉风，但其实意思跟我们前面用方向来表述的意思是一样的。

下面又该爱因斯坦登场了。爱因斯坦向我们大声宣布了一个惊人的发现，他说："这个宇宙中任何物体的运动速度都是光速 c。对，没错，你我的速度是 c，太阳、月亮、星星，还有光本身，它们的运动速度都是光速 c。只不过这个速度不是在三维空间中的速度，而是在'时空'中的速度。除了空间的三个维度以外，我们必须再增加一个维度，这个维度就是时间，多了时间维度后，空间就不再是空间，时间也不再是时间，而是纠缠在一起成了时空。时间和空间是一个整体，我们每个人都生活在这样一个四维时空中，我们每个人在时空中的运动速度都恒定为 c，永远不会快一丁点，也不会慢一丁点。"

这个发现实在是太让人震惊了，如果我们把爱因斯坦的这个发现画成一个简单的示意图（图 6-3），就会是下面这个样子的。

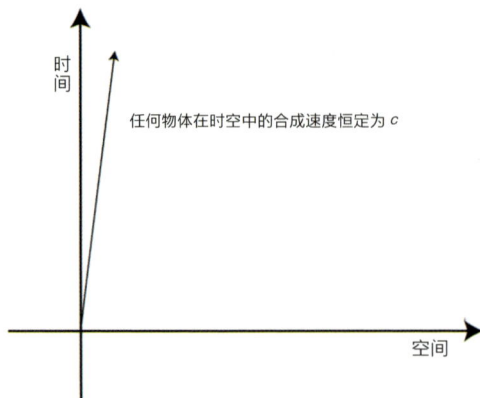

图 6-3：物体在时空中的运动速度恒定

你是不是已经在头脑中模模糊糊地建立起了时空的概念了呢？我们一旦明白了时空的含义，就会发现，分解任何物体的运动速度不再是把蛋糕切成三块了，而是必须切成四块，蛋糕的总大小恒定为 c。

这是一个如此简洁、优美而深刻的发现，这是人类对宇宙的认识的一次飞跃。每当我想起这一点，都会一次又一次地被深深震撼。用这个简洁而深刻的思想来解释狭义相对论中时间和速度的关系，就变成了天经地义的事情：物体在空间中的运动速度会分走在时间中的运动速度，空间中运动得越快，在时间中运动得就越慢。时间和空间是一个密不可分的整体，任何物体都在时空中做着相对运动，时间和空间是互相垂直的两个维度。运用这个思想，我们就可以用普通的速度合成公式极其简单地推导出相对论因子。这个思想还蕴含着这样一个显而易见的事实：物体在空间中的运动速度有一个极限，那就是光速 c。我们不再需要用眼花缭乱的质能公式和牛顿第二运动定律去联合解释为什么光速是速度的极限，这个时空运动的思想简洁而有力地告诉我们：假设物体的运动速度完全从时间这个维度转移到空间中，那么物体在空间中的运动速度就达到了最大速度 c。以光速在空间中运动的事物，在时间中就停止运动了，所以，光是不会变老的，从宇宙大爆炸中诞生的光子仍然是过去的样子，在光速运动中，没有一丁点的时间流逝，时间真的停止了。有些现代的理论物理学家认为，光速 c 很可能是我们这个宇宙时空的一个几何性质，就像圆周率 π，它是一种数学性质，跟物理性质无关。当然，这仅仅代表一种看法，我们现在并不能证明它。

从此，我们不再分开谈论时间的流逝和空间中的运动，只要是运动，就是在时空中的运动。当你进行百米冲刺的时候，你我在时空中进行着相对运动，空间发生变化的同时，时间也一定会发生变化。看来，我们经常在科幻小说中看到的"时空穿梭"其实一点都不稀奇，你大可以理直气壮地宣布：我以百米冲刺的速度在时空中穿梭，我们每个人每时每刻都在时空中穿梭。你也可以理直气壮地宣布：我离一秒钟前的自己距离 30 万千米。这真是一个遥远的距离啊，如果你和你的爱人错开了一秒钟，那么你要不停地步行 8 年半才能追上你的爱人。我们都是生活在低速世界中的生物，我们在空间的三个维度中能达到的速度和光速相比实在是小得可怜，这才会让我们产生时间和空间这两个完全不同的概念。如果我们想象宇宙中有一些日常生活接近光速运动的智慧生命，那么在那些智慧生命的概念中，它们将不再区分时间和空间，在它们的感觉里面，时间和空间只不过是不同的方向而已，它们看狭义相对论的各种效应都会像我们看太阳的东升西落和大自然的花开花落一样平常。在相对论学家的眼里，时空才是我们这个宇宙的本质。请你务必在头脑中牢牢地建立时空这个概念，牢牢地记住没有单纯的空间运动，这对于理解我们后面要讲的东西至关重要。

四维时空

其实，我们在日常生活中早就已经有了四维时空的概念。不是吗？回忆一下你和朋友约会是怎么约的。"我们在老地方（人民广场的喷水池旁）见"，只是这么一个空间坐标够吗？如果就这么一句话的话，你们俩多半还是见不了面，你还得再加一句"老时间（晚上 7 点）"，这样你们才能确保双方达成了一个准确的约定。也就是说，一个约会的事件在时空中的坐标必须包含四个维度的信息，空间的三个维度加上时间的一个维度。在我们低速的地球上，似乎"老时间、老地点"这句话已经能确保你和朋友见面了，但是，如果我们到了银河帝国的莱因哈特时代（什么，你不知道银河帝国和莱因哈特是谁？那你也不知道杨威利吗？拜托，你怎么能没看过《银河英雄传说》（田中芳树著）？我不管了，凡是不看《银河英雄传说》的人，我不照顾了，默认大家都是看过的，本人是"银英"迷），在银河帝国时代，如果约会只是说这么一句口头禅，你很可能就要犯大错了，你和朋友多半永远也见不着面了。因为没有设定统一的时空坐标参考系，那可真是差一秒就差得比十万八千里还多了。关于这个话题，我们在本章的后面讲到星际旅行的时候还会详细说，这里先跳过，你可以趁此机会去读一下《银河英雄传说》这部作品，这会让你更容易理解本章后面要举的一些例子。

不过，在时空的四个维度中，时间这个维度有一点特殊性，那就是你在时间这个维度中只能朝一个方向运动，而在空间的三个维度可以朝正反两个方向运动。

本章主要讲的是时间旅行、星际殖民和星际贸易这三件有趣的事情。但是请各位读者千万注意，我绝不是在创作科幻小说，我要从物理学的角度去帮你分析和看待以上三个在科幻小说中最常出现的元素，帮你提高以后欣赏科幻小说的能力，找出科幻小说和幻想小说的区别。

时间旅行

让我们先从最让你感到激动的时间旅行开始说起吧。

现在这年头，穿越类的作品真多，俨然成了影视剧和各大文学网站上的小说的一个大类，各种各样的穿越手法真是五花八门，令人眼花缭乱，不过那种月光宝盒式的无厘头穿越不在我们今天的讨论范围之内。偶尔你也会看到一些对穿越行为的"科学原理"的描述，其中说得最多的是"根据相对论，只要速度能超过光速，我们就可以回到过去"。各位，以后凡是看到这种利用超光速穿越的小说，都别太当真了，因为"根据相对论，超光速就能穿越"的说法完全是自相矛盾的。相对论的一个最基本的原理就是光速是任何运动的速度极限，是不可能被超过的，而一旦允许超光速运动，那么相对论本身就被推翻了，又何谈"根据相对论"呢？这显而易见是自相矛盾的，却有那么多的"科幻小说家"把这个说法奉为至宝——但凡穿越，必超光速。这实在是让我异常惊讶，我有一个朴素的愿望，希望穿越小说家们能随手翻翻我这本书，就是编也要编得靠谱一点。

我们来了解一下真正的物理学家研究的时间旅行到底有什么科学原理和依据吧。

时间旅行是广义相对论研究的课题，目前全世界确实有很多严谨的科学家在探讨这方面的可能性。根据广义相对论，引力会使时空弯曲，引力越强，则时空的弯曲程度越大。也就是说，根据广义相对论的这个原理，我们会发现时空不是平坦的，时空是有形状的。我知道我这么说你还是不太容易明白，那么我就来打一些粗糙的比方来帮助你理解。我们首先把时空想象成一张纸，我们在时空里面运动，就好似沿着纸面运动（图6-4）。但是请注意一点，如果这张"时空纸"延伸的方向表示时间这个维度的话，那么我们只能朝着一个方向运动，因为在时间维度上，物体是只能朝一个方向运动的，这是时间维度的物理性状。

图 6-4：在平坦的时空中朝着时间的方向运动

但是请千万注意一点，在爱因斯坦的时空观里，这张纸是不平坦的，有起伏，有褶皱，是高高低低的。我们在"时空纸"上的运动就像在崎岖不平的山路上走路一样，如图 6-5 所示。

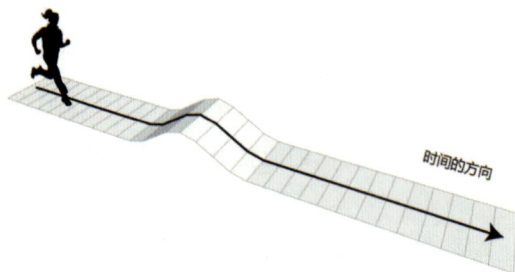

图 6-5：真实的时空不是平坦的

现在假设我们在一个平坦的时空中，8:00出发，从时空的一头运动到另外一头，到达终点的时候，刚好是9:00。（注意，前面我们已经说过，任何物体在时空中运动的速度都是光速，所以，在这个例子里面，你就不要再问我们运动的速度是多少这样的问题了。）现在，假设我们经过的这段时空被某种力量弯曲了，那么我们到达终点的时候，时间会变成8:30；如果弯曲得更厉害一点，我们就会在8:10到达终点，见图6-6。

图6-6：随着时空弯曲程度加大，到达时间越来越早

下面，重点来了，如果时空这张纸被弯曲成了一个头尾相连的形状（比如莫比乌斯带，见图6-7），你就有可能在7:50到达终点。也就是说你沿着弯曲的时空走了一圈回来以后，发现到达的时间竟然比你出发的时间还早，这意味着你回到了过去。

图 6-7：在一个时间圈环中，到达时间可能早于出发时间

　　因此，在广义相对论中，时间旅行的科学原理是通过一个时空的圈环回到过去，这个时空圈环在《时间简史》（*A Brief History of Time*）这本书中被霍金称为"闭合类时曲线"（有点拗口，你可以通俗地理解为"时空圈环"，当然，在物理学中"类时"是一个术语，这里没必要展开讨论）。爱因斯坦的狭义相对论是不允许时间旅行的，到广义相对论刚刚诞生的时候，爱因斯坦也不认为时空能弯曲成一个圈环。直到 1949 年他的好朋友——大数学家库尔特·哥德尔（Kurt Gödel，1906—1978）在广义相对论方程中发现了一个解，这个解居然允许宇宙中存在这种时空圈环。爱因斯坦当时非常震惊，但随后他就意识到这个时空圈环正有着自己和助手罗森一起发现的虫洞的某种特性（还记得我们在第 5 章最后讲到的爱因斯坦-罗森桥吗）。但是，请注意，爱因斯坦和罗森并不认为回到过去是可能的，他们只是发现了一些数学性质，但数学性质不代表一定会和真实世界对应。

　　正因为虫洞的发现，后来的科学家才真正开始重视时间旅行的可能性。因此，靠谱一点的时空穿梭一般都要借助虫洞来完成，以后看穿越小说记得先翻翻有没有提到爱因斯坦-罗森桥或者虫洞什么的。

"时间旅行"的完整物理学理论阐述是由基普·索恩在 1988 年秋天完成的，发表在著名的理论物理期刊《物理评论快报》（*Physical Review Letters*）上，论文的题目是《虫洞、时间机器和弱能量条件》（*Wormholes, Time Machines and the Weak Energy Condition*），可以说，这是理论物理学界第一次完整地描述了一种时间旅行（特指回到过去）的科学理论。论文发表后，用索恩自己的话说，大众没有注意到它，但它在学术圈引起了极大的反响。还好，凡是认真读过论文的物理学家朋友都没有认为索恩疯了。

那么索恩的理论到底是怎样的呢？原始论文当然写得非常难懂，好在索恩自己写了本科普书《黑洞与时间弯曲》（*Black Holes and Time Warps*），算是把他的理论给我这样的科学爱好者解释清楚了。下面请允许我用一种更加浅显生动的方式把索恩的理论再给你讲一遍：

让我们从一个思维实验开始。

现在我们假定人类拥有了足够的技术能力，制造出了一个稳定的虫洞。这个虫洞的特性非常神奇，它有两个开口，不管这两个开口相距多远，虫洞内部的距离都是固定的，从一端进去，很快就可以从另一端出来。

现在假设有一对双胞胎兄弟，弟弟留在地球上，哥哥坐进了宇宙飞船。然后，关键的一步来了，我们把虫洞的两个洞口一个放在弟弟家里，一个放在哥哥的宇宙飞船上。这时候，弟弟和哥哥可以把手伸进虫洞，和彼此握手（图 6-8）。我之所以说他们俩在虫洞中握手，是为了让你建立一个概念，就是虫洞口两端的时空是联结在一起的，也就是说，从虫洞的视角来看，哥哥和弟弟两个人处在同一个参考系中。假如，哥哥通过虫洞爬过去，因为始终处在同一个参考系中，所以哥哥和弟弟依然会处在同一个时刻，反之亦然。

好了，现在我们让哥哥的宇宙飞船起飞。为了加深你对虫洞性质的印象，我们让弟弟和哥哥的手一直握着不放。从哥哥的视角来看，自己以接近光速的速度绕地球飞行了 12 个小时。但是从弟弟的视角来看，哥哥以接近光速的速度飞行了 10 年才停下来。在这个思维实验中，弟弟显然比较倒霉，他需要一

图 6-8：身处异地的兄弟可以通过虫洞握手

直在手上套着虫洞，日复一日、年复一年地生活 10 年，终于等到飞船回来的那一天了，舱门打开，老了 10 岁的弟弟会与年轻的哥哥再次见面（图 6-9）。

图 6-9：10 年后，苍老的弟弟与年轻的哥哥会面

这时候，一件神奇的事情发生了。从虫洞的视角来看，哥哥和弟弟始终处在同一个参考系中，他们所处的时刻应该始终是相同的。这时候，弟弟如果从哥哥飞船上的那个虫洞口向里张望，就能看见 10 年前的自己（图 6-10）。

图 6-10：苍老的弟弟可以通过虫洞看到年轻的自己

　　这时候，如果弟弟爬进哥哥的虫洞口，从另一头钻出来，那么，他将回到 10 年前，遇见年轻的自己（图 6-11）。我们还可以设想一下，假如 10 年前，弟弟在等了 12 个小时之后，从自己那边的虫洞口爬进去，从另一头出来，他将瞬间前往 10 年后，遇到 10 年后的自己。

图 6-11：从哥哥的虫洞口中爬出的弟弟遇见了 10 年前的自己

　　在这个思维实验中，握手只是为了让你加深对于虫洞两端同处一个参考系的印象，实际上，他们俩也完全可以用一根绳子牵着，或者什么相连的东西也没有，这都不影响这个思维实验的成立。

　　以上就是用一个思维实验通俗表述的索恩设计的时间机器原理，在上述思维实验中的那架时间机器有下面两个重要的特点：

1.它只能允许从未来穿越回虫洞制造出来的那一天，不可能穿越回更早的时间。

2.它只能以 10 年为单位来回穿越，无法穿越回中间的时间点。这个 10 年只不过是我们上述思维实验的初始假设，并不是非要 10 年，也可能是 1 年或者 100 年。

不知道你是否听懂了，我相信，如果你仔细琢磨这个思维实验的话，多半会跟我一样，越琢磨脑子越混乱，忽而想通忽而想不通，对好多事情都觉得非常怪异。如果是这样，不用奇怪，因为大多数人，哪怕是物理学家，也会有这种感觉。实际上，索恩自己也是琢磨了 3 年才完全想明白的，因为他早在论文发表的 3 年前，也就是 1985 年，就已经有了这个想法，起因是他的老朋友卡尔萨根写了一篇科幻小说《接触》，里面有一段时间旅行的情节。索恩在阅读了小说之后，觉得卡尔·萨根让主角用黑洞做时间旅行，在科学原理上站不住脚，他觉得用虫洞或许可以。在这之后的 3 年中，索恩从来就没有停止过计算，直到他觉得自己的时间机器理论从一个疯狂的想象成为一个可以自洽的、有严格数学形式的科学理论，他才小心翼翼地投给了《物理评论快报》杂志，经过同行的匿名评审，杂志接受了论文，最终在 1988 年秋天发表。

论文发表后，在学术圈子里面引起了很大的反响，索恩说那段时间来自同行的信件一封一封地飞来，有提问题的，有挑战他的。第一个问题就是著名的祖母悖论问题怎么解决：假如一个人回到过去杀死了自己的祖母，怎么还能有未来的自己回到过去呢？那不就产生逻辑矛盾了吗？

索恩认为，祖母悖论问题实际上是另外一个问题，即一个人是否具备自由意志的问题。作为一个人，我们是否有决定自己命运的能力？回到过去后，我们是否还能支配自己的意志，做出和过去的自己不同的选择呢？在这个问题上，索恩和他的学生纠结了很久，他们认为即便没有时间机器，这也是一个可以令物理学家们手足无措的问题，因为它又牵扯出了宇宙决定论的问题，显然是暂时无解的。因此，索恩的决定是，在论文中完全回避祖母悖论，坚持不在论文中讨论人类穿越虫洞的事情，他们只谈一种简单的非生命物体的时间旅行，例如电磁波的时间旅行。

讲到这里插句题外话，在我的科幻小说《哪》中，为了回避祖母悖论问题，我也刻意回避了任何实体的穿越，只设想了信息在时空中的穿越，这就会让小说在科学层面显得相对过硬。

但是，好景不长，一位物理学教授设计了一个思维实验，在这个实验中不需要生命的参与，但依然产生了祖母悖论。当索恩收到这封来信时，我相信他的内心是有些崩溃的，就如同当年玻尔第一次听爱因斯坦说 EPR 实验的感受差不多（关于这个 EPR 实验，在本书的后面我还会细讲，这里先挖个坑，嘿嘿）。

这个思维实验说起来很简单，但真的很巧妙。这位教授说，假如有一个台球，穿过虫洞口 A 进入虫洞，然后从虫洞口 B 飞出，穿越回了一定时间之前，恰好击中了正在飞向虫洞口 A 的台球。简单来说，就是一个台球把过去的自己给击飞了，那又如何能有自己穿越虫洞回到过去的事情发生呢？

这个思维实验完全不需要自由意志的参与，就是纯粹的物理学推演。这个问题把索恩他们难住了。

这里要说明一点，这位教授不仅描述了这个思维实验的过程，还在假设索恩的时间机器理论成立的前提下，给出了严格的数学推导，这就叫"以彼之道还施彼身"。

索恩带着自己的学生满头大汗地迎战这个难题，结果剧情出现了反转。经过几个月的数学论证，索恩的两个学生证明，从那位教授给定的条件出发，还存在另外两条不同于那位教授计算结果的台球轨迹，而这两条新的台球轨迹居然可以神奇地自洽。也就是说，台球确实回到过去击中了自己，但问题是，被击中后的台球换了一个角度依然飞进虫洞口 A，从虫洞口 B 出来后与之前的自己形成了一个自洽的闭环。连索恩自己都大吃一惊，这个台球悖论居然被他们神奇地解决了。他们甚至还参照量子力学中有关概率的思路，计算出了台球走不同路径的概率。

这些计算似乎说明物理学定律可能会很好地使自己适应时间机器，并没有出现真正的悖论。

但是，争议到这里并没有结束。索恩还有一位朋友，就是大名鼎鼎的霍金。霍金严厉批评了时间机器理论，他提出了一个能维护时间次序的猜想，被称为"良序猜想"。霍金说，不论我们打算用什么方法制造时间机器，最终总会被我们目前还不清楚的某条物理法则破坏，哪怕时间机器在理论上自洽，想制造时间机器也是痴心妄想。索恩说他看出来了，霍金又想跟自己下大注打赌了。不过，索恩这次却说："我这次才不跟霍金打赌，虽然我很喜欢跟他打赌，但我只打获胜机会较大的赌。我本能地感觉到，如果这次我打赌，多半会输。"

我们可以看到，索恩是一个非常有趣的人。他的时间机器理论，到目前为止，除了他避而不谈的祖母悖论问题，似乎还没有遭到致命的打击。

讲到这里，我还得再强调一下，索恩在原始论文中可不是用一个这么简单的思维实验来提出理论的。仅仅靠思维实验是不可能发表论文的，像这样特别惊人的物理学理论，不可能没有数学推导，而且往往还都是用普通人看不懂的各种数学符号来推导的。因此，大家要理解，科普内容实际上都是二手资料，哪怕是基普·索恩本人自己写的科普书，只要是面向大众而不是同行的，那么都是二手资料。假如你也是一个时间旅行理论的爱好者，那么千万不要认为仅仅听我讲完这个思维实验，自己就真的懂了索恩的理论，就具备了将其发扬光大、继续演绎的能力，那样想是很危险的。

更有意思的是，索恩不仅提出了时间旅行的原理，还提出了制造时间机器的思路，完全可以作为严肃科幻小说的创意来源。

制造时间机器的关键是制造虫洞。

虫洞本质上是两个奇点相遇，从而形成的一个时空隧道。但形成虫洞的奇点不是黑洞中心的奇点，而且一旦两个奇点相遇形成虫洞，奇点就会消失，因而物质可以通过虫洞。

在爱因斯坦场方程的解中，并不是只有黑洞才能形成奇点。早在 1916 年，广义相对论刚刚发表没几个月，奥地利的物理学家路德维希·弗拉姆（Ludwig Flamm，1885—1964）就发现，假如适当选取拓扑，爱因斯坦场方程的解可以描述一个空的球形虫洞。后来，到了 20 世纪 50 年代，著名物理学家约翰·惠勒（John Wheeler，1911—2008）和他的研究小组又用不同的数学方法对虫洞进行过广泛的研究。

虫洞和黑洞最大的区别在于，黑洞是一种"单向"曲面，也就是说，光只能进不能出，因此，假如我们能靠近黑洞，看到的将是一个飘浮在空间中的纯黑的球。但是，虫洞不一样，虫洞是一种"双向"曲面，也就是说，一个虫洞有两个洞口，光能够从两个方向穿越虫洞。假如我们能靠近虫洞的一个洞口，我们会看到一个发光的球体，它就好像一个水晶球。电影《星际穿越》就栩栩如生地表现了这样一个虫洞。

因此，虫洞就是宇宙中相距遥远距离的两点间的一条假想的捷径，它是宇宙中的两个奇点联结而形成的。虫洞形成后，就一定会有两个洞口，两个洞口通过超空间的隧道相连，这个隧道可长可短。比如说，一个洞口在地球附近，一个洞口在 26 光年外的织女星附近，但虫洞的时空隧道很可能只有 1000 米长，假如我们从地球附近的洞口走进隧道，只要经过 1000 米，就能到达另一个洞口，也就是 26 光年之外的织女星。

不过，问题在于，索恩之前的研究结论都指出，虫洞即便能够形成，存在的时间也极其短暂，短暂到一瞬间，也就是几分之一秒甚至更短的时间，联结就断了。任何企图在虫洞打开的短暂时间里穿过去的事物，都将在虫洞关闭时被捕获，随它自身一起消失在最后的奇点。

此外，还有一条怀疑虫洞是否真实存在的理由，那就是，任何已知的天体或者宇宙事件，都没有自然演化出虫洞的可能。在这一点上，黑洞就很不一样。虽然黑洞一开始也是只存在于理论中，但是广义相对论能推演出一颗大质量的恒星最终会演化成一个黑洞。但是，不管是恒星的演化、黑洞的碰撞，还是白矮星、中子星的碰撞等等，都没有办法自然演化出形成虫洞的那种"奇点"。

所以，连虫洞是否能够真实存在都是非常值得怀疑的，更不要说利用虫洞来制造时间机器了。

不过，当索恩的好朋友卡尔·萨根提出请求，希望找到一个至少在科学原理上说得通的时间机器时，索恩开动了脑筋，做起了计算。在完成了两页纸的计算后，他发现，虫洞能够稳定存在的关键是一种名叫"负能量"的物质，假如宇宙中存在这种物质，那么就有可能制造出一个稳定的虫洞。

你可能会疑惑：能量难道还可以是负的吗？这倒是真的可以，而且还有实验证明负能量是有可能存在的。

为了让你理解负能量，我们要先回到能量为零的定义。物理学中，科学家们把真空包含的能量大小定义为零。这有点像海拔的定义，海平面为零海拔，但是不意味着不能比海平面更低了，海平面以下就是负海拔。同理，如果某种能量比真空包含的能量还低，就是负能量。

那在什么情况下，能量能比真空包含的能量更低呢？这种情况是有的，而且负能量先是被量子力学预言了存在，而后又被实验证实。这事是这样的：

量子力学预言，真空中充满了量子涨落。什么意思呢？就是说真空中充满正负电子对，然后正负电子对又会互相碰撞、湮灭。大家知道，正负电子撞击是会产生能量的，但系统的总能量需要守恒，因此，在正负电子对产生的那个瞬间，系统的总能量就是负的，然后正负电子对撞产生的正能量和负能量大小相等，系统的总能量依然守恒。这相当于正负电子对先向真空借了能量，然后马上又归还。这个预言能用实验验证吗？答案是可以的。

比如大名鼎鼎的卡西米尔效应。如果我们让两块平行的金属板互相靠得很近很近，让它们之间保持真空，这两块金属板就能被检测到有极其微弱的互相吸引的效应，这就说明两块金属板之间的真空产生了负能量，而这种负能量让两块金属板互相吸引。

另外，我们还知道，根据爱因斯坦的质能方程，能量和质量实际上是同一样事物的不同表现形式，那么，由负能量的概念也就能引申出负质量的概念。

因此，基普·索恩所说的那种包含负能量的物质也是包含负质量的物质。索恩给这种物质起了一个很符合科幻小说风格的名称——奇异物。

索恩的计算表明，如果我们能制造出奇异物，然后把这种奇异物填充到虫洞中，虫洞的洞壁就能被撑开，且保持稳定。

好了，现在维持虫洞的科学理论算是有了，物理学界虽然还无法证明奇异物是存在的，但也没有发现哪条物理法则否认奇异物的存在。

接下来还有更关键的问题：怎么制造一个虫洞呢？在维持虫洞之前，我们总要先制造出一个虫洞吧。

索恩提出了两种方法，一种是量子方法，一种是经典方法。

我们先来说量子方法。

假如我们有一台超级显微镜，你随便找个空间放大，当放大到 1 亿倍左右，你差不多就能看清分子、原子了，再放大 1000 倍，差不多就能看到原子核了。但是，我们的目标还远远没有达到，我们还需要再放大 100 亿亿倍，也就是在接近 10^{-32} 厘米这个尺度时，我们会看到空间开始卷曲缠绕，起先是很缓和的，但如果继续放大，就会看到越来越多的卷曲缠绕。这就好比你凑近看一壶烧开的水，凑得越近，能看到的翻滚的气泡就越多。当我们在普朗克尺度，也就是大约 10^{-33} 厘米这个尺度看空间时，空间会变成一团具有概率的量子泡沫。而这些量子泡沫有大约 0.4% 的概率会瞬间产生虫洞又消失。你别问我为啥是 0.4%、怎么计算出来的，反正索恩在《黑洞与时间弯曲》这本书中就是这么写的，我只是把一位获得了诺贝尔奖的物理学家的观点讲给你听而已。

然后，请假想我们拥有无限发达的技术，我们可以抓住一个虫洞，然后把它放大到经典尺度，这样我们就制造出了一个宏观大小的虫洞。至于用什么技术可以抓住并放大虫洞，索恩当然也不知道，但这并不违背已知的物理法则。

说完了量子方法，我们再来说经典方法。

第一步：在曲率空间上凿出一个洞。

第二步：洞外的空间会在超空间中缓慢产生褶皱、折叠。

第三步：在那个洞的尖端再凿一个洞，在洞下面的空间也凿一个洞，然后将两个洞的边缘"缝合"起来。

这下大功告成。听不懂对吧？是的，我也听不懂。

我只知道，谁都不知道用什么技术能实现这个方法，在量子引力理论被完善之前，我们甚至不知道这个设想是否会被物理法则推翻，但在当前的人类理论中，它并没有违反广义相对论。

虫洞制造出来之后，把奇异物填充进去，就能维持虫洞的稳定。

以上就是基普·索恩提出的时间机器制造原理。但我必须说明的是，按照索恩自己的标准，这是一种科学猜想，通俗地说就是科幻概念，并不是严肃的物理理论，它与钱学森写的《星际航行概论》可是完全不同的东西，大家千万不要搞混了。因此，这一节内容对科幻作者的帮助最大，我们也可以把它当作茶余饭后的谈资，但是，各位读者朋友，不要太当真，一认真就走偏了。

但无论如何，这还是令我们感到神奇，物理学家居然真的搞出了一套回到过去的理论。但问题是，所有回到过去的假说依然都绕不过祖母悖论。

祖母悖论是一类逻辑矛盾的总称，有一个最变态的悖论方案是，你在未来给自己做了变性手术，然后回去找到自己，和原来的自己生下了自己。我真是服了想出这个逻辑悖论的人。但是，这些悖论又该如何解决呢？物理学家们研究广义相对论，确实用严谨的数学方法论证出了时空圈环的可能性，但是祖母悖论显然又在挑战我们的常识，没有人能接受祖母悖论真的发生。

现代的物理学家们为此争论不休，想出了各种各样的解决方案来避免逻辑悖论的发生，有代表性的解决方案有这么几种：

第一种，叫作自由意志丧失说。物理学家说所有该发生的历史都已经发生了，你不可能改变历史，所以一旦你回到过去，你就会丧失自由意志，完全被历史控制，你无法改变任何一丁点历史。

第二种，叫作时空交错说。物理学家说你确实可以回到过去，但是你回到的那个时空和真实的历史时空是平行的，永远不可能相交，你可以看见历史，但不能影响历史。这个我听懂了，不就是说"只能看，不能摸"嘛。

第三种，叫作多历史说。这个理论首先是由一个叫休·埃弗里特（Hugh Everett III，1930—1982）的美国物理学家提出来的，他说历史不止一个，你可以回去杀死你的祖母，你也可以回去干任何事情，甚至是杀死罗斯福让希特勒取得胜利，什么都可以干。但是请记住，你影响的那个历史和我们所在的这个世界的历史不是同一个。换句话说，当你干下了任何改变历史的事情时，世界就分裂成了两个世界，在我所在的这个世界中希特勒倒台了，在你所在的那个世界中希特勒最后取得了胜利。说老实话，这个理论真够疯狂的，为了让时间旅行合理，动不动就克隆出无数个世界出来。但恰恰是最后这个看起来最疯狂的理论，得到了最多物理学家的支持，包括像霍金这样的大科学家也支持该理论［霍金《大设计》(*The Grand Design*)］，这就是现在大热的"平行宇宙"说。

难道物理学家都疯了吗？这世界有这么疯狂吗，怎么会去相信一个听起来如此不靠谱的理论呢？这是有原因的。因为在过去几十年中，随着物理学家们对量子物理的深入研究——所谓的量子物理，就是研究比针尖还小几万万万（至少还得打好几个万）亿倍的基本粒子的行为的物理学。物理学家们越来越发现这个世界真是不可思议，很多微观世界的现象只能用一些听起来很唯心的、很夸张的、很疯狂的理论去解释，否则按常理的话怎么也说不通，包括这个多历史的现象，似乎在微观世界中它每时每刻都在发生着。关于量子物理的话题我们在第9章还得再简单地讲一讲，但也只能简单地讲讲，如果真要说开的话，本书就要比现在厚一倍了。

你可能也看出来了，以我们人类现在的技术是不可能达到时间旅行的。要扭曲时空就必须有巨大的引力，要产生引力就要有巨大的质量，而质量和能量又是可以互相转换的，所以归根结底要有巨大的能量。美国著名物理学家和科普作家加来道雄在他的《不可能的物理》(*Physics of the Impossible*)中曾经做了一个简单的计算，说："如果我们能把太阳一天放出的能量全部采集起来的话，可以打开一个只有几纳米大小的虫洞，这个虫洞最多只能允许你分解成无数原子通过后再在另外一头组装起来。"这个能量大约是多大呢？太阳 24 小时放出的能量大约是 10^{28} 千瓦时，2015 年全球消耗的能量大约是 10^{14} 千瓦时，两者相差了 10^{14} 倍，也就是 100 万亿倍，换句话说，太阳一天放出的能量就够地球使用 10 万亿年了。呜呼，看来实现时空旅行真是难啊。但你可能也会跟我一样想到这样一个问题，我们现在是没有能力制造时间机器，但是未来人呢？如果在遥远的未来有人造出了时间机器，那么那个人就有可能乘坐时间机器回到现在或者以前的时代。但是为什么我们从来没有见到这样的未来人呢？历史上也从未有未来人光临的记载。假设未来无限远的话，假设时间机器确实可以被造出来的话，那么概率再小也应该有未来人回来过了啊。有这个想法的人还真不少呢，2005 年，为了庆祝国际物理年，同时也是为了庆祝相对论诞生 100 周年，美国麻省理工学院举办了一场"时间旅行者大会"，主办方郑重地在报纸上刊登广告，邀请未来的时间旅行者光临会场，并且携带未来的物品作为证据。大会开了一天，确实来了很多"旅行者"，可惜没有一个能让人相信他就是"时间旅行者"。这些"旅行者"都辩称时间旅行只能"光着屁股"旅行，就像施瓦辛格扮演的终结者那样，所以没有信物。各位亲爱的读者，对于这件事，你们是相信还是不相信呢？

知识胶囊：莫比乌斯带和克莱因瓶

非常抱歉，前面出现了一个让你莫名其妙的名词——莫比乌斯带（图6-12）。不是我故意不解释，而是这个东西实在是太迷人了，我非得另起一段单独讲讲才觉得过瘾呢。莫比乌斯带，也经常被叫作莫比斯环，或者梅比乌斯带、麦比乌斯带等等，都是翻译带来的麻烦，它的英文名称是 Mobius Strip。这是诸多科幻小说、科幻电影中经常出现的一个神奇事物，它往往象征着时空穿梭（尽管时空穿梭和它其实没有关系）。它是以它的发现者莫比乌斯命名的，到现在也快有 200 年的历史了。

图 6-12：莫比乌斯带

　　看到没，上面这个就是莫比乌斯带，其实就是把一张纸条的一头拧半圈，然后和另一头粘起来，形成一个圈圈。但是你千万不要小看这个圈圈，这个圈圈有着许许多多迷人的特性。如果你在这个圈圈上跑步，你就可以一直往前跑，不用翻越任何边界就能跑过所有的面。如果你拿一支毛笔，沿着纸面只用一笔就可以把颜色涂满整个纸带。这个圈圈和我们平常认识的任何像手镯这样的圈圈不同，莫比乌斯带只有一个面，如果你沿着手镯表面的中线一刀剪下去，那么手镯就会一分为二，成为两个各自独立的手镯。但是神奇的是，如果你同样沿着莫比乌斯带的中线剪一圈，你会发现，这个莫比乌斯带不会一分为二，而是会成为一个更大的圈圈。然后你再沿着这个圈圈的中线剪开，你会神奇地发现这次剪出了互相嵌套在一起的两个圈圈。然后把两个圈圈再各自沿着中线剪开，又会变成互相嵌套的四个圈圈。这么剪下去永无止境，最后圈圈套圈圈，复杂得可以把你搞疯。你是不是很想去试试看了？别忙，它还有更有意思的特性。首先来跟我认识一下自然界中所谓的"左右手系"对称。想一下左右两只手套，这两只手套你怎么看都像是对称的，但问题是，如果你不把手套在空间中翻一个面的话，你永远也无法把左右两只手套完全重合地上下叠在一起，就好像你怎么也不能把左手手套在不翻过一面的情况下戴在自己的右手上。不过，如果你让一只左手手套沿着莫比乌斯带转刚好一圈（不是两圈），这只手套就会翻过一面成为一只右手手套，但是请千万记住，它的神奇之处就在于：如果手套有感觉的话，它根本不会发现自己其实被翻过了一个面，在它的感觉中，它只是沿着一个面不停运动，不知怎么就从左手系变成了右手系，再运动一圈又变回了左手系（图6-13）。这真是要命的感觉。

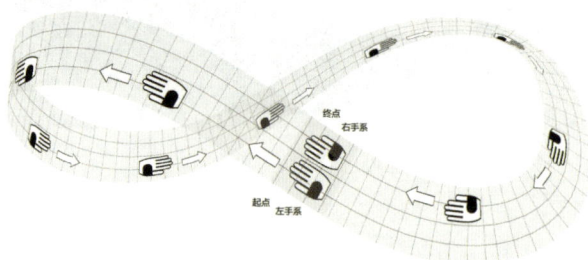

图 6-13：左手手套转一圈变成了右手手套

伽莫夫在他写的著名的科普经典《从一到无穷大》（*One Two Three...Infinity*）中就说，如果类似莫比乌斯带这样的结构也能出现在三维空间中，我们的鞋子制造商就会大为欣喜，他们只要生产左脚的鞋子，然后通过莫比乌斯空间传送带转一圈回来，就成了右脚的鞋子，想想真是太爽了。而一个人如果上了这个莫比乌斯空间传送带，转一圈回来则会发现自己的心脏跑到右边去了，这就让人不爽了。但问题是，二维的纸片做成的莫比乌斯带我们很好想象，那到底有没有三维的物体形成像莫比乌斯带这样神奇的左右手系互转的形状呢？答案是有的，1882 年德国数学家费利克斯·克莱因（Felix Klein，1849—1925）提出了一种以他的名字命名的模型，叫作"克莱因瓶"，见图6-14。

图 6-14：克莱因瓶

瞧瞧，就是这种极其怪异的瓶子（但这仅仅是克莱因瓶的近似样子，真正的克莱因瓶是没法直接做出来的，因为真正的克莱因瓶是不会互相穿过的，这需要一点空间扭曲的想象力）。你盯着它看3分钟，想象你在这个瓶子的表面跑步的情景，我保证你会越看越觉得神奇，越看越觉得不可思议，直到逻辑彻底混乱为止。好了，咱们别看瓶子了，继续看书。

星际殖民

关于时间旅行的话题我们就聊到这里。这个话题其实蛮有趣的，我建议你把我前面说的内容好好地看上三五遍，然后记下来，在喝茶、吃饭的间隙和朋友聊天的时候用自己的语言复述一遍，保证能让你大放异彩。本人就是经常这样大放异彩的，结局往往是话讲完了，菜也被别人吃完了。

讲完了时间旅行，我们该来说说同星际殖民有关的话题了。在《银河英雄传说》中，自由行星同盟的国父海尼森远征两万光年，去寻找适合人类居住的外星球。那么真正的星际旅行是可能发生的吗？会遇到什么样的事情？如果我们真的能在几十甚至几百光年（几万光年我是不敢想的）的范围内发现第二个、第三个地球，我们这些星际殖民者的日常生活和时空观念在相对论的理论下又该是怎样的呢？这类题材的科幻小说也不少，包括著名的《银河英雄传说》，但是小说中的很多事情都是不可能真实发生的，真实的世界可能会令人非常沮丧。让我们先从一堂令人沮丧的算术课开始这个话题吧。

同学们，如果我们要到太阳系以外的地方去殖民，首先我们至少要飞往一个恒星系。只有在恒星的附近才有可能出现适宜人类居住的星球，恒星就是那颗星球的太阳，给它温暖和能量，如果没有恒星，那么在黑漆漆的宇宙中我们肯定会冻死。让我们仰观苍穹，看看满天的星星离地球有多远吧。天文学家早就发现，除了太阳，离地球最近的一颗恒星叫作比邻星（半人马座 α 星 C），离我们的时空距离大约是 4.25 光年，所谓光年就是光跑一年走过的距离。光年这个单位，你小的时候看到时可能会认为它是一个时间单位，长大后懂得多一点了，才知道它是一个距离单位。有了时空的概念以后，我们才发现光年这个单位其实是时空单位。在宇宙空间中，因为时空的不平坦性，你是没法用千米去定义距离的，只能用光年来定义时空距离，你可以把它看成距离单位，把它看成时间单位问题也不大，时间和空间已经成为一个整体，不分你我。总之，即使是离我们最近的恒星，听上去离我们也是非常遥远的，光都要走 4.25 年嘛。同学们，现在我们来做一些简单的数学计算，看看这颗比邻星离我们到底有多远。以人类目前掌握的技术而言，最快的载人宇宙飞船能飞多快呢？即使是按照最乐观的估计，大概也只能达到光速的万分之一。来，算算看，它飞到比邻星得多少年？没错，是 4.25 万年。"有没有搞错？！"你惊呼一声，"我以为人类的宇宙飞船已经够快了，没想到那么慢啊。"抱歉，我这还是给足了人类面子了，阿波罗登月飞船飞到月球差不多用了 4 天时间，我已经让人类最快的宇宙飞船飞到月球的时间减少到 3 小时了，而且我还忽略了加速和减速的时间（这大概还要耗掉 200 年呢）。看来，以人类目前的技术实力，飞往比邻星是没戏了，4.25 万年，先不用说人类的寿命问题，就算你能在飞船上生儿育女，一代代地延续，也没有任何机器设备能工作那么久的时间，金属也会疲劳。

看来必须提升飞船的速度。那么你们觉得至少要达到什么速度才有可能进行星际殖民呢？掐指一算，可能得出的结果是最低速度怎么着也得达到光速的十分之一才行，也就是 $0.1c$，这样我们飞到最近的比邻星就只需要 42.5 年了。我们且不谈把速度从光速的万分之一提到光速的十分之一的技术难度有多高，我们今天只是一堂算术课。现在的假想听起来貌似靠谱，从地球出发，算上加速和减速的时间，飞 50 年到达目的地，到了以后发个电报回来告知情况，地球用 4 年多收到电报。这样的话，如果我有幸能在 30 岁的时候到 NASA（美国国家航空航天局）参与这个伟大的比邻星探索计划，那么我在 84 岁的时候就有望听到从比邻星那边传回来的消息。这总算是马马虎虎还能接受的，在我有生之年有希望知道实验结果的情况。

但是，同学们啊，千万别忘了，现在我们说的只是离地球最近的比邻星，我们的目的可是要寻找适合人类居住的星球，并不只是到别的恒星系中看看风景。遗憾的是，在比邻星系很可能找不到任何宜居的行星，去了也是白去。按照现在天文学家的估计，我们离最近的宜居行星大概至少有 50 光年的距离。（注：本文第一版于 2010 年写作时，人类仅发现了很少的几颗候选的系外宜居行星。最近这十多年，被发现的系外宜居行星越来越多，甚至在离地球最近的比邻星系也发现了一颗候选行星。）这也就意味着，我们即便达到了 0.1c 的速度，飞过去至少也要花 500 年的时间。并且，随着最大速度的增加，加速减速需要消耗的时间也会迅速上升，要达到 0.1c 的速度，加速减速所需要的时间可能要占到总飞行时间的一半。显然，人类不可能到来回飞一趟要 1000 年的地方去拓展殖民地，就好像你不能指望原始人靠游泳从欧洲去美洲新大陆拓展殖民地一样。这个速度还是不够，还得提升。那你觉得，以 50 光年为标准考量的话，我们的速度至少要达到多少才有可能进行星际殖民呢？

你心里会想，这可能需要反算一下，也就是我们先设定多少年能飞到的心理预期，然后再反推要达到的速度。经过一番挣扎，你可能会想，好吧，不管怎样，只要我在到达目的地后，能让我的亲人在有生之年知道我活着到达就可以了。但是我将非常遗憾地告诉你，不管我们怎么努力，哪怕我们的星际飞行速度能无限接近光速，你的这个朴素的愿望还是无法实现，你的亲人也不可能在有生之年得到你的消息。理由很简单，假设 50 光年外的那颗星球叫作"奥丁"（《银河英雄传说》中银河帝国的首都星），你首先至少要用 50 年的时间飞到奥丁星，到达以后往回发一封电报，这封电报也需要 50 年的时间到达地球，你在地球上的亲人从你出发那天起最少也要等 100 年才能等到这封报平安的电报。

这确实是一堂令人沮丧的算术课。看来，要想星际移民，你出发的那天就是你和所有亲人永别的一天；对你的亲人来说，你不但一去不复返，而且这一去就杳无音信，他们一生也得不到你平安抵达的消息。

　　但是，如果我们的飞船速度能在很短的时间内加速到无限接近光速（虽然凭今天的技术这还是无法想象的，甚至连理论上的可能性都没有），对于作为星际旅行者的你来说，情况就要乐观得多，50光年的距离对你来说就像是在地球上做了一次长途旅行而已。根据时空中运动速度恒定的原理，你在空间中的运动速度会分走你在时间中运动的速度，换句话说，你飞得越快，你的时间流逝得越慢。假设你以0.99999c的速度飞向50光年外的奥丁星的话，你自己感觉仅仅用81天就抵达了，而你在地球上的亲人则已经老了50岁，我们用图6-15来表现这个概念。

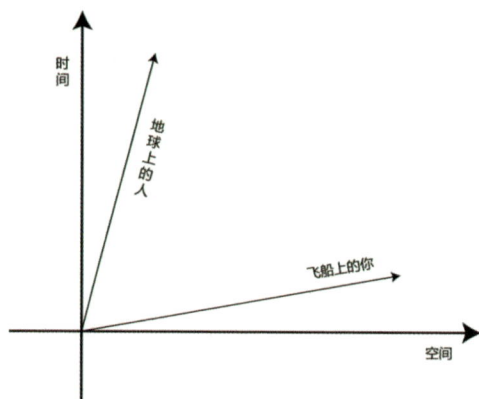

图6-15：地球上的人和星际飞船上的你在时空中运动

　　在这张图中，大家都以奥丁星为参照物，地球上的人在时间中运动得很快（接近光速），但是在空间中运动得很慢；而星际飞船上的你则恰恰相反，你在时间中运动得很慢，但是在空间中运动得飞快（接近光速）。所以，你自己感觉没有用多少时间就从地球飞过来了，但与此同时，地球上的时间却在飞速地流逝。

　　沿着上面这个思路，我们可以得出一个推论：如果地球和奥丁星的时空距离是50光年的话，那么就意味着他们的时间距离至少为50年，也就是说，这两颗星球的人想要发生任何相互接触，不管是通信还是旅行，这个50年的差距都是不可逾越的。我们现在假设你供职于地球上的一家公司，公司派你去奥丁的分公司出差，你坐上星际飞船到达奥丁，办了几天公事再回到地球，尽管你自己觉得只用了几个月的时间甚至更短，但是地球上已经过去了100多年，你的老板早就过世了，你供职的这家公司是否还存在也很难说了。因此，在星际殖民时代，恐怕不会发生派人去别的星球出差办点事再回来这种事情，虽然这样的情节在星际殖民题材的科幻作品中比比皆是（比如电影《阿凡达》）。

那么我们再来看看，在星际殖民时代的约会又会有哪些特点呢？你和你的朋友都在地球上，有一天你们心血来潮相约要到奥丁星见面，比如说你们约定在一年后的今天见面，然后分手各自准备去了。我提醒你们注意，千万不要以自己的手表为基准，哪怕你们分手的时候对表对得再精确也没用。你们必须非常精确地算准你们的时空坐标，特别要注意时空运动速度恒定这条铁律，要各自小心翼翼地算好自己的空间运动速度会如何影响时间运动速度，否则将要发生的可就不是一个人早到一会儿等着另外一个人飞过来这么简单了，很可能发生这种情形：先到的一个人苦苦等待一生，老得牙齿都快掉光了才终于见到了活蹦乱跳的另外一个人。

在星际旅行时代，两个人的年龄再也无法处于一种稳定的状态了。拿《银河英雄传说》里面的故事来说，情节会变成这样：米达麦亚和罗严塔尔奉命去星际空间打击海盗，这两个人指挥着各自的战舰出发了。由于战事激烈，他们在广袤的太空中作战，经常要变换自己飞船的速度，而且偶尔能在太空中会合一下，互相见见面。于是在这些日子里，他们会对每次见面相隔的时间产生截然不同的意见，米达麦亚觉得隔了好几个月才遇上罗严塔尔，而罗严塔尔却说他们昨天才刚刚见过面。下一次见面的时候，米达麦亚觉得也就过了不到一个礼拜，但是罗严塔尔坚称至少已过去了三个月。这哥俩每见一次面就争吵一次。他们都得特别小心地控制自己飞船的速度，万一速度太快了，等他们回到奥丁的时候，他们的司令官莱因哈特都要过世很多年了。

　　因此，在星际殖民时代，必须建立宇宙历、宇宙标准时和统一的时空坐标参照系。好在咱们的银河系有一个好处，那就是所有的恒星基本处在相对静止的状态。我们地球和奥丁星之间的相对运动速度应该是很小的，并且我们不妨假设人在奥丁星和在地球上所受到的引力大小基本相当。这个应当很好理解，人类不会习惯在一个能使自己的体重突然增加或者减轻很多的地方长期生活，引力总归还是要在一个人能基本适应的范围内的，而引力的大小对于时空弯曲来说是可以忽略不计的。

　　所以，如果真到了那个在奥丁星殖民的时代，地奥联邦政府可能会同意我的建议，把地球和奥丁星看成一个大的参考系，这个参考系跨越了 50 光年的时空，在 50 光年的范围内建立时空坐标。以新的宇宙历法规则通过的那天零时为银河纪年元年，仍以一个地球日和一个地球年作为标准宇宙历法的标准日和标准年，在银河纪元元年的零时零分启动一只精心调快过的原子钟，然后把这只原子钟放上星际飞船，以接近光速的速度带到奥丁星，到达以后再把原子钟的频率调节成跟在地球上时的一样。于是我们会看到，在奥丁星上的宇宙历生效的那个时刻，原子钟显示的时间可能已经是：银河纪年 50 年 2 月 21 日 9 时 13 分 10 秒。因此，奥丁星上的宇宙标准历和标准时的时间是直接从 50 年后开始的，而不是像地球一样从元年开始。当然，奥丁星上的人必然还是要根据自己星球的自转和公转时间（奥丁星不一定有卫星，所以可能没有月份的概念）制定自己的地方时，以便生活。

　　所以，奥丁星上的手表一般都要显示两个时间，一个是标准宇宙历的时间，另一个是奥丁历的时间。这些手表还得有一个特殊功能，那就是登上星际飞船后，可以根据星际飞船的飞行速度调节手表的频率，飞得越快，表的频率就得跟着调得越高。

　　假想一下你在星际飞船上看着时间飞快地跳动，一年一年就在你的眼前像走马灯一样流逝，你会产生一种什么样的感觉呢？最要命的是，这些走马灯般的时间流逝并不是幻觉，而是实实在在地发生在地球和奥丁星上的真实的时间流逝。地奥联邦政府还有一条不得不颁布的法令，那就是所有星际飞船上的调快时间频率的行为都必须详细记录在案，调快频率后流逝的时间不能算作年龄的增长。如果不颁布这条法令，那么这个世界的伦理就要彻底混乱了，人们再也搞不清楚谁的年龄大了。

以上这些就是最粗略的星际殖民时代的时间观念。对于那些要登上星际飞船的人来说，他们必须做好十足的心理准备，因为登上飞船的那个时刻就是他们真正告别过去、奔向未来的时刻。星际飞船是一艘真正的时间机器，只不过这部时间机器只能把人带向未来而无法返回过去。一旦登上了星际飞船，那么过去的一切就将过去，对于过去的一切亲朋好友来说，你死了，而对你自己来说，亲朋好友们都死了，因为你们此生再也不可能相见了。当亲朋好友们向你挥手道别，看着你登上星际飞船时，那心情就跟看着你走入棺材是一模一样的。各位亲爱的读者，我很想知道，此时此刻的你对于星际殖民时代是感到兴奋还是沮丧呢？你是否感觉到过去看的很多此类题材的科幻小说和科幻电影都有一点点变味了呢？

星际贸易

如果你刚好是感到沮丧的那大多数人，那么接下来我将告诉你一个让你感到振奋的好消息，那就是虽然你告别了过去，奔向了未来，看起来你抛弃了一切，可是你完全可能瞬间拥有巨大的财富。此话怎讲？想象一下，如果你在出发去奥丁前，把自己所有的积蓄拿出来，虽然只有很可怜的 1 万块钱，你咬咬牙买了一个年化收益率为 8% 的理财产品，并且约定到期后每年都把本金加利息一起继续投资，然后，你飞向奥丁星，并且在奥丁星逗留了几天又坐飞船返回了地球。此时对于你来说，地球上已经过去了 100 年，你知道你那 1 万块钱变成多少钱了吗？做一个简单的复利计算 1.08 的 100 次方就是你最后的本息合计数，别眨眼，结果是 2200 万元。这就是复利的力量，当然，地球不可能没有通货膨胀，我们就按年均 2% 来考虑，结果是你在 100 年后拥有了相当于 300 多万元的实际购买力，你从一贫如洗的无产阶级一下子就变成了百万富翁。还有更爽的，如果你努力一点，找到了一个年化收益率为 10% 的理财产品（这并非不可能），年化收益率多了 2%，看起来只多了一点，但是 100 年后，你的 1 万块钱变成多少了呢？是 1902 万元，你都不敢相信自己的眼睛了吧，一下子又从百万富翁变成了千万富翁。"太好了，太好了！"你咬牙切齿地叫到："这星际飞船我是坐定了，哪怕是棺材，为了我的亿万富翁的梦想，我也非上不可了。"

你忽然明白了，原来利息是这么强大的一个东西啊，我们平时往银行里面存钱一年两年看不出啥来，但是没想到时间一长，这复利的力量还真是强大啊。那么既然你都意识到了利息的重要，对于往来于星际间做贸易的那些精明的商人，他们那更是算计得极其精确。

在你朴素的观念中，所谓的贸易嘛，不就是低买高卖嘛，我在深圳花 10 万元买了一批手机，到了北京 15 万元卖光，从中获利 5 万元，当然可能还要扣掉几千元的运输和所得税之类的成本。但总体来说，能不能赚钱的关键在于买卖的差价，差价越高，赚得越多，差价越小，则赚得越少。如果很不幸地跑到北京的时候手机的价格还跌破头入价了，你就等着赔钱吧。

在这个观念中，你不太会考虑钞票的"时间价值"，至少不会很在意。你一般不会去算计这笔钱如果不去做贸易，而放在银行中是不是会赚得更多。但是到了星际贸易时代，如果观念不改变，那可就要大大的吃亏了。想象一下有弟兄俩，同时登上了星际飞船从地球去奥丁，哥哥听说黄金的价格在奥丁比地球上贵 10 倍，哥哥一激动就把所有的 1 万块钱积蓄全部买了金条，准备带到奥丁去卖掉，大赚一笔。但是这个弟弟比较傻，经不住银行那些卖理财产品的销售的劝说，买了一个年化收益率 8% 的理财产品。俩人上了飞船后，哥哥就嘲笑弟弟太愚蠢了，放着 10 倍的差价不赚，居然去收那可怜兮兮的 8% 的利息。

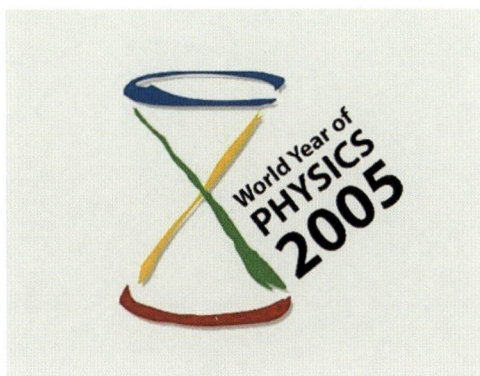

图 6-16：2005 年国际物理年标志

俩人飞到了奥丁，哥哥如愿以偿，1 万元变成了 10 万，他心满意足地和弟弟一起坐飞船回到地球。到了地球才发现，弟弟变成了百万富翁，他的 1 万元变成了 300 多万。

Chapter Seven

再谈四维时空

The Shape of Time

宇宙时空的终极图景

我们人人都生活在一个四维时空中，其中，空间有三个维度，时间是一个维度，我们在四维时空中的运动速度恒为光速。这是我们在上一章中了解到的内容。把三维的空间拓展到四维，这并不是爱因斯坦首先想出来的，而是他的大学老师，德国数学家赫尔曼·闵可夫斯基（Hermann Minkowski，1864—1909）首先提出的——应该把时间也作为一个维度与另外三个维度整合起来。在看到学生爱因斯坦的相对论之前，他就有了关于时间维度的初步想法，等看到相对论后，闵可夫斯基恍然大悟。数学大师不愧为数学大师，他很快（1907年）就在相对论的基础上建立起了闵可夫斯基时空的数学模型，爱因斯坦对此也敬佩不已。下面首先让我们来看看闵可夫斯基的四维时空是怎么回事，这可是一个相当有趣的模型。

图只能画在二维的平面上，在二维平面上表达三维的物体本就已经很困难了，还要学会透视法什么的，现在闵可夫斯基居然想在二维的平面上表达四维空间的运动，那真是需要具备超凡的勇气和智慧。闵可夫斯基是这么想的：运用二维上的透视法，最多只能画出三个维度的物体形象，这个是我没法改变的，现在我必须体现出时间这个维度，既然如此，我只好牺牲一个空间维度，让我们先把三维的空间压缩成二维的空间，这样我们就能在纸上把空间和时间尽可能地画在一起了。

于是，闵可夫斯基画出了这样一张时空图（图7-1）。

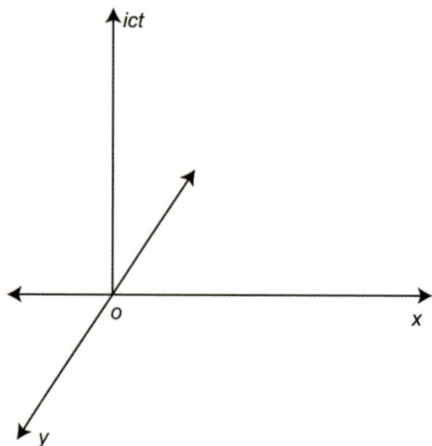

图 7-1: 闵可夫斯基四维时空基本图

我已经看到了你失望的眼神，你可能满心期待看到一张惊世骇俗的做梦也没想到过的神图，可是，眼前就是一张随便打开一本中学数学课本就能看到的图。各位，耐心点，真正精彩的大片往往都是从平淡的开头开始的。请先耐着性子听我解释一下，上面这张图的 x 轴和 y 轴表示空间坐标（把一个空间维度也就是 z 轴给忽略了），并且空间坐标是向两端延伸的，表示在空间中可以朝正反两个方向运动。竖着的这根轴表示的就是时间坐标（ict），为了让坐标系的单位统一，这根坐标轴的单位是光速 c 乘以时间 t，这样得到的就是跟空间坐标单位一样的距离单位了。那为什么前面还要加一个 i 呢？实际上这仅仅是闵可夫斯基为了体现这个维度不同于另外三个空间维度而人为增加的，在数学中，i 表示 -1 的平方根，也就是虚数，加一个 i 的好处就是既可以让这个维度看上去有所区别，又不影响具体的数学计算（i^2=-1，在相关计算中可以被消除）。换句话说，这个虚数仅仅是闵可夫斯基为了让单位看上去更舒服而人为加入的，并没有任何实际的物理意义。

闵可夫斯基四维时空坐标的要点是：（1）所有的坐标轴互相垂直；（2）坐标轴单位统一；（3）在表示时间维度的轴上只能朝一个方向运动。

接下来，我们的思维盛宴要开始慢慢"上菜"了。第一道菜：如果以地面为时空坐标原点，站在地面上不动的爱因斯坦，他的时空运动轨迹是怎样的？

先思考 5 秒钟，然后我们"上菜"（图 7-2）。

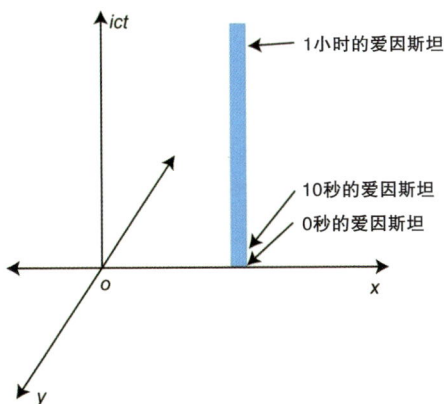

图 7-2：爱因斯坦在时空中的运动轨迹

爱因斯坦在时空中的运动轨迹是一条和时间轴平行的直线，他在空间中没有相对运动，但是在时间中运动，因此时空图如图 7-2 所示。应该很好理解对吧？闵可夫斯基把物体在时空中运动的轨迹称为"**世界线**"（World Line），把这条世界线上的每一个点称为"**世界点**"（World Point），请记住这两个名词，我们后面就直接用这两个名词来说事，可以节省很多笔墨。我想特别提醒各位读者注意，世界线是真实存在于我们生活的宇宙中的，你不能仅仅把它当作闵可夫斯基的"头脑风暴"练习，或者一种假想图。它是一个客观存在，就如同民航管理局绝不能忽视一架飞机在空间中的飞行轨迹一样（如果轨迹计算不精确，可是要撞机的），如果未来有一天成立了时空管理局，那么世界线就会如同现在的飞机飞行轨迹一样重要。

第二道菜：仍然是以地面为时空坐标原点，一列在地面上行驶的高铁，它在时空图中的世界线是怎样的？

你的脑子里面可能有答案了，我们"上菜"（图 7-3），看看是不是和你想的一样。

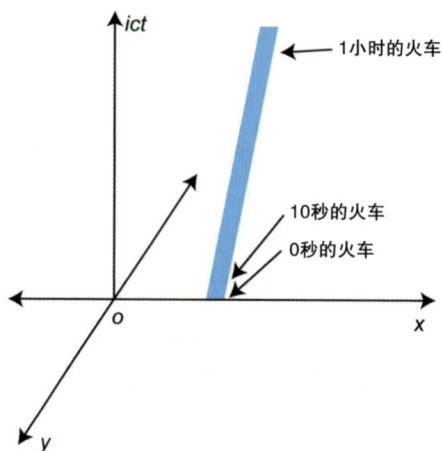

图 7-3：高铁运行时的世界线

　　高铁的世界线是一条斜线，因为它在时间维度中运动的同时，也在空间维度中运动，所以时空轨迹就是一条斜线。

　　第三道菜：这次如果以太阳为参照系，请分别画出地球和太阳的世界线。

　　这次的题目貌似难了一点，地球是绕着太阳做圆周运动的，它的世界线应该是怎样的呢？请看图 7-4。

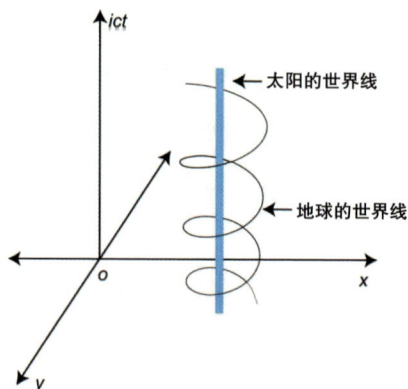

图 7-4：地球的世界线是一条螺旋线

地球的世界线就像是一条盘绕在太阳世界线上的蛟龙，蜿蜒而上，是一条规则的螺旋线。这次你可能要稍稍想一下才能理解，不过我相信这肯定难不倒你，这道菜你还是很轻松地就吃下去了。

第四道菜：以湖面为参照系，请画出一颗石子扔进湖水中产生的一个涟漪的世界线。

这道菜看来有点复杂，不知道该从哪里下筷子。别心急，让我来帮你一起画出涟漪的世界线（图7-5）。

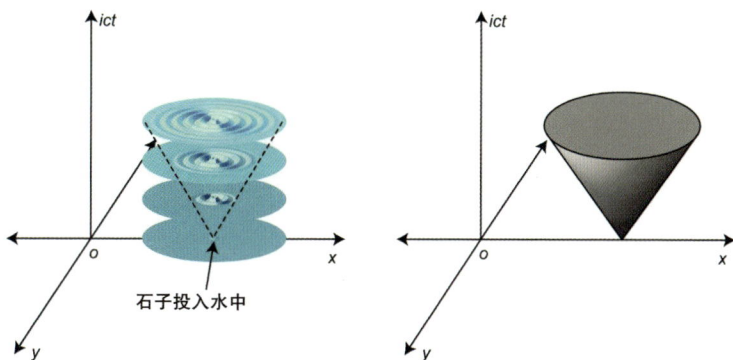

图 7-5：石子投入湖水，产生的一个涟漪的世界线是一个倒圆锥

湖水中的一个涟漪的世界线不再是一条"线"，因为涟漪无法再被看成一个"点"了，它的世界线实际上是一个倒放的圆锥体，随着时间的增加，体积不断增大。

第五道菜：以太阳为参考系，请画出太阳光的世界线。

真正的挑战来了，太阳发出的光不同于一个平面上的涟漪，太阳是一个球体，它向空间的四面八方发出光芒。把太阳想象成一个灯泡，在点亮的那个瞬间，它就会形成一个光球。这个光球在百万分之一秒时直径就达到了600米，一秒后直径就达到了60万千米，相当于地球直径的47倍，可以装下10万个地球。

这个光球不同于高铁和涟漪，它在空间的三个维度中都在运动，因此我们是不可能准确地在只有三个维度的时空图中画出它来的。但是如果我们忽略其中的一个空间维度的话，就会发现光球的扩散在二维平面上的投影和湖水的涟漪是一样的，随着时间的增加而不断地向四面八方扩散。于是，如果在忽略了一个空间维度的时空图中把它画出来的话，太阳光的世界线和涟漪的世界线是一样的，如图 7-6 所示。

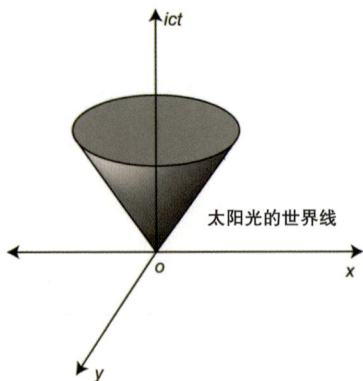

图 7-6：太阳光的世界线形成了一个圆锥体——光锥

这个由光形成的圆锥体，闵可夫斯基把它称为"光锥"。当然，真实的四维时空中的光锥是一个四维光锥（或者可以叫作超光锥），我们现在看到的只是它的三维近似形状，但是这个四维光锥的基本特点在上面这张图上的表现是基本准确的，随着时间的增加，光锥的体积迅速增大。

我们现在是用了一个会发光的太阳作为时空坐标原点，很容易地就画出了该时空坐标的光锥图。下面，重点来了，请一定听仔细：任何一个事件都可以当作时空坐标原点，不管这个事件会不会发光，我们都可以假想这个事件是发光的，那么就可以画出这个事件的光锥图，这个光锥被闵可夫斯基称为"事件的将来光锥"。什么叫事件？宇宙中发生的任何事情，小到一根针落地，大到太阳爆炸，一切的一切都可以被称为"事件"。

　　下面，闵可夫斯基为我们隆重献上第一道大菜，这是一个伟大而深刻的发现，它是狭义相对论的一个气势恢宏的推论，直接把我们的视野扩展到了全宇宙。闵可夫斯基在 1908 年的一次名为"时间与空间"的演讲中向世人大声宣布了他的这个发现：

　　"宇宙中的任何事件都只能影响在它的将来光锥内的物体，凡是在事件的将来光锥外的物体不会受该事件的任何影响。"

　　上面这句话有点长，有一个更文学化的版本是这么说的："光锥之内即命运。"请你仔细读一下，这是本章的第一个"惊雷"，高潮正在慢慢酝酿。可能你没有完全读懂，不妨借助图 7-7 来理解。

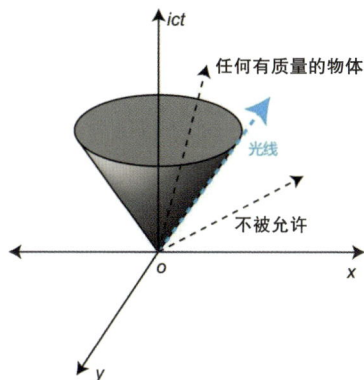

图 7-7 任何有质量的物体的世界线必在事件光锥之内

　　根据狭义相对论，任何有质量的物体的运动速度都不可能超过光速，因此事件的光锥是该事件能够影响到的最大的时空范围，凡是处于这个光锥之外的东西均不受影响。举个例子，如果此时此刻太阳突然熄灭了，由于我们在太阳熄火的头一秒钟仍然处在太阳熄火事件的光锥之外，所以这个事件不会对我们造成任何影响，我们也根本不可能知道这个事件，只有到 8 分钟后，事件光锥覆盖到了地球所在的位置时（图 7-8），该事件才会对我们产生影响。

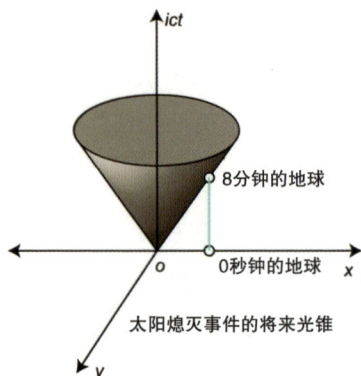

图 7-8：太阳熄灭事件的将来光锥在 8 分钟后和地球的世界线接触

千万不要小看这个发现的意义，这是对宇宙规律的认识最深刻的发现之一。这个发现告诉我们宇宙是一个"定域"的宇宙，也就是说，任何一个事件能影响到的时空范围是有大小的，不但有大小，而且大小还是一个固定的圆锥体。注意我的用词，我说的是时空范围，并不是空间范围，所以我已经把时间增大及光锥体积增大的情景一并说了。

那么请大家再往下深想一步，既然现在发生的任何事件对将来的影响是"定域"的，那么过去发生的事情对现在的影响必然也是"定域"的。既然有了事件的将来光锥，那么同样也应该有事件的过去光锥，过去光锥代表的是过去发生的事件对现在的影响，如图 7-9 所示。

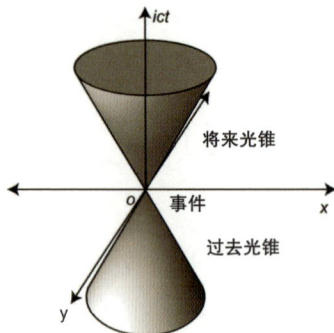

图 7-9：事件的过去光锥和将来光锥

事件的过去光锥刚好是把将来光锥倒过来放置，形成一个沙漏的形状。这个不难理解，打个比方，只有 8 分钟前的太阳熄灭事件会影响到现在的我，2 分钟前的熄灭事件不可能影响到现在的我。

这下你明白国际物理年，同时也是纪念相对论诞生 100 周年的标志的含义了吗？

它就是一个抽象的事件光锥的全貌，喻示着物理学的过去与未来。这个事件光锥与 *E* 一样都是相对论的标志性象征，它蕴含着深邃的宇宙奥义，足够你我用一生去慢慢回味。

闵可夫斯基的关于四维时空图和事件光锥的发现深深震撼了爱因斯坦，但同时他们两人心里都明白，这事肯定还没完。宇宙的奥义只是刚刚露出了冰山一角，四维时空图也只是一幅刚刚展开一点点的卷轴，这幅卷轴全部展开后，到底会在人类的面前呈现怎样的一幅全景图呢？闵可夫斯基和爱因斯坦都怀着深深的好奇，他们都迫不及待地想要一览卷轴中的秘密。这一年闵可夫斯基 44 岁，爱因斯坦 29 岁，他们一个沿着数学的思路，一个沿着物理的思路，继续发掘时空图中隐藏的秘密。

第二年圣诞节刚过，天气异常寒冷，闵可夫斯基和两个不满 10 岁的可爱女儿亲吻道晚安，看着她们甜甜地进入梦乡，然后，他转身回到自己的书房，点亮台灯，迫不及待地开始了演算。最近他正为一些新的发现和计算结果感到兴奋不已，他觉得自己已经快要解决狭义相对论的缺憾，也就是狭义相对论不能包含非惯性系的问题了。突然，他感到中腹隐隐有疼痛感。闵可夫斯基并没有特别在意，他想可能是自己吃坏了肚子，没事，挺一挺就过去了。但是中腹的疼痛很快开始向右下腹转移，而且越来越剧烈，没多久就疼得他掉下了大颗大颗的汗珠。他发出一声惨叫，妻子闻声跑过来，看到此情景吓坏了，立即把闵可夫斯基送往医院，但闵可夫斯基最终抢救无效，去世了。科学界的一位重量级人物在正值创作力巅峰的时候突然殒落，实在让人感到万分遗憾。夺去闵可夫斯基生命的病症其实就是在今天看来毫不起眼的急性阑尾炎，切除阑尾只是现代外科手术中十分简单的一个，任何一个乡镇医院的外科医生都会做，然而它却夺去了闵可夫斯基的生命。若不是闵可夫斯基意外身亡，第一个完整地打开卷轴、看到宇宙时空终极图景的人很可能就不是爱因斯坦而是闵可夫斯基了。

闵可夫斯基死后，他生前的挚友大卫·希尔伯特整理了闵可夫斯基的遗作，并且结集出版。爱因斯坦在看到闵可夫斯基的遗作后深受启发，最终一个人独立完成了广义相对论。广义相对论发现了时空弯曲这个惊人的事实，然后爱因斯坦又从数学的角度推断出宇宙要么膨胀要么收缩，最后由美国天文学家哈勃证实我们的宇宙正在快速膨胀，人类从而开始认识到宇宙是有一个开始的，很可能开始于一次恢宏的宇宙大爆炸。这些是我们在第 5 章的最后已经了解过的内容，在这里重提此事，是因为它事关时空的终极图景。下面就让我来为你打开卷轴，让我们一览这个宇宙时空的终极图像。这是以爱因斯坦为首的广义相对论学者们和天文学家们苦苦追寻了几十年的，他们日思夜想、梦寐以求的图像（图 7-10）。

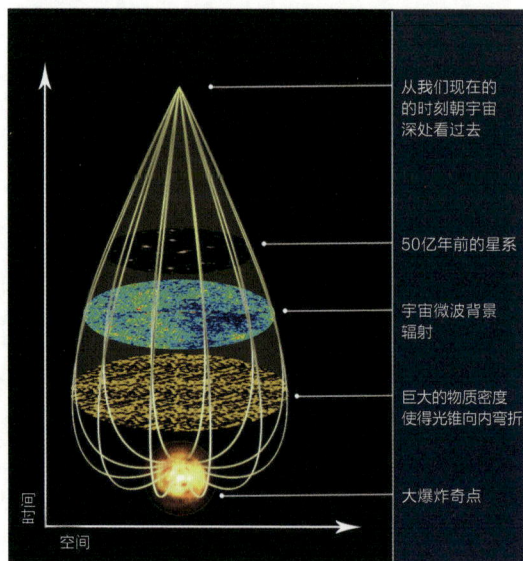

图 7-10：我们所在的宇宙时空的终极图像

这就是我们所在的这个浩瀚宇宙从最初到现在的整个时空的终极图像。宇宙的未来还未发生，我们不敢妄言它的图像是什么样的。现在请你跟我一起闭上眼睛，让我们一同想象一个场景：你站在星空下，朝着宇宙的任何一个方向望去，你看到的既是浩茫的空间，也是深远的时间，天上星星发出的光芒跨越了漫长的时空到达了地球。我们看得越远，看到的景象就是越早的。每当我们仰望星空，看到的其实就是宇宙的历史。这个终极的宇宙时空图景看上去像什么呢？是不是很像一颗坚果呢？比如一颗瓜子、一颗松子、一颗榛子。霍金为他的第二本科普巨著取名为《果壳中的宇宙》，他自己说书名引自《哈姆雷特》中的一句台词。然而每当我看到这幅宇宙时空图，总不禁感到，宇宙过去的时空也正像一颗坚果的外壳，包裹着宇宙万物。从这个角度讲我们的宇宙是一个"果壳中的宇宙"，似乎也很贴切。

神奇的四维

本章的内容就像是一首古典交响乐，由平静的序曲开始，逐渐进入主题，然后达到高潮。现在本章的高潮已经来临，让我们一同来继续领略四维时空的奇景。

我们每个人都已经习惯了周围三维的世界，所有的物体都有长、宽、高的基本属性，我们也很清楚二维平面的图景，一幅画就是二维的，而一根线就是一维的。可是我们却怎么也想象不出四维的物体长什么样、有什么特性。一个三维空间的正方体，我们很容易想象出它的样子，可是一个四维的正方体，我们称之为超正方体，或者一个超圆锥体、超圆柱体、超金字塔，你能想象出它们的样子吗？这似乎已经在开始挑战我们的想象力极限了，但是不要怕，让我帮助你一步步地把四维物体的形象建立起来，我们从研究超正方体开始这段思维之旅。

我们先不用急于直接把超正方体的形象想出来，让我们先来研究一下维度之间的关系。每多一个维度意味着什么，会带来哪些变化呢？

让我们先从一维的世界开始。如果这个世界是一维的话，那么这个世界的生物都是一条线段（图 7-11），只有长度，没有高度和宽度。它们的头尾各有一只眼睛，它们可以在 x 轴方向上左右移动，但是永远也无法超越前面的"人"，要与不相邻的一个"人"打声招呼都是不可能的，更不要说与别的同伴见面了。它们只能通过与其相邻的"人"传话过去。一维生物的交流永远只能是报数，一个挨一个地报过去。

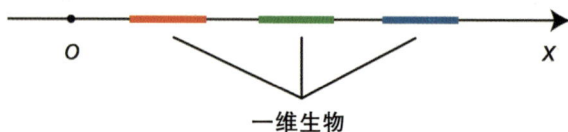

图 7-11：在一维世界中万物都是一根线段

这个一维世界是一个狭窄得让人窒息的世界，在这个世界中自然不可能有任何形状的概念，一切都是线段。那么如果突然有一天，一条一维的线段获得了朝另外一个维度，也就是朝 y 轴方向运动的能力，那么它的运动轨迹会变成什么呢？让我们画个图（图 7-12）来研究一下。

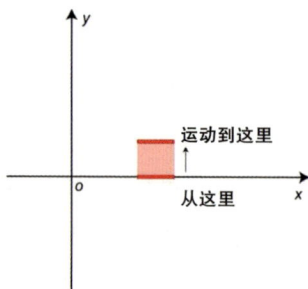

图 7-12：一条一维的线段朝 y 轴方向运动一段距离后，轨迹形成一个矩形

一维线段只有 2 个顶点和 1 条边，它在二维方向运动一段距离后，2 个顶点就多了一倍，变成了 4 个。我们把 2 个顶点运动前后的位置用线连起来，于是我们看到轨迹就形成了一个正方形，这个正方形有 4 个顶点和 4 条边。一旦从一维的世界拓展到了二维的世界，整个天地豁然开朗，世界从一条只有长度没有高度的"线"突然变成了一幅"画"。在这个二维世界中，"人"可以任意游走和穿行，可以跨过相邻的同伴直接与别的同伴见面。如果一维生物能感知世界的话，它们会被眼前的奇景震撼，它们做梦也想不到居然可以有如此宽广的天地，天地开阔了岂止两倍，并且在这个二维世界里面的物体再也不是只有长度区别的一条条线段了，它们可以拥有如此复杂多变的形状，形状的种类之多简直是无穷无尽。一个一维诗人在看到了二维世界的奇观后，带着他奇特的口音由衷地吟出这样的"诗句"："嘛（什么）叫宽广，界（这）就叫宽广。"

然后，突然有一天，一个二维的正方形获得了在另外一个维度，也就是在 z 轴运动的能力，那么它的运动轨迹又会变成什么？请看图 7-13。

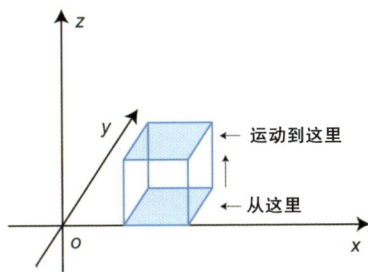

图 7-13：二维正方形朝第三个维度运动一定的距离后形成正方体

我们看到，一个二维的正方形在第三维方向运动一段距离后，原来的 4 个顶点翻了一倍，在新的位置又形成了 4 个顶点。于是我们还是用老方法，把顶点在运动前后的位置连起来，于是形成了 8 个顶点和 12 条边（正方形本来有 4 条边，运动后在新位置又有 4 条边，然后顶点连线再形成新的 4 条边，加起来刚好是 12 条边）的一个正方体。这个世界从二维的"画"变成了三维的空间，天地开阔了岂止百倍。如果生活在"画"上的二维生物突然来到了这个三维世界，它再回看自己曾经生活过的二维世界的话，你觉得它会怎么想？它必定会为眼前的景象所震惊，旧有的世界观一去不复返：原来我们以前所在的那个世界是如此狭窄得令人窒息啊；原来我们认为的牢不可破的监狱根本无法关住犯人，一个犯人如果跟我现在一样能在第三维运动，它只要轻轻一跨，就能在看守们做梦也想不到的地方越狱了；原来我们以前所在的那个二维世界的保险箱是如此不保险，从我现在所在的三维的角度看过去，一切都不再是保密的，保险箱内的东西一览无余，轻易就可以取出来。眼前的这个三维世界实在宏大得不可思议，万物不仅有形状，还有体积，无穷无尽的形体变化除了用"难以置信"去形容，实在找不出第二个恰当的词了。

霍金在《果壳中的宇宙》一书中风趣地说，二维生物和三维生物的区别在于，二维生物想要消化食物会非常困难，因为如果它们的嘴到肛门是被一根肠子连通的话，那么它们必然会被一分为二。其实别说肠子了，二维生物的血管就会把它们分割成无数的小块，彼此不相连。

下面，重点来了，各位读者务必打起精神。

如果，突然有一天，一个三维的正方体获得了朝第四个维度运动的能力，那么它的运动轨迹会形成一个什么样的形状呢？虽然我们暂时无法在头脑中想象出来，但是根据我们之前的维度增加的经验，我们至少可以推断出，这个四维的超正方体必然有 16 个顶点（原位置 8 个顶点，运动后在新位置产生 8 个顶点）。然后有几条边呢？在原位置有 12 条边，在新位置又有 12 条边，然后把 8 个新老顶点连接起来又产生 8 条边，因此，这个超正方体就会有 32（12+12+8）条边。这样我们就得出结论：超正方体有 16 个顶点和 32 条边。我们至少可以画出它在三维空间中的近似图，或者认为这是它在三维空间中的投影（图 7-14）。

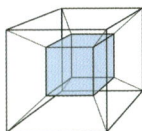

图 7-14：超正方体的三维投影

看，这就是超正方体在三维空间的投影。哦，可能有些读者对投影的概念不是很理解，那么我画一个正方体在二维平面的投影图（图 7-15）出来，你马上就能理解了，这也会帮助你想象超正方体的真正形态。

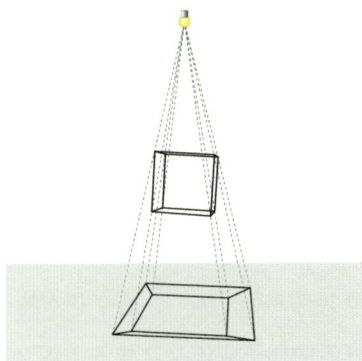

图 7-15：正方体在二维平面的投影

从上面这幅图中我们可以看到，物体的投影虽然并不是物体的真正形态，但是它能准确地体现出该物体的基本特征。请把两张图结合起来，然后，闭上眼睛，努力在脑中冥想一下，过一会儿告诉我你想到的四维超正方体的真正形态是什么样子的。

过了一分钟，你睁开眼睛，然后茫然地告诉我："大哥，很抱歉，我还是没想出来！"

嗯，不奇怪，我料到了，这玩意确实不太容易想。还好我还留了后手，让我继续来帮助你做这个思维训练。下面我们来看看，如果你把一个三维正方体在二维平面上展开，会得到一个什么样子的形状呢？换句话说，其实就是把一个纸板箱展开，全部平铺在地面上，如图 7-16 所示。

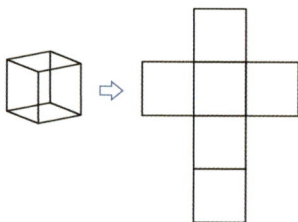

图 7-16：正方体在二维平面展开的样子

一个正方体总共有 6 个面，注意看，正方体的二维投影也是 6 个面，这个基本特征是相当准确的。把 6 个面展开，就得到了图 7-16 所示的样子，其实就是一个纸盒子剪开压平的样子。那么，你能不能画出超正方体在三维空间展开后的样子呢？三维到二维展开的关键是研究总共有多少个"面"，那么将四维在三维展开的关键就是研究总共有多少个"体"，我们从超正方体在三维空间的投影可以数出来，总共是 8 个"体"，这个基本特征是准确无误的，所以，超正方体在三维空间展开后的样子应该是这样的（图 7-17）。

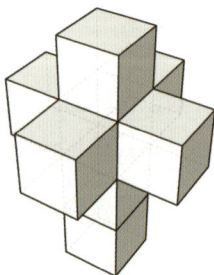

图 7-17：超正方体在三维空间展开后的形态

现在我要你再次闭上眼睛，把超正方体在三维空间的投影和展开图都在脑子里面过一遍，然后努力想象一下超正方体的真正形态，你能想象得出来吗？

这次过了整整 5 分钟，你睁开眼睛，还是一脸茫然地告诉我："大哥，我还是想象不出来啊！"

别难过，其实我跟你一样，也想象不出来。这种状况就跟三维世界中的我们去跟一个二维世界的人讲解什么是正方体一样。在二维世界中，只有正方形，没有正方体。你费尽口舌，举了无数例子，从三维正方体在二维上的投影讲到三维正方体在二维平面上的展开，然后再画出正方体在二维平面上的投影以及展开图，希望通过类比的方法让二维世界的人想象出正方体的真正形态，口水都讲干了，可是二维世界的人仍然茫然地看着你，摇摇头说："大哥，我还是想象不出来。"其实，在对超正方体的想象上，我们比那个可怜的二维世界的人好不了多少。当一个二维世界的人有一天终于看到三维的世界后，他该有多么震惊啊，他除了不停地重复"难以置信"这个词以外，实在找不出其他恰当的形容词了。

其实我们人人都生活在四维时空中，从理论上来说，我们每时每刻都在时间这第四个维度上运动。但问题是，时间这个维度是单方向的，因此我们无法回头看见过去的自己，从而也无法感受到四维空间之大。但是，难道就不能有第四个空间维度存在吗？时间可以看成第五维，四维时空变成了五维时空。如果真有第四个真正可以向正反两个方向运动的空间维度，那么我们这些三维世界的人真的有可能跨出我们这个世界的"画"，从第四个空间维度俯瞰我们这个世界，请想象一下那时我们面对的将是怎样一番令人难以置信的奇景。

天地之大，你该如何用语言去形容四维空间的宽广呢？我真的无法形容出来，但是好在有比我厉害得多的高手，刘慈欣先生在他的《三体 3·死神永生》中对四维空间的奇景有着惟妙惟肖的描述，其逼真感和现场感令人叹为观止，如果你有兴趣进一步地认识四维空间，不妨读读此书。

如果真有第四个空间维度，那么为什么就不能有第五个、第六个，以至于无穷多个空间维度呢？发出同样诘问的人不仅仅是我，还有全世界许多著名的物理学家，恰恰是这个诘问引领现代物理学家打开了基础理论物理研究的一个全新领域。按照目前最新的理论，我们所在的这个宇宙在诞生的时候总共有十个维度，其中有九个空间维度，一个时间维度。经过百亿年的演化，到现在，六个空间维度已经蜷缩在了微观世界中。关于这个话题，我们在本书的最后一章还要再次讨论，那又将是一段充满挑战的思维之旅。

好了，关于时空的旅程到此就正式结束了，在结束这段时空之旅的同时，我们关于相对论本身是什么的话题也就全部讲完了。我希望这十多万字阅读下来，你会对相对论有一个基本的认识，不再觉得相对论很神秘、很难懂了。

但是，相对论的话题结束了，物理学的话题并没有结束，我们的书也还没有结束，因为好戏还在后头。在最后两幕大戏上演之前，我必须先来带你认识一下爱因斯坦的世界观、宇宙观。爱因斯坦对这个宇宙的认识有一个中心、两个基本点，先说两个基本点。

第一，爱因斯坦认为这个宇宙是"定域"的。这个概念我们在本章的前面刚刚讲到过，也就是说一个事件的将来光锥决定了这个事件对时空的影响范围，而它的过去光锥决定了什么样的时空范围可以影响到这个事件本身。过去光锥和将来光锥都是有大小和形状的，也就是说这个宇宙是一个"定域"的宇宙，任何事件之间都不可能超越这个范围而相互影响。

第二，爱因斯坦认为这个宇宙是"实在"（客观存在）的。宇宙万物的运动规律独立于观察者而存在，不论是否有人的存在，皓月星辰、茫茫星海，它们的运动是客观存在的。不管是在人类诞生之前，还是在人类灭亡之后，宇宙都在按照它自身的发展规律一丝不苟地演化着，用宇宙自己的话说就是："我膨胀也好，收缩也好，与人类何干。"

围绕着这两个基本点，爱因斯坦还有一个中心思想，那就是"因果律"，宇宙万物有果必有因，有因必有果。宇宙从大爆炸开始的那天起，就在朝着确定无疑的方向演化，不管我们知道也好，不知道也好，宇宙的未来早就已经是一本写好的剧本，宇宙必然会按照剧本的要求丝毫不错地演化下去。

虽然爱因斯坦用相对论改写了牛顿物理学，但是在因果律这个基本宇宙观上，爱因斯坦和牛顿的观点是一模一样的。牛顿认为，如果我们能够知道某一时刻宇宙中所有物体的运动状态，那么只要拥有足够强大的计算能力，就可以确定无疑地计算出宇宙的过去和未来，分毫不差。爱因斯坦的名言是"宇宙最不可理解之处在于它是可解的"。爱因斯坦经常喜欢拿上帝来说事，还经常称呼上帝为"老头子"，但爱因斯坦实际上是一个彻底的无神论者，他口中的上帝其实指的是巴鲁赫·斯宾诺莎（Baruch de Spinoza，1632—1677，西方近代哲学史上最著名的理性主义者，对西方科学思想影响深远）的"上帝"，那就是——宇宙规律本身。

爱因斯坦还有一句名言："上帝不掷骰子！"宇宙万物的演化规律不是靠每次掷骰子得出的随机点数来决定的，"老头子"是一个一丝不苟的人，他过去从未犯过错误，将来也不会犯错误，宇宙的剧本早已定稿。从这一点上来说，爱因斯坦和牛顿心中的宇宙都是经典的宇宙，是一个温暖、有秩序、一丝不苟的宇宙，或许这也是我们大多数人心目中的宇宙。

然而，我们所在的宇宙真的是爱因斯坦心目中的温暖的经典宇宙吗？爱因斯坦心中的上帝真是他所希望的那个一丝不苟的上帝吗？伟大的相对论难道就没有一点破绽吗？自从 20 世纪以来，人类在研究微观世界时发现了一系列令人费解的实验结果，理论物理学另外一个重要的分支——量子物理学由此诞生。爱因斯坦曾是量子物理学的奠基人之一，然而后期他自己又对量子物理学发出了一系列的诘难。他亲手设计了一个试图推翻量子物理学的重要理论"哥本哈根解释"的思维实验，因为哥本哈根解释让上帝从一个温文尔雅的君子变成了一个疯狂的赌徒。这个著名的思维实验被称为 EPR 实验，以爱因斯坦、波多尔斯基和罗森三个人名字的首字母命名。为什么只能在思维中进行呢，那是因为当时人类的技术水平还达不到实验要求的精度。但是在爱因斯坦死后 27 年，也就是 1982 年，人类终于突破了技术难关，具备了把 EPR 实验从思维中搬到实验室的能力了，于是我们将看到人类对爱因斯坦的上帝进行了审判。"老头子"到底是一个和蔼慈祥的绅士还是一个捉摸不定的赌徒，答案即将在下一章揭晓。

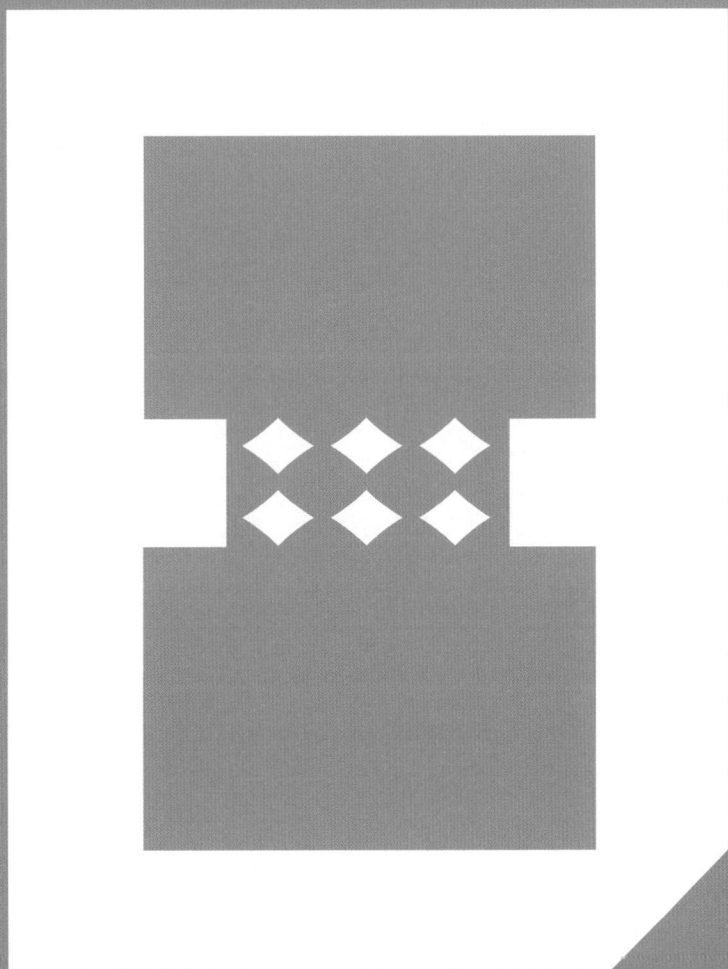

Chapter Eight

上帝的判决

The Shape of
Time

上帝玩不玩骰子？

1982 年，法国巴黎，夏秋之交。

第 12 届世界杯足球赛在西班牙刚刚结束没多久，全法国都还沉浸在不久前的激动人心的比赛中。普拉蒂尼率领的法国队被称为"黄金一代"，是法国史上最强的队伍，他们一路凯歌高奏，杀入半决赛，在半决赛上遇上了老冤家西德队。90 分钟时两队 1 比 1 打平，不分胜负，比赛进入了加时赛，幸运女神一开始站在法国人这边，特雷索尔和吉雷瑟 8 分钟内连入两球，整个法国开始提前庆祝胜利。然而，具备钢铁意志的德国人此时却开始了绝地反击：第 102 分钟，鲁梅尼格在禁区内铲球破门，扳回一球；第 108 分钟，菲舍尔用一记精彩的凌空倒钩射门将比分扳平，3 比 3！法国人还没有从惊愕中回过神来，比赛已经进入了残酷的点球大战。这一次幸运女神眷顾了德国人，舒马赫扑出了对方的最后一个点球，而赫鲁贝施的劲射破门为德国队锁定胜局，法国队止步半决赛。整个法国在比赛结束后整整沉默了 5 分钟，所有人都不敢相信眼前的事实。

此时世界杯的热潮还没有完全退去，球迷们还夜以继日地在酒吧中谈论普拉蒂尼，谈论点球大战。"只是，有多少人知道，在不远处的奥赛光学研究所，一对对奇妙的光子正从钙原子中被激发出来，冲向那些命运攸关的偏振器；我们的世界，正在接受一场终极的考验……"（引自曹天元著《上帝掷骰子吗？——量子物理史话》）爱因斯坦信奉的上帝正在接受一场终极审判，他信奉的"定域""实在"，以及符合"因果律"的温暖的经典宇宙正在接受一次严苛的洗礼。它是会浴火重生，披上更为耀眼的金色铠甲呢，还是会被揭下慈祥严谨的面具，突然变成一个阴晴不定、令人捉摸不透的赌徒呢？

已经过世 27 年的爱因斯坦和已经过世 20 年的玻尔（量子物理学奠基人之一），也在天国注视着这次实验，他们俩在世的时候就争论不休，二人之间旷日持久的争论成为物理学史上的一段重要史话。此刻，俩人一见面，老毛病又犯了。

爱因斯坦："玻尔老弟，看着吧，这次的实验结果会让你闭嘴的，跟你说过多少次了，上帝不玩骰子。"

玻尔："'老爱'，你也看着吧，这次实验会让你明白这样一个基本道理——别去对上帝指手画脚。"

这到底是一次怎样的实验？为什么连他们都赶来凑热闹？为什么说这次实验是一次对上帝的审判？要把这些问题回答得让你满意，我们就必须耐着性子回顾一下量子物理学的发展历史。如果说相对论让你对宇宙规律充满惊奇和敬畏的话，那么量子物理学必定会让你对宇宙规律充满茫然和困惑，你甚至还会发火。玻尔有一句名言："如果你对量子物理学不感到困惑，那说明你没有搞懂量子物理学。"

美剧《生活大爆炸》

我们的故事从美剧《生活大爆炸》讲起。让我们从《生活大爆炸》第一季第一集的第一秒开始，重温一下这部经典美剧。

我相信大多数看过《生活大爆炸》的读者都已经忘记了那位天才剧作家为整部剧的开端设计的台词是什么了，或许你根本没有在意当时谢耳朵一边上楼一边在唠叨些什么。下面让我把经过我改良后的中文翻译和英文原文对照着列出来，我们一起重温一下谢耳朵在最开始说的那几句台词：

"So if a photon is directed through a plane with two slits in it

（如果一个光子通过有两个狭缝的平面，）

"and either slit is observed,

（只要其中的任意一个狭缝被观察了，）

"it will not go through both slits.

（那么光子就不会同时通过两条狭缝。）

"If it's unobserved, it will.

（但如果没被观察，那它就会同时通过两条狭缝。）

"However, if it's observed after it's left the plane

（然而，即便光子是在离开平面即狭缝后，）

"but before it hits its target,

（在击中目标之前被观察到了，）

"it won't have gone through both slits."

（它居然也不会同时通过两个狭缝。）

我知道你已经很努力地逐字逐句地又去读了一遍上面的中英文台词，但是你仍然无法完全理解谢耳朵到底在说些什么。知道我是怎么猜到的吗？因为我看到你没有发火，也没有发疯，说明你并没有读懂上面这段台词的真正含义，否则你要么会发火，要么会发疯，至少也要感到困惑。

要命的双缝

谢耳朵说的其实是物理学史上非常、非常、非常著名的"杨氏双缝干涉实验"。这个实验虽说不如"MM 实验"那样在物理学史上具有分水岭的意义，但我敢跟你保证，在任何一本讲量子物理学历史的书籍中，这个双缝干涉实验都是必提的，不但必定提及，而且还会一而再，再而三地提及。这个实验最早是在 1801 年被一个叫托马斯杨（Thomas Young，1773—1829）的英国医生（他同时也是一个物理学家）做出来的，当时他做这个实验的目的是向世人证明光是一种波而不是一种微粒，这个实验非常有力地证明了光具有波才具备的自我干涉性质。现在的高中物理课都会做到这个实验（图 3-2）。

因为光是一种波，所以光在通过双缝之后，会发生干涉现象，从而在屏幕后面形成明暗相间的条纹，具备高中物理知识的人都可以明白这点。如果刚好你把高中物理忘得差不多了，那么我再把产生这些明暗条纹的原理图（图 8-1）画出来，帮助你回想一下。

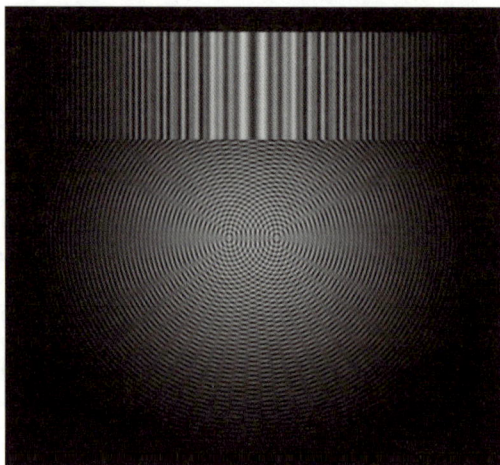

图 8-1：双缝干涉实验原理图

迈克耳孙和莫雷也正是利用光的这种自我干涉现象设计了著名的"MM 实验"，试图通过干涉条纹的移动来证明光在不同方向上的速度不同，"MM 实验"动摇了经典物理基础，为相对论的发展扫清了理论障碍。那么这个看似普普通通的、现在每个高中生都会做的双缝干涉实验中到底藏着什么玄机，让谢耳朵念念不忘呢？这里面是大大地有门道。这个实验刚开始并没有在物理学界引起多么巨大的轰动，但是随着人们对光、原子、电子的进一步认识，这个实验开始逐步引起越来越多的物理学家的关注，直到最后引发了空前的全"民"大讨论，整个物理学界开始为这个实验抓狂（用抓狂来形容一点都不过分）。于是这个实验在它被发明的一百多年后再次成了整个物理学的中心，甚至成了现代量子物理学开端的标志性实验，大物理学家费曼写道："双缝实验包含量子物理学的所有秘密。"难怪《生活大爆炸》的剧作者要在第一集的第一秒就迫不及待地提到它。

这事的起因还要从爱因斯坦说起。还记得那个物理学的奇迹年吗？1905年，爱因斯坦接连发表了五篇传世论文，其中第一篇不是关于相对论的，而是叫作《关于光的产生和转化的一个试探性观点》（*On a Heuristic Point of View Concerning the Production and Transformation of Light*），我们一般简称为"爱因斯坦关于光电效应的那篇论文"（貌似一点都不简化）。在这篇论文中，爱因斯坦解决了一个困扰物理学界多年的问题，那就是为什么光会在金属上"打出"电子来——光电效应。爱因斯坦的观点认为光是由一个个的"光量子"（简称"光子"）组成的，这些光子聚集在一起，表现出波的特性，但是单独来看，它又具备粒子性。这就是现在每个高中生都知道的光的"波粒二象性"。换句话说，光既是粒子又是波，爱因斯坦因为这篇论文在1921年获得诺贝尔物理学奖。

光既是粒子又是波，你在读到这句话的时候不会感到奇怪是因为你对"波"和"粒子"并没有感性认识，但是如果我说"XX既是猫又是狗""XX既是石头又是金子""XX既是活的又是死的"，你一定会大声说"荒谬""脑子坏掉了吧"。在20世纪初，许许多多的物理学家在听到"光既是粒子又是波"时所产生的荒谬感，与你听到"XX既是猫又是狗"时的感觉是一模一样的。在物理学家的眼里，波就是波，粒子就是粒子，两者截然不同。比如说水波吧，水分子上下振动引发了波纹，这个波纹只表示能量的传递，并不是一个真实的客观实在的物体；再比如说声波，也只不过是空气振动形成的而已，除了空气和它传递的能量外，再也没有别的什么东西。水波和声波都不可能是一个个实实在在的小球在水中、空中飞来飞去。那时候的物理学家坚信，光如果是一种波，就必然要在一种叫作"以太"的介质中传播，并没有什么真正的客观实在的"光"，它只不过是"以太振动"在人们眼中造成的效应而已。

然而随着各种各样的实验被设计出来，随着理论物理研究的深入，物理学家们终于开始接受，原来波的产生并不一定要有介质。以太是不存在的，在真空中光波也能传播，而且光波中真的含有数量无比巨大的光子，单个光子的行为看起来就像是一个经典粒子的行为，但是聚集在一起，就形成了波。当这个观点被越来越多的物理学家接受的时候，突然有人站出来问了一句："那么请问，在双缝干涉实验中，单个光子到底是通过了左缝还是右缝呢？"

本来喧闹欢腾的场面突然安静了下来，每个人都开始思考起这个问题。很快，物理学家们都意识到，这下好了，物理学的真正麻烦来了。这个问题就像是潘多拉魔盒一样，让物理学从此陷入了迷惘、混乱、猜疑、神秘之中，有人愤怒，有人抓狂，有人绝望，有人欣喜，有人趁火打劫，有人面壁思过，这场混乱一直持续到今天都没有停歇。

"那么请问，在双缝干涉实验中，单个光子到底是通过了左缝还是右缝呢？"

这个普普通通、简简单单的问题到底意味着什么？是什么力量使得基础理论物理中的经典世界观陷入了万劫不复的深渊呢？让我给你详细地解说这个问题对物理学家们的震撼所在。

一束光如果只通过一条狭缝，那么在屏幕上不会产生干涉条纹；如果通过两条狭缝，则会产生干涉条纹。我请你想象一下，假如我们把一束光看成是由亿亿万个光子聚合而成的，每一个光子就像一个小球（当然光子并不是一个小球的形状，只是打个比方，并不影响我们对问题的探讨），当其中一个光子遇到了狭缝的时候，按照我们朴素的观念，这个光子要么通过了左缝，要么通过了右缝，二者必选其一。但问题是，当一个光子通过左缝的时候，它是怎么知道还有另外一条右缝存在的呢？光子只是一个无生命的小球，它可不像人，在快飞到狭缝的时候用余光扫一眼就能知道边上是否还有另一道缝隙，决定如果看到还有一道缝就这么飞，如果没有另外一道缝就那么飞。

你可能还没听懂，没关系，我来画图讲解。这件事情我必须喋喋不休地说到你完全听明白了才能罢手，这事关整个量子物理学的理论根基，绝不能含糊过去。

现在我们先在平面上开一条缝（图8-2），我们看看在只有一条狭缝的情况下，光子会怎么通过这条单缝。

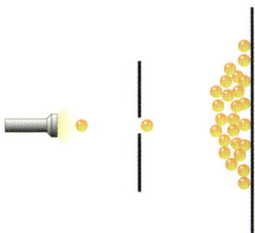

图 8-2：光子通过单缝时，随机落在屏幕后面的一片区域内

如果我们做一个简单的实验的话，我们很容易就能发现这是所谓的光的"衍射"现象，一束光通过一条狭缝照在后面的屏幕上，会形成一片光亮区域，离狭缝越近的区域越亮，离狭缝越远的区域越暗。上面这幅图中我们用了一种很直观的比喻，把光子看成一个个小球，它们通过一条狭缝后，并不是走直线，而是根据概率分布在屏幕上，中间多两边少。

但是，一旦我们在那条狭缝的边上再开一条狭缝（图8-3），情况马上会变得很神奇，我们会看到光子就像一支训练有素的军队，排成了整整齐齐的队形。

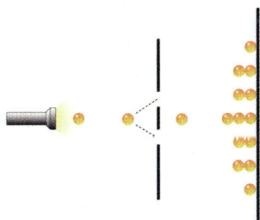

图 8-3：如果是双缝，光子在通过双缝后会规则地排列在屏幕上

这件事情确实有点神奇。光子会排列成整齐的队形也就算了，毕竟这可以用波的干涉现象去解释。但是单个光子在通过左缝的时候如何知道有右缝存在，在通过右缝的时候又如何知道有左缝存在呢？你要知道，对于光子来说，双缝之间的距离就好像从地球遥望月球一样远。把这个问题问得更简洁一点，就是：单个光子到底通过了左缝还是右缝？

我怕你还是没有搞清楚这个事情有多怪异，保险起见，我再来打个比方。假如你是一个足球运动员，在球门和你之间竖着一道开了双缝的墙，然后你开始对着两条缝射门，你觉得会呈现怎样一番情景？是不是像图 8-4 显示的那样？

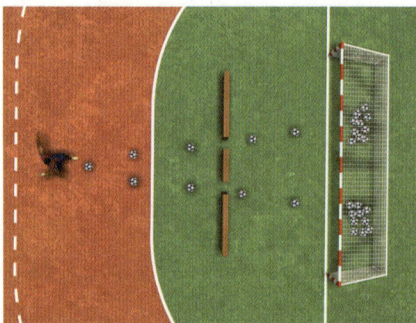

图 8-4：你对着有双缝的墙射门的场景

但是现在，如果你脚下踢的不是足球，而是一个个光子，就会出现下面这样怪异的景象（图 8-5）。

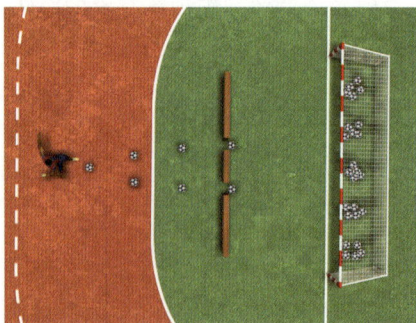

图 8-5：如果用光子当足球，射门结果会是这样的

如果在现实生活中看到这样的情景，你是不是会觉得太怪异了，就像魔术一样？但这竟然是真的，这是为什么呢？

玻尔的上帝

以丹麦物理学家玻尔为首的哥本哈根学派站出来跟大家解释道："这个问题本身不成立！光子既不是通过左缝，也不是通过右缝，而是同时通过了左缝和右缝。"注意，这里玻尔可并不是指光子会分身术，一分为二，一半通过了左缝，另一半通过了右缝，他说的意思很明确，指的就是同一个光子同时通过了左缝和右缝。

对的，你确实没有听错，这确实是从严谨的物理学家嘴里面说出来的话。请相信我，就在你感到莫名其妙的同时，我也跟你一样感到无法理解，量子的所有行为几乎都不是按正常思维能够理解的。按我们惯常的理解，爱因斯坦和玻尔两人可以同时分别出现在德国和丹麦，或者他们可以今天出现在德国，明天出现在丹麦，但是如果你告诉我爱因斯坦同时出现在德国和丹麦，玻尔同时站在凯旋门和埃菲尔铁塔前面，我一定会认为你脑子坏掉了。

哥本哈根学派站出来这么解释，同样也是冒天下之大不韪。全世界大多数物理学家群起而攻之，尤其是爱因斯坦，对玻尔连连摇头叹息，说玻尔丢掉了最基本的理性思想。还有某位最激烈的物理学家，说如果哥本哈根学派的解释是对的，他宁愿改行去当医生，从此不再搞物理了。

你可能会想，大家何必吵吵闹闹的呢？想知道光子到底通过了左缝还是右缝，我们在实验室里面仔细观察一下不就好了吗？与其坐而论道不如实际行动，去做个实验不就知道了吗？你的想法完全没错，物理学家们也都这么想，只是这个实验的难度远远超出你的想象。光子可不是一个足球，天下还没有那么强大的摄影机能把光子的飞行轨迹记录下来，也不可能在光子身上绑一个微型跟踪器，然后全天候跟踪。说得再深一点，你想想我们为什么能"观测"到一样东西？照相机、摄像机为什么能把物体的影像拍下来，其本质原因正是在于物体发射出无数的光子，或者反射出无数的光子，这些光子在我们的视网膜或者底片上成像，于是物体被我们"看"到。但如果我们要"观测"的对象就是光子本身，那麻烦可就大了，这个光子如果射到了我们的眼睛里，那它就自然不会跑到左缝那里去，也不会跑到右缝那里去（而是跑到我们眼睛里面来了）。那一个光子有没有可能反射别的光子？很抱歉，不能，别的光子跟它长得一样大，能量一样强，它没有能力把别的光子反射出来而自己的运动又不改变，就好像一粒子弹无法把另外一粒子弹给反弹出去一样。总之，要"观测"光子通过了左缝还是右缝这个事情是很难的。

在继续讲聪明的物理学家如何解决这个问题之前，我需要先啰唆几句，来一段关于名词辨析的枯燥文字。我们平时在口语中说的"观测""观察"一般都需要人眼的参与，但是，在物理学家的术语中，"观测"也好，"观察"也好，并不一定需要人眼的参与。如果两个系统之间发生了互动，我们就可以说一个系统"观测／观察"了另一个系统。比如说，一个电子打到荧光屏上，我们既可以说电子"观测／观察"了荧光屏，也可以说荧光屏"观测／观察"了电子，它们是等价的。所以，为了不引起歧义，我更愿意用另外一个词——"测量"。有很多科普书在讲到"观测／观察"的时候，不会特意跟你说明物理学中"观测／观察"的准确含义，或者作者本身也稀里糊涂的（就好像以前的笔者），这往往就会把读者带到唯心主义的旋涡中。明明某个物理实验并不需要人的参与，但经过一些稀里糊涂的作者的转述，就变成了一定需要人（意识）的参与了。为了不把你带偏，本文后面再讲到不是一定需要人的眼睛参与的"观测／观察"时，一律使用"测量"这个词。如果你再看到"观测"或者"观察"，那就是特指需要人的参与。

言归正传，聪明的物理学家很快就发现，光有双缝干涉现象，一束电子流同样也有双缝干涉现象，一束电子流跟光一样具备波粒二象性。记录和测量电子就要比测量光子容易得多了，因为电子不但有质量，而且带电，大小也比光子大得多。我们大可以在双缝上面各安装一个用来测量电子的仪器，记录下电子有没有通过这道狭缝。大多数物理学家都为了证明哥本哈根学派的解释有多荒谬而不辞辛劳地改良实验设备，一次次地提高精度，没日没夜地在实验室里忙碌，他们要拿出明确的证据来说明，在双缝干涉实验中，电子确定无疑地通过了某条缝隙。

结果是怎样的呢？好在我们的物理学家们都很诚实、客观，尽管他们是如此地厌恶哥本哈根学派的解释，但是全世界的物理学家都不得不承认，他们的实验表明：

一旦在狭缝上装了记录仪，他们确实可以记录到电子通过了某条狭缝；但怪异的是，一旦电子被测量到了，双缝干涉条纹也就消失了，如果不去测量，双缝条纹又会神奇地出现。这就好像在那个把光子当足球踢的实验中，一旦有台摄像机在某个墙缝上录像，足球就不会整齐地落在网的固定位置了，而一旦没有任何记录装置来记录足球到底飞过了哪个墙缝，足球又会神奇地出现在那些固定的位置上。这事实在是太怪异了，物理学家们怎么也想不通，电子的行为怎么还跟测量有关？一旦测量，它就只通过一条狭缝，不产生干涉条纹；不测量，它就同时通过（看来只能这么理解了）两条狭缝，留下干涉条纹。这实在是太不可思议了。

这事已经远远超出了怪异的范围，简直让人抓狂。还记得爱因斯坦的世界观说的那一个中心、两个基本点吗？一个中心是"因果律"，两个基本点是"定域"和"实在"。现在"实在"这个爱因斯坦的理想宇宙的基本点遭到了严重的怀疑，这个实验居然再三向物理学家们展示说明：电子的行为跟我们的测量有关。电子似乎不再是一个超脱于我们的"客观实在"，它似乎是为我们而存在、为我们而表演的，它的行为会被我们的"测量"行为左右，爱因斯坦的世界观遭受了第一次最直接的冲击。

由玻尔领衔的哥本哈根学派此时又站出来跟大家解释说："实验结果大家都看到了，我们也反复地做了电子的双缝干涉实验，结果都是一样的。这说明电子必须符合'不确定原理'，也就是说电子的运动轨迹是不确定的，它的运动轨迹不能用一条线来表示，只能用一朵概率云来表示。我们在测量之前永远无法说出电子的确切位置，只能说出它在某一个位置的概率。当我们测量到电子以后，虽然电子处于确定位置，但它是怎么到这个位置的、通过什么路径来的，我们仍然不可能知道。事实上这个电子同时存在于那朵概率云中的所有位置。而且我们对电子的位置测量得越精确，对它的速度必然就测量得越模糊，我们的测量行为本身就会影响电子的运动。反之，我们对它的速度测量得越精确，对它的位置必然就测量得越模糊。换句话说，我们永远不可能同时知道一个电子的位置和速度。"

如果牛顿地下有知，听到了玻尔的这段话，必然会从地底下蹦出来大骂玻尔离经叛道。牛顿是坚定的决定论者，他认为只要知道了某一时刻的所有信息，就能预言未来发生的一切。然而现在玻尔很无情地告诉牛顿："对不起，你连最基本的速度和位置信息都永远无法同时准确地知道，又何谈计算和预测呢？"爱因斯坦也会站出来反对说："玻尔先生，很抱歉，本人实在不喜欢你们的这个解释，没有确切的运动轨迹，只有概率，这叫什么解释？你以为上帝是一个喜欢掷骰子的赌徒吗？时间和空间都被你们拿到赌桌上来碰运气了！"

双缝实验做到这一步已经够疯狂的了，居然还引出了一个"不确定性"原理：物质的最基本构成——电子，以及所有跟电子差不多大小的基本粒子的行为都是不确定的，我们要么只能知道它们在什么地方，要么只能知道它们的运动速度，想同时知道两样，想都别想。但接下来的实验进一步告诉我们这样一个道理：在量子的世界，没有最疯狂，只有更疯狂。物理学家们又几乎同时发现了一个更"恐怖"的结果：哪怕你在电子已经通过了双缝之后再去测量电子实际通过了哪条狭缝（这里的测量原理比较复杂，我们在这里不需要搞清楚具体用了什么样的测量方法，只需要知道物理学家们有巧妙的方法可以测量），只要一测量，干涉条纹就消失了。也就是说哪怕你在电子通过了双缝之后再测量，电子也不再同时通过双缝了，而只要不测量，电子就又同时通过双缝了，电子同时还是不同时通过双缝是可以在电子实际通过以后再决定的。

诡异，诡异，真是太诡异了！这个实验结果看上去直接违背了爱因斯坦信仰的"因果律"，原本按照"因果律"，事件的原因会影响结果，结果由原因导致，现在可好，事后测量行为居然影响到了电子之前做出的选择，这岂不是变成了结果影响原因了吗？难道历史是可以改变的吗？（休埃弗里特的解释是，不是历史可以改变，而是历史本身就有无数个，可能发生的历史实际上都已经发生了。很多人听完当场昏厥在地。）这严重违背因果律，严重离经叛道。

哥本哈根学派继续解释说："在我们看来，没有什么真正的因果，只有'互补原理'，原因和结果是一种互补关系而不是先后关系。你我既是演员又是观众，测量者和被测量者互相影响，形成互补关系。原因会影响结果，结果也一样会影响原因。"

爱因斯坦这次是真的坐不住了，他写了一系列的文章，还在公开的会议上和玻尔辩论。他认为玻尔已经从一个物理学家变成了一个形而上的哲学家，玻尔的理论哪里像是物理学，简直就是一种哲学，还是带"伪"字的。虽然爱因斯坦对实验结果也同样感到震惊，但他认为一定会有一个温暖的符合经典世界观的理论能解释这些现象，只是我们还没找到这个理论罢了。另外，他对物理学家们的实验方法也提出了一些疑问，认为所有的实验结果只能作为一种统计近似，并不能构成直接证据来颠覆自己所信仰的"因果律"和"实在性"。

但不管怎么说，这个双缝干涉实验对爱因斯坦一个中心、两个基本点中的两项内容都造成了严重的冲击。整个物理界产生了大混乱，从此狼烟四起，天下不再太平。你要知道，这个世界的所有物质从本源上来说，都是由基本粒子，也就是量子构成的，如果量子是不确定的，那么由量子构成的我们是不是也是不确定的呢？最惊人的一次实验是 1999 年由一些物理学家在奥地利做的，他们用 60 个碳原子组成了一种叫"巴基球"的东西，用这个巴基球来模拟双缝实验，结果他们同样得到了神奇的干涉现象。现在的科学家们设想用更大的病毒来做双缝实验，病毒从某种意义上来说已经是生命体了，它们或许还具备"意识"。不知道它们会如何体验这种同时通过了双缝的感觉。此时，我再把谢耳朵的话打出来给大家回顾一下，你是否能看懂谢耳朵的唠叨了呢？

"So if a photon is directed through a plane with two slits in it

（如果一个光子通过有两个狭缝的平面，）

"and either slit is observed,

（只要其中的任意一个狭缝被观察了，）

"it will not go through both slits.

（那么光子就不会同时通过两条狭缝。）

"If it's unobserved, it will.

（但如果没被观察，那它就会同时通过两条狭缝。）

"However, if it's observed after it's left the plane,

（然而，即便光子是在离开平面即狭缝后，）

"but before it hits its target,

（在击中目标之前被观察了，）

"it won't have gone through both slits."

（它居然也不会同时通过两个狭缝。）

这次我相信你一定看懂了，不但看懂了，而且开始感到抓狂了。很显然，我们每个普通人心目中的那个朴素的宇宙观受到了冲击。我们的这种感受和爱因斯坦是一样的。但好在，爱因斯坦还保有自己最后一块神圣不可侵犯的领地，那就是"定域性"：这个宇宙是"定域"的，不存在什么超光速的信号，光速是一切运动速度的极限；两个事件之间想要产生相互影响，必然不可能突破光锥所划定的时空范围。

然而事情真的像爱因斯坦认为的那样吗？这最后一个定域性的堡垒真的有那么坚固吗？

EPR 实验

1935 年 5 月，爱因斯坦同两位年轻的美国物理学家波多尔斯基和罗森在美国《物理评论》（*Physical Review*）第 47 期发表了题为《能认为量子力学对物理实在的描述是完备的吗？》（*Can Quantum-mechanical Description of Physical Reality be Considered Complete？*）的论文，在物理学界、哲学界引起了巨大的反响。

这篇论文提出了一个名垂千古的思维实验，以论文的三位联合作者的首字母命名，被称为"EPR 实验"。正如这篇论文的标题所表达的意思那样，爱因斯坦想用这个思维实验来告诉物理界，哥本哈根学派的量子力学解释是有问题的。

到底什么是 EPR 实验呢？如果我用爱因斯坦的原始论文来讲，讲解起来会非常困难，但这个实验的原理经过这么多年的发展，已经有了一个更加通俗易懂的等价版本，理解起来会比爱因斯坦的原始论文容易得多。

首先，我们要理解一个基本概念，就是电子的"角动量"。举个最常见的例子，花样滑冰中做旋转动作时，运动员把自己抱得越紧，转得就越快，物理原因就是角动量守恒。所以，仅仅从理解概念的角度，我们可以很粗糙地认为，角动量就是物体转动扫过的圆的面积和转速的乘积，是一个固定的值，面积变小了，速度就必须增大。

实验发现，电子也有角动量。因为角动量跟旋转有关，所以电子具有"自旋"的特性。但我必须强调一句，虽然叫作自旋，但真实的电子并不像陀螺一样绕着一个轴旋转。那它到底是怎么个转法？对不起，我真的没法描述，说实话，物理学家们也不知道，量子世界的很多东西都只能意会，无法言传，就像波粒二象性一样。我们只是在实验中发现电子有角动量，然后给电子的这个特性起了个形象化的名称叫"自旋"，仅此而已。

科学家们还发现，电子的自旋态只有两个自由度。在量子理论中，说不清道不明的概念一堆一堆的。我只能试图用下面这个比喻来说明这个自由度是啥意思。

假如把一个旋转的滑冰者当成一个电子，那么不论我们从哪个方向去观察他，都只能看到两种结果中的一种，要么头对着我们转，要么脚对着我们转，不可能看到其他情况，这大概就是电子只有两个自由度的概念。

大家都知道，我们的空间是一个三维的空间，也就是说空间中有三个互相垂直的方向，我们把它们称为 x、y、z。

为了方便用语言描述，现在我们来做一个人为的规定：假如我们从 y 轴方向去观察一个电子，那么电子就有两种自旋态，一种被称为向上自旋，一种被称为向下自旋；假如我们从 x 轴方向去观察一个电子，那么我们就把两种自旋态称为向左自旋或者向右自旋。

接下来，物理学家又发明了一个装置，称之为偏振器，它可以对电子进行筛选，比如，只允许向上自旋的电子通过，或者只允许向左自旋的电子通过。

为了便于讲解，我把偏振器抽象成这个样子（图 8-6）。

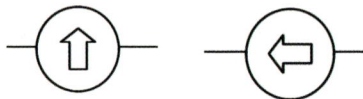

图 8-6：抽象后的偏振器

箭头向上的偏振器表示只允许向上自旋的电子通过，箭头向左就表示只允许向左自旋的电子通过，这个很好理解吧？

接下来，我们开始做物理实验。

让一个电子飞向这个偏振器（图 8-7），如果电子通过了，说明这个电子是向上自旋的。然后，在这个偏振器后面再放一个同样的偏振器，如图 8-8 所示。

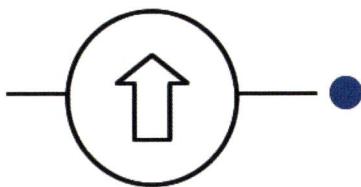

图 8-7：一个电子飞向偏振器

图 8-8：增加一个向上的偏振器

　　此时，不出意外，电子 100% 能通过下一个同样的偏振器，这完全符合人们的预期。如果我们把第二个偏振器换成一个向右的偏振器（图 8-9），让这个向上自旋的电子继续朝 2 号偏振器飞，你觉得会出现什么情况？

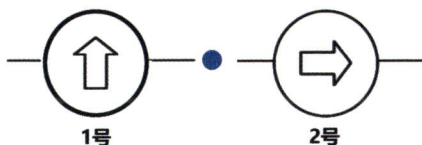

图 8-9：将向上的偏振器换成向右的偏振器

　　实验结果也非常符合你的预期。因为向上自旋的电子有一半是向左自旋的，有一半是向右自旋的，这时候电子有 50% 的概率能通过 2 号偏振器。做 100 次实验，每次试验中都会大约飞过去 50 个，次数越多，数据就越准确。

　　下面我们就要见证令人颇感意外的关键实验了，我们在 2 号偏振器的后面再放一个向上的 3 号偏振器（图 8-10）。

图 8-10：再加一个向上的 3 号偏振器

大家觉得，这个电子能不能飞过去呢？我们已经做过一次实验，如果没有 2 号偏振器，电子是 100% 能通过 3 号偏振器的。按照地球人的正常逻辑，这个电子应该 100% 能通过 3 号偏振器，对吗？

可能大家已经想到了，量子的世界永远不按常理出牌，实验的结果是，这个电子仍然只有 50% 的概率能通过 3 号偏振器，尽管 3 号和 1 号都是向上的偏振器。

我们安静 10 秒钟，大家回味一下，想想这意味着什么？

结论：不可能在两个不同的方向同时测准电子的自旋角动量！

物理学家们在实验室中千百次地证实了这个现象，怎么会这样呢？

以爱因斯坦为首的一派做出了一个解释，我相信这个解释可能符合我们大多数人对世界的看法：这是因为我们的测量行为本身影响了电子的自旋态。也就是说，当电子通过 2 号偏振器时，这个偏振器已经随机改变了电子在 y 轴方向的自旋态。

但是，以玻尔为首的哥本哈根学派却不同意爱因斯坦的观点，他们坚持认为：电子本身不存在确定的自旋态，在测量之前，电子处于所有自旋态的叠加状态，如果要去追问到底是哪个态，对不起，这个问题没有意义！没有意义！没有意义！重要的观点要强调三遍。

我现在想请问大家，如果回到 80 多年前，你们会站在哪一边？请诚实地回答我。我觉得，站在玻尔这边的人要么不诚实，要么是被埋没的物理天才。

爱因斯坦和玻尔为了这个问题吵得不可开交，他们在索尔维会议上公开辩论，针锋相对，这是物理学史上的一段佳话。

当时间走到了 1935 年，爱因斯坦和他的两个学生波多尔斯基和罗森一起向哥本哈根学派放出了一个大招，这绝对是一个超级大招，史称 EPR 悖论，也可以被戏称为"爱菠萝悖论"。让我们来看看这个"爱菠萝悖论"到底是什么大招。

首先，我们在实验室中制备一对角动量总和为零的电子对。这个在理论上是有可能实现的，实现的方法我们这里就不去深究了。继续听下去之前，请大家先记住一个最基本的物理定律：角动量守恒。

然后，我们让这一对电子分开，蓝电子朝左边飞，红电子朝右边飞，让它们分离得足够远，比如说一个飞到上海，另一个飞到北京吧。

我们在北京和上海各放一个偏振器（图 8-11）。

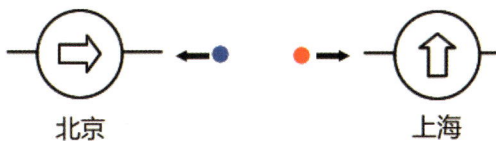

图 8-11：一对电子分别飞向两个偏振器

现在假设两个电子都通过了偏振器，那么说明红电子是向上自旋的，根据角动量守恒定律，可知蓝电子必是向下自旋的。而蓝电子通过了右偏振器，说明蓝电子是向右自旋的，根据角动量守恒定律，红电子必然是向左自旋的。

这样一来，我们不就确定了红蓝电子在两个方向上的自旋态了吗？即便红蓝电子都没通过偏振器，或者一个通过另一个不通过也不要紧，可以用相同的逻辑推断出每个电子在两个方向上的自旋态。

量子理论不是说**不可能在两个不同的方向同时测准电子的自旋角动量**吗？

现在，红蓝电子在两个方向上的角动量不都确定下来了吗？可见，不是电子有什么神奇的自旋态，测不准就是因为测量行为本身干扰了电子的自旋态，只要我们不去测量，他们的自旋态就还是确定的！

这个大招太厉害了！我想再次诚恳地问刚才站在玻尔这边的读者，你们是否还认为爱因斯坦是错的呢？

1935 年，整个物理学界都因"爱菠萝悖论"掀起了轩然大波，有一大批中间派物理学家开心坏了，他们就等着看热闹，想看看玻尔、海森堡这些哥本哈根学派的"大牛"怎么应对爱因斯坦的大招。

玻尔看到关于 EPR 悖论的论文，头都大了，他立即放下所有的工作，全力迎战。他思考了 2 个月，终于写下了一篇用来反击的论文，玻尔的主要观点是：

"爱菠萝悖论"中有一个关键性的假设是错误的，那就是，它假设测量红电子的行为不会影响蓝电子，测量蓝电子的行为不会影响红电子。这是错误的，因为红蓝电子处于一种神奇的量子纠缠态中，不论它们离得有多远，哪怕一个在宇宙的这头，另一个在那头，只要对其中一个进行测量，就会立即干扰另外一个的状态。

爱因斯坦一听这话，被气乐了："好嘛，玻尔，你的意思是不是说红蓝电子有超距作用，换句话说，它们能够进行超光速的通信，一个被测量了，另一个瞬间就能知道。来来来，你应该先来推翻我的相对论，大家知道，在相对论中，任何信息和能量的传递速度无法超过光速。"

玻尔说："对不起，爱因斯坦前辈，我没有说你的相对论不对，我也没有说红蓝电子可以进行超光速通信。我只是说，红蓝电子是一个整体，它们的自旋态在没有测量前不是客观实在的。"爱因斯坦听完彻底被气晕。一直到两人去世，他们谁也没有说服谁。

一个电子的物理性质到底具不具备客观实在性呢？那什么是客观实在的呢？这些问题似乎已经涉及哲学的范畴。但是，我敢保证，如果人类只有哲学思辨，那么永远也吵不出一个结果。好在，我们还有数学，还有科学。只有科学能给出确定的答案。

宇宙大法官

为了检验量子是否具备客观实在性，很多实验物理学家都非常苦恼，他们绞尽脑汁想要找到解决方案，但是苦苦寻觅了几十年，都没有找到办法。直到1964年，出现了一个来自爱尔兰的数学奇才，他当时还是一个小伙子，名字叫约翰·斯图尔特·贝尔（John Stewart Bell，1928—1990，注意，他不是发明电话的那个贝尔），他发现了一个数学不等式，这个不等式被科学界称为"贝尔不等式"，有些书盛赞它是"科学中最深刻的发现"。这个"惊天地泣鬼神"的贝尔不等式有一股巨大的魔力，可以对我们所在的这个宇宙的本质做出终极裁决，它可以使 EPR 实验从思维走向实验室。只是很遗憾的是，贝尔不等式被发现的时候，爱因斯坦和玻尔都过世了，他们只能在天国注视着人间发生的一切。他们过去耗费了无数个不眠之夜来研究分析但一直悬而未决的世纪大争论，很快就要有一个终极判决了。爱因斯坦和玻尔在天国想必也会肃然起立，等待那个庄严的时刻吧。要不是贝尔突然病逝，他很有可能因为这个公式获得诺贝尔物理学奖。

贝尔不等式的原始表达式为：

$$|Pxz-Pyz| \leqslant 1+Pxy$$

它是测量量子时得到的所有结果的概率关系式。你看不懂没关系，我给你用另外一种通俗的方式解释一下，以下是我国物理学家李淼老师在《〈三体〉中的物理学》（四川科学技术出版社，2015 年第 1 版）中对贝尔不等式做出的一个通俗讲解。

我们先来看看什么叫客观实在性，我们可以把地球上的人分成男人和女人，同样，地球上的人还可以分成年人和儿童、中国人和外国人。如果男人、女人、成年人、儿童、中国人、外国人这些属性都是客观实在的话，那么必然符合下面这不等式：

（1）所有小男孩 +（2）所有外国成年人 ≥（3）所有男性外国人

乍一眼看上去，好像这个不等式并不是显而易见地成立，其实，我们稍微做一个拆解，就很容易看出这个不等式是必然成立的了。如下：

（1）所有小男孩 = 中国小男孩 + 外国小男孩

（2）所有外国成年人 = 外国成年男人 + 外国成年女人

（3）所有男性外国人 = 外国成年男人 + 外国小男孩

好了，我们现在用拆开的形式把那个不等式再写一下，就成了下面这样：

中国小男孩 + 外国小男孩 + 外国成年男人 + 外国成年女人 ≥ **外国成年男人 + 外国小男孩**

如果把等式两边相同的因子消掉，这个等式就是在说：

中国小男孩 + 外国成年女人 ≥ 0

这看上去就像是显而易见的废话，其实，这只是因为我们把量子测量中的概率函数分解到了粒子计数的形式，所以它变得显而易见了。但如果还原成原始含义，就不那么显而易见了。科学中的很多定理在事后去看，也往往都是一层"窗户纸"，贝尔不等式也是如此。但是在当年刚刚被贝尔找到的时候，它确实是技惊四座的。

如果你理解了贝尔不等式，我们就可以继续说了。

我们前面已经说过，一个电子在 x、y、z 三个方向上都有两个相对的自旋态，且只有两个自旋态。这就相当于，我们可以把 x 方向的两个自旋态比作男和女，y 方向的两个自旋态比作成人和儿童，z 方向的两个自旋态比作中国人和外国人。那么，如果电子的这些属性也是客观实在的，就必然也符合上面这个不等式。

有了这个神奇的不等式，我们就可以在实验室中检验电子的自旋态到底是不是一个客观实在的属性了。具体实验怎么做呢？我们来看一下（图 8-12）。

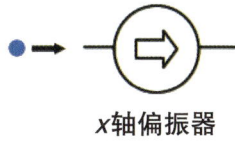

x轴偏振器

图 8-12a：电子飞向 x 轴偏振器

如果电子通过了，说明是"男"；没通过，说明是"女"。

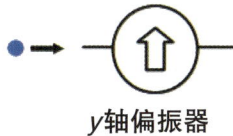

y轴偏振器

图 8-12b：电子飞向 y 轴偏振器

如果电子通过了，说明是"成人"；没通过，说明是"儿童"。

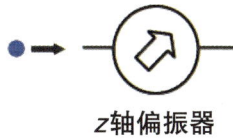

z轴偏振器

图 8-12c：电子飞向 z 轴偏振器

如果电子通过了，说明是"中国人"；没通过，说明是"外国人"。

下面我们来制造一对角动量总和为零的电子对，让它们像爱因斯坦说的那样分别飞向相距很远的两个偏振器（图 8-13）。

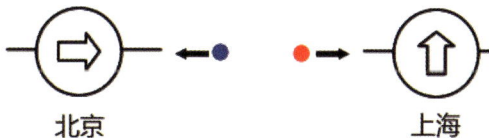

北京　　　　　　　　上海

图 8-13a：如果这样设置两个偏振器，就可以数出有多少个"男孩"

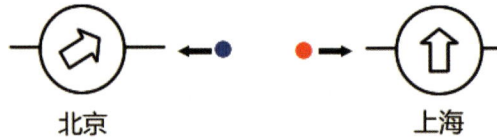

图 8-13b：如果这样设置两个偏振器，就可以数出有多少个"外国成年人"

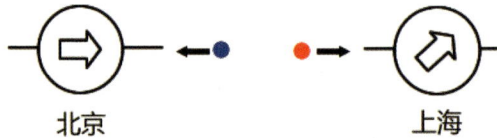

图 8-13c：如果这样设置两个偏振器，就可以数出有多少个"男性外国人"

　　这里我要特别说明的是，贝尔不等式是用严格的数学手段推导出来的，数学是凌驾于物理学之上的规律。贝尔不等式在 EPR 实验中的含义是：如果两个量子在分开的那一瞬间就已经决定了自旋的方向的话，那么我们后面的测量结果必须符合贝尔不等式。也就是说，假如上帝是爱因斯坦所想象的那个不掷骰子的慈祥老头子，那么贝尔不等式就是他给这个宇宙所定下的神圣戒律，两个分离后的量子绝不敢违反这个戒律。其实这根本不是敢不敢的问题，而是这两个量子在逻辑上根本不具备这样的可能性。

　　我们回顾一下贝尔不等式用了哪三条假设：

1. 逻辑成立。

2. 电子存在两个方向上的自旋态，我们尽管不去测量它们。

3. 在北京、上海两地的测量互不影响，即信息传播速度不超过光速。

　　如果贝尔不等式被破坏，则证明以上三条假设至少有一条是错误的！

　　上帝的最终命运取决于 EPR 实验中量子各个方向上的自旋状态的测量结果。如果贝尔不等式是仍然成立的，那么爱因斯坦就能长舒一口气，这个宇宙终于回到了温暖的、经典的轨道上。但如果贝尔不等式不成立了，上帝就摘下了慈祥的面具，变身为靠概率来玩弄宇宙的赌徒。用科学的语言来讲的话，那就是要么放弃"定域性"，要么放弃"实在性"，这两个性质不可能兼得。到底要放弃哪个，你自己选择，但你必须放弃一个。

在这里特别有意思的是，贝尔是爱因斯坦的忠实拥护者，当他发现了贝尔不等式后，他兴奋不已、踌躇满志，信心满满地认为："只要安排一个 EPR 实验来验证我的贝尔不等式，物理学就可以恢复荣光，恢复到那个值得我们骄傲和炫耀的物理学，而不是玻尔宣扬的那个玩弄骰子的上帝。物理学已经被"玻尔"们的量子理论搞得混乱不堪、乌七八糟，现在整个天下都乱了，冒出来形形色色的搞不清是物理学家、哲学家，还是神秘主义者的人，什么超光速、量子心灵感应、多个历史、多个宇宙、结果决定原因……我已经厌倦了这些疯狂的想法，到了该做个了断的时候了。"

真的，也许就差那么一小步，真的只差一小步，我们就可以回到温暖的经典宇宙的怀抱了，我们多么渴望上帝是一个慈祥的老头子啊。但是，当年迈克耳孙为了证明以太存在而导致的悲剧，又在贝尔身上上演了。

有两点需要说明：

1. 关于 EPR 实验的原始论文并没有以电子自旋态为思维实验的基础，而是用微观粒子的位置和动量来做思维实验的。这里为了科普的需要做了改动，但并不影响你对物理知识的正确理解。

2. 真实的 EPR 实验不是测量电子，而是测量光子，因为光子的纠缠态远比电子容易制造，光子的偏振器也比电子的偏振器容易制造。而且实际的实验原理也比本书介绍的要复杂得多，本书介绍的例子是简化再简化之后的原型。请大家务必区分科普和科学的区别，切记不可在经过简化、演绎后的概念上继续演绎。如果你真想弄懂 EPR 实验，那必须老老实实地学习大学教材，而不是看科普书。科普是给普通大众提供思维乐趣的，不是用来做科学探索的。请记住：只看科普书，永远当不了科学家。

上帝的判决

1982 年，法国奥赛分子科学研究所。

这是人类历史上对 EPR 实验进行的首次严格的实验检测，这次实验被称为"阿斯派克特实验"，以这次实验的领导者阿斯派克特的名字命名。这次实验总共进行了 3 个多小时，两个分裂的量子分离的距离达到了 12 米，积累了海量的数据。最后的结果与量子论的预言完全相符，爱因斯坦输得彻彻底底，从此 EPR 实验也被称为"EPR 佯谬"。

从阿斯派克特开始，全世界各地的量子物理实验室展开了一直持续到今天的 EPR 实验竞赛，实验精度越来越高，实验的原型越来越接近爱因斯坦最原始的想法，两个量子分离的距离越来越远，而且实验对象甚至增加到六个量子。2010 年国内多家媒体报道称中国首次把 EPR 实验的距离扩展到了 16 千米，创下世界纪录。但是部分报道让我觉得很好笑，很多科盲记者完全不了解什么是EPR 实验，随意地凭空捏造各种骇人听闻的词，什么"超时空穿梭""超光速通信""时空穿越"……令人啼笑皆非。

EPR 实验的结果无可辩驳地给整个物理学界呈现出了一个这样的事实：要么放弃定域性，要么放弃实在性。定域性是经受了几十年严苛考验的伟大的相对论的推论，而实在性则是似乎不应该挑战的科学精神。如果是你，你会怎么选择呢？我看，你可能最好奇的是那个发现贝尔不等式的可怜的贝尔到底会做出怎样的选择。

还真有这样的好事者，一位著名的英国科普作家采访了包括贝尔在内的 8 位物理界最知名的物理学家，想听听他们怎么看待这次"上帝的判决"，最后出版了一本叫作《原子中的幽灵》（*The Ghost in the Atom*）的书。我没有看过这本书，但是从用在网上搜索来的零星的信息拼出的结果来看，似乎愿意放弃定域性而保留实在性的科学家多一点，但多得不多。可怜的贝尔在被逼急了以后只好表示，如果非要放弃一个的话，他只能放弃定域性了，但他仍然试图说或许不用两个都放弃。也有很多物理学家津津乐道于观测者的作用，也就是我们人类本身对量子状态的作用，从意识谈到了精神。但不论从哪个角度来说，要让物理学家们放弃其中任何一个都是一件极其痛苦的事情。但是我要特别请读者注意一点，EPR 佯谬只是证明了定域性和实在性不可能同时正确，但是并没有证明有超光速的信号存在，这是不同的两个概念。如果愿意放弃实在性，则相对论依然是牢靠的。

　　量子的这种纠缠态也被称为量子的隐形传输，可以用来做通信的加密，但是不能用来做超光速的通信。更加需要强调的一点是，量子的隐形传输传递的是量子态，而不是能量和物质。而我国各大报纸曾经用头版报道量子隐形传输实验，把量子通信说得神乎其神，肆意地夸大渲染。尤其是 2016 年 8 月 16 日，中国发射了全世界第一颗量子通信卫星，各种舆论对量子通信的报道达到了顶峰，但这次的舆论报道相对准确、客观了许多。我想说明的是：第一，量子通信卫星的主要功能是加密，通信方式依然是传统的光通信。第二，量子通信无法保证信息不被窃听，只能保证一旦信息被窃听，可以第一时间报警、中断通信或者改变密钥，从而间接保障信道安全。第三，量子通信再厉害也无法做到超光速通信，现在不行，将来也不行，理论上就行不通。第四，至于说未来通过量子通信能够把物体甚至人体超光速瞬移，那就更是扯淡了，没那么厉害。要知道，无线电通信能达到光速，是因为传递信息的媒介是光子，光子没有静质量，所以能达到光速。而一旦要传递有质量的物质，理论上就不可能达到光速，更不要说超过光速。迄今为止，人类还没有发明任何一种理论允许超光速地传输能量、物质、信息。

　　物理学走到今天，已经大大出乎了牛顿和爱因斯坦的预料，它逐渐在人们的眼前显现出这样的一幅图景（图 8-14）。

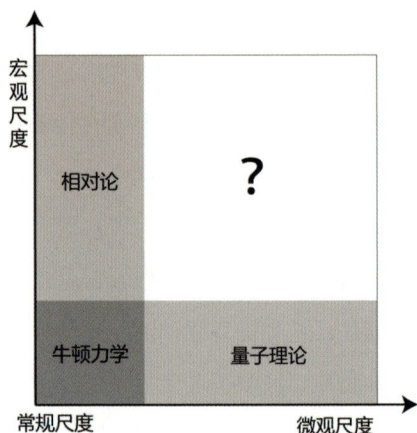

图 8-14：目前物理学的图像

　　在我们日常身处的常规尺度下面，我们用牛顿力学就足够了。但是随着尺度的不断扩大，尤其是扩展到了宇宙尺度的时候，就必须用相对论来解释宇宙万物的规律了。而随着尺度的不断缩小，到了量子的世界，就必须用量子理论来解释了。简言之，尺度越大，相对论与实际观测结果越符合；尺度越小，量子理论与实际观测结果越符合。但是要命的是这两大现代物理学的基础理论似乎是不相容的，它们不可能同时正确。关于某些说不清楚是大尺度还是小尺度的地方，比如说黑洞的内部、宇宙大爆炸的奇点，它们都质量巨大，但是体积微小，在这种时候，不论用相对论还是量子理论都会得到一些根本不可能正确的结果，例如"质量无限大""密度无限大""概率无限大"等等。在物理学中出现"无限大"这样的数学概念，本身就意味着理论出错了。相对论是如此简洁、优美，并且经受住了近百年的风霜洗礼，它俨然已经成了人类智慧的丰碑。而量子理论，从一出生就很不受人喜欢，所有的原理都是那么诡异，那么让人难以想象，然而正是这个诡异的理论造就了我们今天的信息时代。不论我们喜欢还是不喜欢，凡是你身边有芯片的东西，从手机到电脑，都离不开量子理论，没有量子理论，我们根本不可能像今天这样通过互联网与整个世界连通。量子理论在实际生活中的应用程度是相对论的百倍、千倍。

请各位读者务必记住，我们必须小心翼翼地使用"推翻""颠覆"这样的字眼来描述新旧理论之间的关系。在某些特定场合，为了吸引眼球，我们偶尔这么说说是可以的，但当你真想表达自己发现了一个新理论时，你最好不要说你推翻了旧理论。我们可以看到，相对论是对牛顿理论的修正，在常规尺度下，相对论就会退化为牛顿理论，量子理论也是同样的情况。而且以后出现的新理论也一定是对相对论和量子理论的修正，这两大理论也一定是新理论的近似理论。以后凡是看到有人宣称牛顿理论和相对论都错了，已经被他推翻了，这种文章你基本看个开头就不用再看下去了，这绝不会是真正的物理学家写出来的东西。

万物理论

现在要命的是，相对论和量子理论这两位久经风霜、战功赫赫的"战士"在本性上是水火不相容的，它们之间的鸿沟无法跨越。那么，有没有一个能兼容相对论和量子理论的崭新理论呢？物理学家们坚信，那种理论是否存在无须争论，肯定是存在的，我们要想的应该是如何找到它，而不是去怀疑它的存在。这个包容了牛顿理论、相对论、量子理论的新理论，物理学家们给它起了一个名字，叫作"T. O. E."，也就是英文"Theory of Everything"的首字母简写，中文名叫作"万物理论"（图 8-15）。这个"T.O.E"能够解释我们已知的所有尺度的物理现象，而且不管是牛顿理论、相对论，还是量子理论，都是这个万物理论的近似理论。

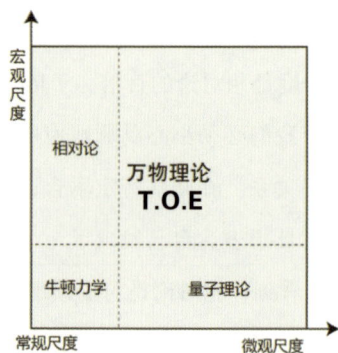

图 8-15：万物理论图示

这就是最近几十年来大批理论物理学家孜孜不倦、梦寐以求的理论。而现在我们所处的这个时代，似乎又是一个创世记的时代，天下英雄辈出，万物理论的尾巴似乎已经被我们揪到了。物理学的又一个黄金时代已经到来，错过了这个时代的未来的物理学家们在翻看今天的物理学史的时候，那种感觉可能就像我们现在看 20 世纪初的那些激动人心的物理大发现的日子一样。

万物理论到底离我们还有多远？真实的宇宙到底是什么模样的？这个世界的本源到底是什么？我们何以存在？我们的宇宙将通向何方？这一切有答案吗？

或许，正如现代的物理学家们告诉我们的那样：我们的宇宙真的是一首气势恢宏的交响乐。

请看下一章，全书的压轴大戏即将上演。

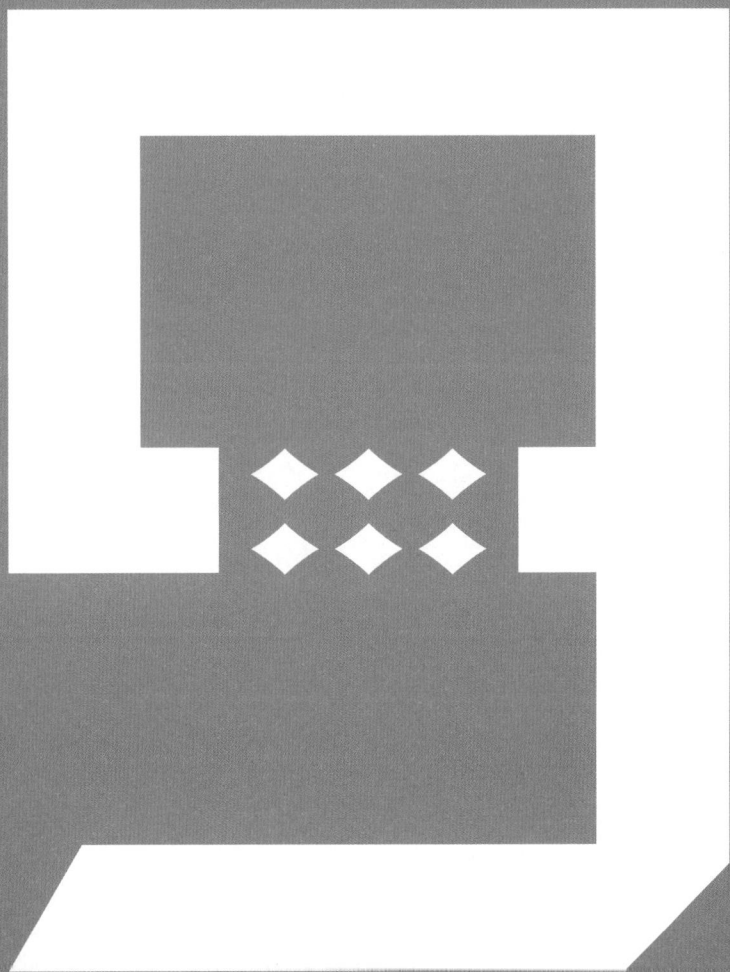

Chapter Nine

宇 宙 是 一 首 交 响 乐

The Shape of Time

万物皆空，唯有音乐

我们这个世界的万物到底是由什么构成的？

这个朴素的问题，人类从 2000 多年前的古希腊就开始不断追问。德谟克利特第一个提出了原子说，他认为世间万物都是由一种叫作原子（希腊文原意就是不可分割的意思）的小球构成的，每个小球都是一模一样的，它们的不同组合构成了万物的不同形态，包括你和我。2000 多年弹指一挥间，人类对世界的认识就像爆炸一样增长。很快，化学元素被发现，门捷列夫发现了元素周期表；后来，现代的原子理论发展起来，卢瑟福发现原子并非不可分割，可以分解为原子核和电子；再后来，原子核又可以分割为质子和中子，质子和中子又可以继续分割为夸克；然后又是形形色色的"子"被发现，什么中微子、轴子、希格斯粒子等等。物质似乎没有尽头，可以被无限分割下去……

但是，终于有了到头的一天。根据现代最新的物理理论，到头来，一切都是——空。

"拜托，刚才还一本正经地给我们上科学史课，怎么突然跟我们玩起哲学概念了。"我已经听到了你心里面的嘀咕声。

我是在很认真地告诉你，真的，到头来一切都是空。比如，你拿起一杯水，仰头一口气喝下去了，我来问你，你喝到的是什么？

你说："水啊，化学分子式为 H_2O，两个氢原子和一个氧原子组成了水分子。"

我说："好，我承认你喝下了无数的氢原子和氧原子。那你知道原子又是怎样的一番情景吗？让我来告诉你，原子是由原子核和电子组成的，原子核只占到整个原子体积的几千亿分之一，而电子比原子核还要小 1000 倍。我给你打个比方，整个原子就像一个足球场那么大的气泡，原子核就是当中的一粒沙子，而电子就像一小颗灰尘一样在气泡里飞来飞去。如果你看到这样的一个气泡，你会认为这几乎是空无一物的气泡，你再仔细找也难以找到原子核和电子。你喝下去的一杯水，就是由无数个这样的气泡组成的，看起来是满满一杯水，其实里面 99.9999999999999% 是空的。如果把这杯水里所有原子中空的部分全部抽走，只留下原子核和电子，那么这杯水剩下来的东西，你要用现在全世界最强大的电子显微镜放大差不多一亿倍才能看到。现在你还认为你喝下的是一杯水吗？"

你说："好吧，我承认我其实只喝下了很小的一点东西，但你也不能就因此认为我喝下的是空，好歹还有点原子核和电子嘛。"

我说："很遗憾，我的话还没说完。那么原子核和电子又是由什么组成的呢？它们是由一些更小的基本粒子组成的。这些基本粒子又是由什么东西构成的？有些物理学家告诉我们说，这些基本粒子到头来都是一个个的'橡皮筋圈'，它们就像吉他弦一样在空间中振动着。构成这些'橡皮筋'的材料不是别的，正是空间本身，一段弯曲的六维空间。到头来什么也没有，只有一段段弯曲的六维空间蜷缩在你无法想象的小的三维空间中，构成一个个'橡皮筋圈'，以不同的频率振动着。"

如果这个理论是对的，那么，你喝下去的其实只是空间本身而已。这个宇宙除了空间本身，真的是什么也没有，你和我，世间万物，到头来一切都是空。

以上我所说的一切都不是胡思乱想。这些正是最近 30 年在物理学界迅猛发展起来的"超弦理论"，也是谢耳朵的专业方向，它现在是万物理论的候选理论。

在超弦的世界中，一个个振动着的"橡皮筋圈"就是构成物质的最小单位，不同的振动频率构成了不同的基本粒子，不同的基本粒子组合又构成了质子、中子，质子和中子组合在一起构成了原子核，原子核和电子一起构成了原子，原子构成分子，分子构成材料，材料构成了世间万物，包括你和我。

上帝就像是一个神奇的魔术师，在空无一物的空间中随手这么一抓，然后在手中一搓，一段空间就被搓成了一根弦。然后他捏起弦的两头，在空中打了一个结，再用手指这么轻轻一弹，于是，弦振动了起来，这就是夸克。接着上帝又用同样的手法制作了电子、轻子、胶子、光子……最后，他用眼花缭乱的迅捷手法，不知怎么的就用这些"子"组成了质子、中子、原子、分子、金子、银子……

如果上帝可以听见振动着的弦发出的声音，那么每一个基本粒子就是一个音符，原子就是乐句，分子就是乐段，世间万物、你和我就是乐章，整个宇宙就是一首恢宏的交响乐。这首交响乐从宇宙诞生的那天起就开始演奏，直到宇宙消失的那天为止，永不停歇。

宇宙是一首永不停歇的交响乐，我们都是这首交响乐的华美乐章！

这些听起来美妙但又不可思议的事情到底是怎么被发现的？物理学家们为何要向世人发出"到头来一切都是空"这样的宣言呢？超弦理论家们到底有什么线索？未来我们又需要怎样去证明它？

让我带你去了解一下他们是如何探索隐藏在物质最深处的秘密的，你一定会被人类所展现出来的惊人智慧折服。宇宙让我们敬畏，但是物理学家们也同样值得我们敬畏。

击碎原子

如果有一种理论能被称为万物理论的话，那么它首先要解决我们所在的这个宇宙中最基本的两个问题：（1）物质到底由什么东西构成，是怎么形成的，物质有没有最小单位？（2）宇宙中的"力"到底是什么，有没有一种最基本的理论和一个统一的公式能描述宇宙中所有的"力"？

让我们先从第一个问题开始——寻找物质的最小单位。

观察一个篮球，我们用眼睛看就可以了。如果要观察一粒灰尘，那么我们需要拿一个放大镜仔细地看。如果要观察一个病毒，我们就不得不借助显微镜。可是，如果我们要观察一个比病毒还要小几千万、几亿倍的东西，你觉得应该怎么办呢？我知道你肯定抓耳挠腮想不出办法了，只能等着我告诉你答案。

其实，观察一个东西的形状和性质不一定要直接观察，我们还可以通过一种间接的办法去了解这个东西，我把它叫作"子弹射击法"。

打个比方，我现在把一样东西用一根棍子支在空中，然后在这样东西的周围裹上一层白雾（假设我发明了这样一种不会散去的雾气），于是你无法看到雾气中的东西到底是什么，自然也就不知道它的形状、性质等。现在我给你一把枪，里面装满一种轻柔的橡皮子弹，你用这把枪不断地对着白雾中的那样东西射击。射击几次以后，根据橡皮子弹被反弹的次数和反弹的角度，你大概就能感觉到这个东西的大小，还能模糊地感觉到这个东西的硬度。

随着射击次数的增加，以及观察子弹被反弹情况的细致程度的提高，你越来越有经验，你现在连这样东西的形状都已经能大致确定了——是一个圆形的东西。但是你很快就发现，子弹的大小是个问题，虽然你已经发现了那样东西的表面肯定是不光滑的，但是这种橡皮子弹太大了，以至于你无法进一步了解那个东西的表面到底粗糙到什么程度。

于是，你要求我把橡皮子弹换成米粒子弹。你开始使用米粒子弹，加大射击频率，仔细地观察反弹出去的米粒，你对这样东西的外形的认识越来越清晰了——这是一个近似椭圆形的东西，上下似乎有两个尖头。

然后你开始专注于研究那些反弹角度很小的米粒，因为这些米粒能反映出这样东西表面的粗糙程度，一段时间以后，你发现米粒被反弹的角度呈现周期性变化，于是你可以确定这样东西的表面有一些明显的沟壑。但问题是米粒还是太大了，你无法细致地掌握这些沟壑的粗细和深浅。这次你换上了沙粒子弹，于是这样东西表面的细节被你掌握得更多了。于是每减小一次子弹的大小，你对那样东西的掌握程度就增加一分。直到最后你正确地猜出了我放在支架上的那样东西——一个大核桃。

如果你想通了我上面说的"子弹射击法"，认可这种方法能够确定一样无法被直接看到的物体的形状和性质，那么恭喜你，你已经掌握了人类探索隐藏在物质最深处的秘密的方法，那就是尽可能地找到更小的子弹，不断地轰击你要研究的对象。如果对象穿着"衣服"，就把"衣服"打下来然后继续打。没错，这个方法"很黄很暴力"，但是真的很管用。不管对象是什么东西，只要我的子弹与观察对象相比足够小，我就能搞清楚对象的所有细节。

人类很快发明了一种用电子作为子弹的探测装置，这种装置就是被我们称为电子显微镜的东西，用这种显微镜甚至能"看到"原子的形状和大小。虽然电子这种子弹足够小，但问题是电子的"力道"太小，打到原子上就被反弹开了（后来人们知道是因为电子带电，因为同性相斥的道理，被带着电子的原子排斥开了），就好像我们用沙子去击打篮球，我们虽然能掌握篮球的形状和大小，却无法进一步地了解篮球内部到底是由什么组成的。

但是勇敢无畏的物理学家们很快又在自然界中找到了一些神奇的矿物质，这些矿物质会天然地放射出大量的微小粒子（被称为 α 粒子），而且这些粒子和电子比起来，就好像是真手枪子弹和玩具手枪子弹一样，它们的速度甚至可以达到光速的十分之一，力道大得惊人，可以轻而易举地穿透金属制成的箔片，更不要说人体了。

被人类发现的其中一种这样的物质叫作镭，它是由大名鼎鼎的居里夫人发现的。但是就像我前面说的，镭时时刻刻都在放射出看不见的"超级子弹"，可以把人体细胞中的 DNA（脱氧核糖核酸）都打得稀烂，居里夫人就是因此被镭夺去了宝贵的生命，为人类的科学事业献了身。除了镭，这样的物质还包括名震四海的铀，因为它是制造原子弹的材料（笔者在核工业部某大队长大，这个大队的主要任务就是四处寻找铀矿。笔者的父亲是新中国首批该专业毕业生，找了大半辈子的铀矿。只是据我所知，他们找到了不少金矿，铀矿却没找到多少，也好在找到的不多，幸使家父至今身体健康）。这些矿物质被统称为"放射性材料"。

英国物理学家卢瑟福第一个想到用这种放射性材料做成"枪"，用它们放射出来的力道实足的粒子作为子弹，他准备用这把"枪"去轰击原子，看看会发生什么。1909 年 3 月，卢瑟福用一把"镭射枪"对着一张金箔（就是把金子做成薄薄的一张纸）猛烈开火，然后他详细地记录了所有发射出去的子弹在遇到金箔后的散射情况。他发现几乎绝大部分粒子都如入无人之境，直接射穿了金箔，但是有大概八千分之一的粒子的方向发生了大角度的偏转，还有大概十万分之一的粒子竟然被反弹了回来。卢瑟福后来回忆说，发现居然有被反弹回来的粒子时，他相当吃惊："这是我一辈子中遇到的最不可思议的一件事情，这就好像用一门大炮对着一张纸轰击，打了十万发炮弹出去，全都直接穿透了那张纸（这太正常了）。但第十万零一发炮弹打过去，这发炮弹居然没有穿过纸，而是直接被反弹了回来，打着了自己。"就这样，卢瑟福发现了原子的秘密，原子内部有一个非常致密的原子核，但是体积只占了整个原子的一丁点。伟大的卢瑟福一生培养了近 10 位诺贝尔物理学奖和诺贝尔化学奖得主，还不包括他自己在内。可惜的是，卢瑟福也步了居里夫人的后尘，死于自己最亲密的伙伴——放射性材料的手里。

原子核被发现以后，人类继续往下探索的挑战就更大了。因为原子核实在是太坚硬了，天然的镭射枪根本打不碎它。打不碎，自然就无从知晓原子核内部的秘密了。但是，没有什么事情能难倒厉害的物理学家们，他们很快就找到了一种提高子弹力道的方法，那就是"电磁加速"。粒子是一种带正电的粒子，学过中学物理的人都知道，一个带电的物体在电磁场中会受到洛伦兹力。于是人们想到：可以利用电磁场给粒子加速，一旦速度提高，那么粒子的能量就提高了，只要不断地提高能量，总能把原子核轰开。于是人类开始制造这种被称为"粒子加速器"的机器，用来加速粒子轰击原子核，从而去探究原子核里面的秘密。粒子加速器一般都是一个超级巨大的环形轨道，这玩意耗电巨大，粒子在里面被一圈圈地加速，甚至能够被加速到接近光速！

人类如愿以偿地把原子核给击碎了，并且发现原子核是由质子和中子组成的，还惊讶地发现原来我们用来做子弹的粒子其实就是由两个质子和两个中子组成的。既然质子能被加速，那么电子也能被加速，用电子做子弹的好处就在于电子比质子还要小 1000 倍，正如我们前面所说的，子弹越小探测得越精确。但子弹光是小没用，还要力道足够大，也就是要速度足够快，这样才能击碎目标。于是，要提高电子的速度，就需要更强的电力和更长的加速距离。

建造粒子加速器是目前人类认识物质深层次秘密的唯一途径，因此全世界都展开了竞赛，看谁建造的粒子加速器更强大。目前暂时取得世界第一的是坐落于日内瓦附近的欧洲大型强子对撞机（Large Hadron Collider，简称 LHC，见图 9-1），这个庞然大物恐怕是目前人类建造的最大的一部机器，花费了100 多亿美元，它的环形加速轨道的周长有 27 千米，埋在地底下。图 9-2 可以让你对它的大小有一个直观感受。

图 9-1：LHC 的卫星示意图

图 9-2：LHC 的环形加速轨道

　　这个庞然大物一旦开动起来，所需要的电力实在惊人，据说它一开动，整个日内瓦市的所有电灯都会变暗，因此它往往在晚上用电低峰的时候开动。它需要一个可以给一座中型城市供电的发电厂专门为它供电。这么一个庞然大物，里面跑的居然只是一些小得不能再小的粒子。粒子加速器把一些粒子加速到接近光速后，就会让这些粒子对撞。但是你知道要让那么小的粒子正面对撞的概率有多小吗？这就好像一个人在上海，一个人在旧金山，两个人各拿一把手枪，隔着太平洋对射，要让子弹刚好和子弹撞上，你说这个概率有多小。因此，为了提高对撞的概率，只有一个办法，那就是一下子打出去几亿甚至几十亿、几百亿颗子弹，那么总有那么几颗子弹会对撞的。

　　人类就是靠着这种机器让粒子对撞，然后再观察对撞后粉碎的粒子的轨迹来研究微观世界、寻找新的粒子。不负众望的是，越来越多新的粒子在实验室中被发现，这些粒子要么具备以前没有发现过的质量，要么就是自旋的方式不一样。现在，人类已经基本掌握了一张数据表，里面标明了已经发现的各种各样的粒子的各种性质，例如质量、大小、自旋方式、电荷、相互作用力等等。现在人类不禁要问：有没有一种统一的理论，在这个理论下所有这些基本粒子都可以被看成同一种物质的不同表现形式？就好像石墨和钻石，看起来如此不同的两样东西其实都是碳元素（C）的不同表现形式，碳原子的不同排列形式决定了材料的性质。那么这些看起来质量、自旋方式、电荷、大小都不同的基本粒子是不是也能够用一种统一的理论去描述呢？如果有的话，那么这就有可能发展成为万物理论。

我们了解了基本粒子的本质成因，就能了解由基本粒子构成的原子、分子、材料、万物的性质和成因。打个比方，这就好比我们如果掌握了大气中每个分子的运动规律，就能计算出整个大气的运动规律。当然，这需要超级庞大的计算能力，但从理论上来说，事实就是这样的。而一个分子相对于所有基本粒子来说，就像是整个大气，我们把组成分子的每个基本粒子的规律掌握了，那么掌握分子的规律也就是顺理成章的事情了。

像这样的关于基本粒子成因的理论绝不是可以随意胡思乱想的。你必须找到一种理论，在这种理论下你可以得到描述这个理论的数学方程式，用这些数学方程式能够自然而然地运算得到所有已经发现的基本粒子的各种属性，并且不仅能解释已经发现的所有基本粒子，还能预言没有发现的基本粒子的各项属性。

就好像广义相对论，虽然它成功地解释了水星的进动现象，但是仅能解释已有的现象还是不能让人信服，只有当广义相对论成功地预言了星光偏转现象之后，全世界的物理学家才信服了这个新理论。寻找这样的一个可以解释所有基本粒子成因和准确地推算出各种数据的理论就是人类向万物理论发起冲锋的第一步。

宇宙中的四种"力"

再让我们来看看第二个问题——宇宙中的"力"。

我如果问你"力"是什么，你可能马上会想到，"力"不就是力气、力量、力度吗？我如果问你受力的大小怎么理解，你可能会挥起拳头这么一比画，说拳头往沙包上打去，打得越狠，沙包受到的力就越大。可是，这些力都不是物理学家眼里这个宇宙中最根本的力。我们一拳打在沙包上，一个小球撞向另外一个小球，或者一颗子弹洞穿标靶，这些是动量守恒定理在起作用，我们只要知道物体的运动速度和质量，就可以计算撞击后发生的一切事情。

什么才是最根本的力呢？我们根据牛顿定理就知道，力是改变物体运动状态的作用。那么到底是什么作用在改变着物体的运动状态呢？两个小球相撞，虽然两个小球各自的运动状态都被改变了，可是从整个系统的角度来看，两个小球仍然符合动量守恒，其实并没有什么"力"掺和在这起小球相撞事件中，只不过是"速度"从一个小球转移到了另外一个小球上。

宇宙中的第一种基本的力是万有引力。你想想，我们平常所感受到的力，究其本质其实都是引力在起作用。比如我们每个人自身感受到的重力，其实就是地球对我们的引力，大气压力是空气的重力，静止在高山上的石头滚落，也是引力在起作用。

接着，人们又发现了宇宙中的第二种力，那就是电磁力。比如两块磁铁异性相吸、同性相斥，特别是当你感受同性相斥的效应时，你尤其能实实在在地感到磁力的存在。我们看到的火车开动、电梯升降，甚至煤气灶把水烧开，这些现象究其根本，其实都是电磁力在起作用。

除此之外，还有没有第三种力了呢？在爱因斯坦活着的时代，其他种类的力还没有得到实验室的证实。在爱因斯坦的时代，物理学家们发现，宇宙中一切运动物体的物理现象，究其根本只有两种力在起作用——引力和电磁力。不论是什么样的运动状态的改变，你研究到最后，都会发现归根结底是引力和电磁力的作用结果。

在引力方面，我们先有牛顿的万有引力公式，后有广义相对论修正了的引力公式来描述；在电磁力方面，我们有优美的麦克斯韦电磁方程组来描述。而且我们发现引力比电磁力弱得多。比如，把一根塑料棒在头上擦两下，就能把桌上的纸片轻而易举地吸起来，也就是说在头上擦两下产生的电磁力远远大于整个地球对纸片产生的引力。

爱因斯坦在人生的最后 30 年中，一直致力于把引力和电磁力统一到一个数学表达式中，这被称为"统一场理论"（Grand Unified Theory，简称 GUT）。爱因斯坦认为如果统一了引力和电磁力，他就找到了这个宇宙中最深的奥秘，并且他坚信利用他发现的广义相对论能够找到这个统一场理论。然而，爱因斯坦苦苦追寻了 30 年，直到去世，也没能找到。在爱因斯坦之前的所有物理学家都习惯于"自大而小"地寻找理论，也就是先从最大的宏观上找到一个近似的理论，然后逐步地修正它，使之和实验值契合得越来越精确。在后爱因斯坦时代，人们开始意识到这个方法可能根本就是错的，或许"自小而大"才是根本的解决问题之道。

在爱因斯坦去世后，人类对微观世界的了解越来越多，尤其是有了威力巨大的粒子加速器之后，人类对原子的了解突飞猛进。于是，又有两种最基本的力被发现，一种叫作弱核力，它是物质产生放射性现象的根本原因；另一种叫作强核力，这种力把质子和中子结合成了原子核。说到这个强核力，看过《三体 2·黑暗森林》的朋友都对那个威力无穷的"水滴"印象深刻吧，那个"水滴"又叫"强相互作用力探测器"，"强相互作用力"指的就是强核力，是人类迄今为止发现的最强的"力"。它有多强，看看《三体 2·黑暗森林》就知道了，保证让你印象深刻。

现在，上帝把这四种力摆在人类的面前，就好像是四块拼图。上帝说：这四块拼图原本是一个完全没有缝隙的完整的正方形，我用了一种巧妙的手法把它分割成了四块，请你们人类思考一下该如何还原回去。

上帝留给人类两道终极思考题：一道题是，用一个统一的理论解释所有基本粒子的起源和成因；另一道题是，把宇宙中的四种基本作用力用一个统一的数学公式描述出来。

在这持续 3000 年的科学攀登中，存在无数的磨难和坎坷，我们曾经掉在陷阱里几百年都出不来，也曾经被困在迷宫中差点找不着出路。终于，这一天来临了——我们，居于银河系边缘的一个毫不起眼的太阳系中的一颗美丽蓝色行星上的两足生物，站到了上帝的面前。上帝说："如果你们能解开这两道题目，那么请接受我最诚挚的敬意，我从此收回我以前的一句玩笑话——'人类一思考，上帝就发笑'。"

我们朝上帝微微一笑："不论你发不发笑，我们都不会停止思考。"

超弦理论

上帝有时候对人类挺好的，经常会给我们一点好运气，弦理论的发现也是这样。物理学界流传着这样一句话："弦理论是 21 世纪的理论偶然落到了 20 世纪，被运气好的物理学家们拾到了。"

1968 年，有一位叫加布里埃莱·韦内齐亚诺（Gabriele Veneziano，1942—）的年轻意大利物理学家，他就职于大名鼎鼎的欧洲核子研究中心（简称CERN，这里面出过很多非常厉害的人物，包括万维网之父蒂姆·伯纳斯·李，我们前面提到的那个全世界最大的粒子加速器 LHC 也是这个机构建造的）。大多数物理学家都是数学家，这个韦内齐亚诺也不例外，他对数学相当感兴趣。有一天，他闲来无事开始把玩 200 多年前大数学家欧拉发明的一个函数——所谓的欧拉函数，即给一个 x 值，算出一个 y 值，再给一个 x 值，再算出一个 y 值，然后写在纸上，就好像小孩子孜孜不倦地把积木摆来摆去一样。你可能觉得物理学家真奇怪，这有啥好玩的？我们中有很多人都很讨厌数字，唯恐避之不及，所以就只能当当普通老百姓，当不了神奇的"家"。

韦内齐亚诺玩着玩着，突然发现眼前这些数字怎么越看越熟悉。物理学有时候就会出现这种惊奇和意外，韦内齐亚诺手中的这些数字让他突然联想到了全世界各地汇集过来的粒子对撞中产生的大量的原子碎片的各种数据，它们似乎有着极其惊人的关联。冥冥之中，似乎 200 多年前的欧拉获得了上帝的启示，写下了这个欧拉函数，历经 200 多年的时空后，维尼齐亚诺又偶然发现了这个函数的惊人秘密。但问题是，虽然这个函数很管用，但是没有人知道它到底有什么物理意义，就好像一个小孩背会了九九乘法表，可以轻松地帮奶奶算出菜价，但是小孩却完全不知道这个像歌谣一样的九九乘法表是怎么来的，表示什么意义。韦内齐亚诺面临的尴尬跟这个小孩是一样的。

要把一团乱麻给理成一根线，关键的也是最难的是要找到线头。现在，揭示微观世界秘密的线头被找到了，就是这个欧拉函数。两年之后，芝加哥大学、斯坦福大学、玻尔研究所的几位科学家几乎同时发现，如果用小小的一维的振动的弦来模拟基本粒子，那么它们之间的核作用力就能精确地用欧拉函数来描述。这根弦非常非常小，小到在我们现有的所有实验条件下，它表现出来的样子都仍然像一个点，实在太小了。

然而，弦理论的这条路非常坎坷，仿佛一堆刚刚冒出一点火星的柴堆，还没窜出第一个火苗就被当头浇了一盆凉水。弦理论最初的几个预言被实验数据无情地推翻，全世界的物理学家们在一片唏嘘中都不情愿地把弦理论扔进了废纸篓，只有谢尔克（Scherk）、格林（Green）和施瓦兹（Schwarz）等少数几个物理学家仍然没有放弃。他们觉得弦理论所展现出来的数学之美实在是太令人印象深刻了，哪怕在实验数据上有瑕疵，他们也不愿意放弃，他们愿意去修正理论而不是把它扔到垃圾桶中。经过 10 多年的努力，他们终于在一篇里程碑式的文章中解决了矛盾，并且向世人宣告弦理论有能力成为万物理论。这篇文章在物理学界一石激起千层浪，许许多多的物理学家放下手头的工作，激动地阅读格林和施瓦兹的文章，读罢，很多人都马上停掉了手里的研究项目，转而一头奔向这个终极理论的战场。有什么事情能比探求统一全宇宙的理论更令人激动的呢？

1984 年至 1986 年，物理界出现了"第一次超弦革命"。为什么在弦理论前面又增加了一个"超"字呢？格林和施瓦兹认为每一个基本粒子必须有一个"超对称"的伙伴，电子有一个超伙伴叫超电子，光子的超伙伴叫光微子，等等。弦理论和超伙伴的假想一结合，立即发挥出巨大的威力，就好像脱去普通西装、露出内裤外穿的超人服一样。从此，弦理论升级为超弦理论。超弦理论认为，任何基本粒子都不是一个点，而是一根闭合的弦，它们以不同的方式振动时，就分别对应了自然界中的不同粒子。我们这个宇宙是一个十维的宇宙，但是有六个维度紧紧地蜷缩了起来。就像我们远远地看一根吸管，它细得就像一条一维的线，但是当我们凑近一看，发现它其实是一根三维的管，其中的二维卷起来了。那六个维度的空间收缩得如此之紧，以至于你必须放大一亿亿亿亿多倍（1 后面 34 个 0）才能发现，其实所有的粒子都不是一个点，而是一个六维的"橡皮筋圈"（图 9-3），不停地在空间中振动，演奏着曼妙的音乐。

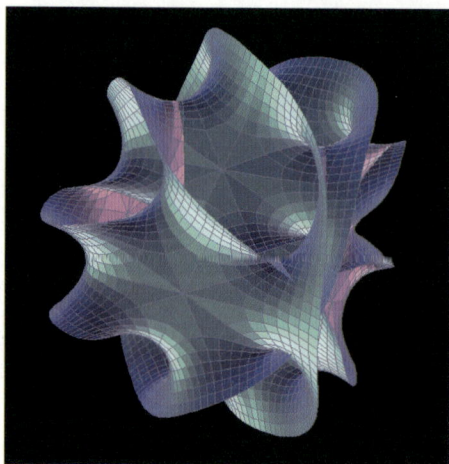

图 9-3：超弦假想图

从第一次超弦革命爆发到现在，已经过去了 20 多年，物理学界又有了很多很多的进展。例如从超弦理论中又派生出 M 理论，现在正热门。这个理论把十维的宇宙又扩展了一维，变成了十一维的宇宙（十个空间维加上一个时间维）。

再往下讲就不是本书力所能及的范围了，毕竟这仅仅是一本介绍相对论的闲书，甚至都不能被称为一本严谨的科普书。如果你对超弦理论还想了解更多，推荐阅读美国物理学家布赖恩·格林写的《宇宙的琴弦》。

伟大的设计

我们这本书要带领大家一起走过的旅程到这里就差不多要到达终点了。然而终点并不意味着结束，而是恰恰意味着一个新的起点。这个宇宙留给我们的两道终极思考题我们还没有找到答案。

北京时间 2013 年 10 月 8 日下午 6 点 45 分，在瑞典斯德哥尔摩音乐厅，白发苍苍的彼得·希格斯（Peter Higgs，1929—2024）老先生激动地坐在台下，这位 84 岁的老人为了这一天，足足等了将近半个世纪。虽然诺贝尔物理学奖还未正式揭晓，但是几乎所有人都知道，今年的这个奖项非他莫属，老先生含泪等待着宣布结果的那一刻。瑞典皇家科学院没有让希格斯老先生失望，2013 年的诺贝尔物理学奖众望所归地颁给了希格斯和比希格斯小 3 岁的弗朗索瓦·恩格勒特（François Englert，1932—　），以表彰他们在 49 年前提出了粒子物理学的标准模型，并预言了希格斯玻色子的存在。就在一年多前的 2012 年 7 月 4 日，欧洲核子研究中心正式宣布，他们以 99.99994% 的置信度发现了希格斯玻色子。这条消息在那一年绝对是整个科学界的第一大新闻，所有报纸的头版头条都在追踪报道这个事件，无数科普文章铺天盖地地向公众涌来，很多知名的科学家认为这是物理学 40 多年来最重大的发现之一，堪比登月。我有幸见证了这样一个科学史上伟大的历史时刻。为什么希格斯玻色子如此重要，那是因为这是整个标准模型中最后一个没有找到的粒子，而恰恰这最后一个粒子又是最为重要的一个粒子，它产生了世间万物的质量。你想想，如果没有了质量，那么我们所见的一切有形物都将不复存在,因此,希格斯玻色子还有另外一个非常令人震撼的别名——"上帝粒子"。但物理学家们还没有到能沾沾自喜的地步,虽然标准模型预言的所有粒子都找到了,但这个模型很难看,一点也不简洁。打个比方来说,如果一个人问:"麻雀、蚂蚱、青蛙、鲫鱼的共同祖先是谁?"生物学家把这四种动物用胶水粘到一起,然后扔给你说:"瞧,就是这家伙。"这差不多就是标准模型留给物理学家们的直观感受,虽然它很好地解释了每一个粒子的性质,但是这个模型就像前面那只"共同祖先"生物一样,长得极为丑陋、复杂、怪异。科学家们普遍相信,一定还有一个比标准模型更加简洁的理论模型,人类对微观世界的探索还远远没有到达尽头。一个里程碑的到来意味着下一段更加艰苦的赛道开始了。

2016年2月12日早上7点48分,像每一个平凡的早晨一样,我洗漱完坐到餐桌旁边准备吃早饭,习惯性地拿起手机,准备放一点什么东西边吃边听。我点开了微信订阅号(图9-4),惊讶地发现,我的手机被一个词刷屏了——"引力波"。

图 9-4:发现引力波的消息公布当天我收到的订阅号信息

　　尽管几天之前引力波可能被正式发现了的消息已经传得满大街都是了，但是当这个消息真正到来的时候，我还是热泪盈眶了。这是人类智力的又一次伟大胜利，爱因斯坦广义相对论的又一个预言被证实了，一个人类探索宇宙奥秘的新纪元到来了。像这样的新纪元事件之前还发生过两次，第一次是光学望远镜的发明，它让人类拥有了一双真正的"千里眼"；第二次是无线电波的发现和射电望远镜的发明，它们让人类突破了肉眼的局限，开启了一种全新的观测宇宙的方法。前两次的飞跃，每一次都让人类获得了难以想象的新发现。而这次引力波的发现，与前两次技术飞跃一样，意义同样深远，从此人类又获得了一个全新的观测宇宙的方法。我坚信，在不久的将来，我们又能获得关于宇宙的令人难以置信的新发现。关于引力波，我在网上能看到的最好的一篇文章是原载于《纽约客》（*The New Yorker*）的长文"发现引力波背后最完整的内幕故事"（Gravitational Waves Exist: The Inside Story of How Scientists Finally Found Them），作者是尼古拉·特威利（Nicola Twilley）。这篇文章的开头写得极好，以至于我实在忍不住要一字不落地在下面引用给你们看：

　　十几亿年前，距离这里有数百万个河外星系之外，两个黑洞发生了碰撞。它们彼此围绕旋转了亿万年，好像是求爱的舞蹈，每一圈后都在加速，呼啸着靠近对方。到了间距只有几百英里的时候，它们几乎以光速旋转，释放出强大的引力能量。时间和空间被扭曲，像是壶里面煮沸的水一样。在不到一秒钟的分毫瞬间里，两个黑洞终于合并为一，它们辐射出比全宇宙的恒星辐射出的还多几百倍的能量。它们生成了一个新的黑洞，质量相当于62个太阳，面积几乎和缅因州一样。它（新黑洞）在平静下来的过程中，逐渐形成一个扁平的球状，最后的几缕颤抖的能量逃离出去，然后时间和空间再次寂静了。

　　黑洞碰撞产生的引力波向四周传播，旅途中随着距离衰减。在地球上，恐龙崛起、演化、消亡。引力波继续前进，大概5万年前，引力波到达了我们的银河系，正当智人开始取代其近亲尼安德特人成为地球上最主要的人猿时。100年前，爱因斯坦，灵长类物种中进化得最先进的人类的一员，预言了引力波的存在，激发了数十年的猜测和无果的寻找。20 年前，一个巨大的探测器开始建设，即激光干涉引力波天文台（Laser Interferometer Gravitational-Wave Observatory，简称 LIGO）。终于，在 2015 年的 9 月 14 号，在中午 11 点（中欧时间）前，引力波到达了地球。马尔科·德拉戈（Marco Drago），一位 32 岁的意大利籍博士后学生，全球 LIGO 科学合作组织的成员，成为第一个注意到它们的人。马尔科当时坐在位于德国汉诺威阿尔伯特爱因斯坦研究所他自己的电脑前，远程观看 LIGO 的数据。引力波出现在他的屏幕上，就像一条被压缩的曲线，不过 LIGO 装置着全宇宙最精妙绝伦的耳朵，可以听到万亿分之一英尺的振动，应该听到了被天文学家称为"蛐蛐叫"的声音——一声微弱的由低到高的呼叫。一年之后，在华府的新闻发布会上，LIGO 团队正式宣布那个信号即为历史上第一个直接观测到的引力波。

（注：文章翻译自"机械之心"，引用时有部分改动，载于"钛媒体"，https://www.tmtpost.com/1505605.html。）

上面这两段文字让我百读不腻，每一次阅读都会产生无限的遐想，这是宇宙间最渺小的个体对最恢宏事件的倾听，这是人类文明向宇宙展示的智力成就。

在短短不到两年的时间里，我就见证了必定会在人类文明史上留下印记的两大科学新发现，我们这代人难道不是幸运儿吗？ 2016 年 2 月 20 日，LIGO 团队宣布他们又确认发现了一起引力波事件。但这一次引起的关注就要小得多，这是对的，因为引力波从此会成为天文学研究的常规手段，全世界将会有无数的引力波探测器拔地而起，或者飞向太空。科学将带领我们窥探隐藏在深处的宇宙奥秘。

1999 年，霍金在一次演讲中公开宣称，他愿以 1：1 的赔率跟任何人打赌，人类将在 20 年之内找到万物理论，但很遗憾，霍金又输了一次，虽然并没有人真的跟他赌。但谁也不敢确定地说，下一个 20 年，万物理论是否能被找到。

超弦理论作为目前万物理论的唯一候选者仍然面临诸多的挑战，前途似乎非常坎坷。即便是像 LHC 这样全世界最大的粒子加速器，也只能探测到一百亿亿分之一米大小的尺度（探测更小的尺度需要更高的能量，这意味着把能量聚集到单个粒子的加速器必须做得很大很大），而弦的尺度比我们今天能探测到的尺度还要小 17 个数量级，因此，如果用今天的技术，至少要把我们的加速器造得跟银河系那么大才有可能探测出一根根的弦。但是不是只有等到直接"看"到弦的那一天才能证明超弦理论是否正确，我们仍然可以用很多的间接证据和实验信号来验证超弦理论。

从第一只古猿直立身体仰望星空到我们今天建造出 LHC 这样的庞然大物，不过大约 300 万年，和宇宙 138 亿年的历史相比，就如同一个百岁老人一生中不到 8 天的时间。然而正是在这"8 天"里，我们的哈勃太空望远镜已经能看到 465 亿光年外的宇宙尽头（注：虽然宇宙的年龄是 138 亿年，但因为宇宙在膨胀，目前可见宇宙的半径约 465 亿光年）；LHC 能探测到我们肉眼能看到的尺度的一亿亿分之一的东西；我们发明的理论大到能推测宇宙的膨胀系数，描述星系的运动轨迹，小到可以解释令人难以置信的量子行为。现在或许就差那么最后一步，人类将站到一个全新的高度来审视我们所处的这个神奇宇宙。难怪霍金在《大设计》中发出尼采式的宣言：

它（万物理论）将是人类长达三千余年智力探索的成功终结，我们将找到这个宇宙中最伟大的设计！

霍金的理想或许真的已经离我们不远了，我们在有生之年很有可能等到物理学家向我们宣布找到万物理论的那一天，我从内心深处为生活在这个激动人心的时代而感到庆幸。唯一遗憾的是，我除了静静地等待，似乎什么也做不了。但是如果我亲爱的读者中有即将选择自己人生方向的学子的话，那么请接受我对你的羡慕，你将有机会投身到这场寻找大设计、解答上帝留下的两道终极思考题的智力探索中。未来之路刚刚在你脚下展开，你的这一步或许决定了我能不能在有生之年看到答案！

（全书完）

Postscript to the First Edition
第一版后记

多年来，我一直有一个理想，等将来实现了财务自由，我要为中国的科普事业做点贡献，比如赞助一些科普作家，投资拍点科普的动画片、电视剧甚至电影，等等。因为我一直有一个朴素的信念，那就是中国的希望在于开启民智，而开启民智在于科普教育。

突然有一天，我想明白了一件事情，做科普跟有没有钱完全是两件事情，没钱人有没钱人的做法，有钱人有有钱人的做法，关键在于你是去做还是不去做。早一天做就是早一天实现自己的理想，早一天实现自己的理想等价于延长自己的生命。想通了这点后，我决定立即动手去做，自然，在现有的条件下面，写点科普类的文章是一个最现实的选择。我手头有一本令我爱不释手的曹天元写的《上帝掷骰子吗？——量子物理史话》，这本书曾经在网上连载，最后结集出版。我想以曹天元为榜样，写点东西。于是，我想到了写相对论。虽然我最喜欢的是天文学，但是鉴于大众对于相对论的陌生感要远远超过天文方面，因此，我决定先写一本介绍相对论的浅显的书。我的目标是凡是受过高中以上教育的普通人，都能轻松地阅读这本书。我并没有写一本非常严谨的科普读物的能力，我只能按照自己平常跟人聊天的习惯，以一种"侃大山"的形式来聊聊相对论这个话题，有很多地方加入了"戏说"的成分。希望那些被我戏谑过的大科学家，看在我卖力传播科学知识的分上，在天堂里不会生我的气。

有了上面的想法以后，我就马上开始动笔了。我怕自己没有毅力坚持写下去，所以不急于在网上发表，想等写了一大半以后再发到网上连载，这样不至于成为"太监帖"，对得起网友。写完第 2 章的时候，我拿给了几个好朋友看看，其中有一个朋友把我这份书稿传给了新星出版社的高磊老师，没想到她看过后，立即跟我取得了联系，说愿意出版这本书，这下实在让我有点受宠若惊。有了来自出版社的压力后，我一方面不得不更加认真地对待我的写作，另一方面自己也得到一种暗示，要坚持下去。

2011 年 5 月 29 日动笔，到 7 月 9 日，终于完成了这本书，我在写后记的时候想计算一下到底用了多少天。我把电脑右下角的日历点开一看，不禁哑然失笑，还真是巧，大家看看（图 10-1）。

图 10-1：写完本书的时间

刚刚好 42 天（不由得让人想起《银河系漫游指南》中的那个宇宙终极问题的答案），都不用数，一天也不多一天也不少，而且动笔的具体时刻和完稿的时刻都几乎是一模一样的，这还真是巧。这 42 天来，我坚持每天晚上睡觉前写两三个小时，周末则写一个通宵。说实话能坚持下来，我自己觉得并不是一件易事，因为我根本谈不上是一个作家，甚至称不上是一个写手，在写这本书之前，我从来没有一口气写过一篇超过 1 万字的文章。你们可以想到写出这么一本接近 17 万字的书稿对我而言是一个多么大的挑战。

　　我能完成这个挑战，有两个人功不可没。一个是我的妻子，她永远是我的第一位读者，每当我写完一段，她总是第一个阅读并且不忘给我鼓励，每次她看稿的过程中发出的会心一笑，就是对我最大的安慰。除了给我鼓励外，她还得忍受我每天晚上在床头嘀里啪啦敲击键盘的声音和屏幕亮光，但是这 42 天来，除了有一个晚上把我赶到了书房以外，其他时间她都毫无怨言。另一个就是出版社的高磊老师，是她每天成为我的第二个读者，给了我很多的鼓励和督促，如果没有她的督促，我想我肯定会借机偷懒的。我每次完成当天的写作任务后都会很惴惴然地问："昨晚写得还行吗？能看得下去吗？"对第一次写书的人来说，我很害怕受到打击，好在高老师作为资深编辑，深知这点，从来不给我任何打击，全是鼓励和肯定的话，甚至对我的"的地得"不分的语文水平也抱以非常大的宽容。她宽慰我说我完全不用管"的地得"的事情，她们的审稿编辑会帮我修订，我真是大为感激。我深知一旦自己写字的时候要考虑何时用"的"，何时用"地"，我就完了，思路完全没有办法延续。

　　同时也要特别感谢我的几个同事，他们为本书绘制了精美的插图，他们是平哥、大力、国华和君君，他们的工作为这本书增添了很多很多的温暖。

　　写到这里，我想对能坚持看到这里的用心的读者说：有一件事情我没有忘记，在本书的第 4 章结尾的时候提出的四个问题，还有两个我没有回答。我想能坚持看到这里的读者，或许真的都是些用心的读者，你们之中估计有些人还对此念念不忘。其实那两个问题（长棍佯谬和潜水艇佯谬）的答案已经不是很重要了，长棍佯谬必须考虑引力对时空的弯曲效应，而潜水艇佯谬则要复杂得多，如果你真的有兴趣，大可以在网上自己搜索答案。本书的最大目的还是在于激发读者的求知欲和好奇心，至于多一点、少一点问题的答案，其实并不是关键问题，如果到此时你仍然没有忘记那两个问题，说明我的目的已经达到了。

　　按照常理，我应当在后记之后开一个长长的参考书目的列表，但是我忍不住想问，这真的有必要吗？我的确看了不少书，如果要列出来的话，也能开一个长长的清单，但是其实要说参考，百度百科和维基百科还有各种各样的网站是我参考最多的东西，我仍然觉得完全没有必要列出来。不列参考书目，我觉得还可以向广大读者表明我是一个不懂学术研究的普通人，对我来讲，了解科学知识跟看美剧、打游戏、健身娱乐没有什么本质区别，它们都是生活的一部分，都是能给人带来享受的活动。

一个业余的、不懂学术研究的、大学专业是文科的人能不能写一点科普书呢？是不是只有真正的科学家或者至少是科班出身的正统科普作家才能写科普书呢？我想显然是未必的，在我看过的所有这类书籍中，恰恰是两个"外行人"写的书最好看，一个是写《万物简史》（*A Short History of Nearly Everything*）的比尔·布莱森（Bill Bryson，1951— ），还有一个就是中国人曹天元。我想，恰恰因为他们是外行人，所以他们更能知道普通人能看懂什么，看不懂什么，什么样的术语是恰当的，什么样的术语是过于专业的。

比尔·布莱森在《万物简史》的引言中给我们讲了一个他小时候的故事，说学校里面发下来一本地理教科书，他一下子就被一张精美的地球剖面图吸引住了。回到家里迫不及待地读了起来，可是却发现，这本书一点都不激动人心，它没有回答任何正常人脑子里都会冒出来的问题：我们的行星中央怎么会冒出一个"太阳"（高温的地核）？我们是怎么知道它的温度的？为啥我们的地面不会被烤热？为啥地球的中间不融化？要是地心都烧空了，会不会在地面形成一个大坑，我们都掉进去呢？等等。可是作者对这些有趣的问题只字不提，永远在那里翻来覆去地说背斜啊，向斜啊，地轴偏差啊，作者似乎是有意要把一切都弄得深不可测，并且这似乎是所有教科书作者的一个普遍阴谋：确保他们写的东西绝不会接近那些稍有意思的东西，起码要回避那些明显有意思的东西。这个故事很容易引起我们的共鸣，想想我们从小到大看过的那些教科书和指定的课外读物吧，对于那些真正有意思的问题，那些始终在我们脑子中萦绕的朴素疑问，似乎那些书从来不愿意正面回答我们的那些傻问题，仿佛一回答那些问题就丢掉了作者的荣耀。我们其实可以改变这些。

我这一辈子最大的愿望之一是，在我老得快要死掉的时候，收到几张全世界知名的科学家的信、卡片或者电子邮件什么的，任何东西都行，上面说："年轻的时候曾经看过您写的一本好像是科普读物的书，虽然名字和内容现在都已经想不起来了，但是我当年看完以后就毅然决定投身物理学，以至于有今天的一点点小成就，非常感谢您，祝您老一路走好。"

　　如果真有这样的一天到来，我想我会带着非常愉快的心情上路，这远比能睡进豪华骨灰盒、住进豪华墓地来得重要得多。

　　完。

汪诘

2011 年 7 月 9 日于上海莘庄

New Postscript
新版后记

经常有人问我，为什么那么热爱科普创作？

其实，我也一直在问自己，但总是不能回答得令自己满意。2019年末，我在"得到"上听科普作家万维刚老师解读美国作家戴维·布鲁克斯（David Brooks，1961— ）的新书《第二座山》。万维刚老师解读得极好，一下子戳中了我神经元中的某处开关，一些长期回荡在我脑中的碎片化思绪，被《第二座山》精准地拼接了起来，让我对这位智者的深刻洞见产生强烈的共鸣。可以说，布鲁克斯替我回答了这个问题。

所以，在本书的新版后记中，我也想把"第二座山"讲给你们听。

先跟大家说两个人，他们都是我虚构的人物，但这样的人又是真实存在的：

第一个人叫王伟，今年28岁，他和几个小伙伴一起创业，并且获得了一笔数百万元的天使投资，他们每天都不知疲倦地工作。王伟加了很多与创业有关的群，因为群里面每天都会有各种各样的励志故事，他能从这些故事中感受到力量。王伟的梦想是到纽约证券交易所去敲钟，他最崇拜的人是比尔·盖茨。如果有人问他："你为什么那么努力？"他通常会回答："我要让父母过上好日子，让自己的妻子有足够的安全感，让自己未来的孩子接受全世界最好的教育，我要实现自己的人生价值。"

另外一个人叫王霞，今年40岁，名校毕业，在职场上打拼了十五六年，在一家大型国企中担任高层，年薪过百万。但是，她遇到了人生中的不幸，10岁的孩子得了罕见病，在医院拖了两年后终于去世。从此，她经常会去医院做义工，帮助那些与自己有同样遭遇的人。这一天，王霞穿上清洁工的衣服打扫一间病房，患病孩子的父亲刚好出去抽烟了，王霞打扫完出来，在楼梯口遇到了孩子的父亲，父亲看到她，突然很生气，质问道："你为什么还不去打扫我孩子的病房！"王霞没有反驳，她谦卑地说："对不起，我马上去打扫。"然后她当着父亲的面又打扫了一遍。王霞在心里对自己说："这位父亲已经够不幸的了，我就不要再给他添堵了。"

第一个人，王伟，当然是一位值得我们点赞的有为青年，他在攀登人生的第一座山。而王霞攀登的，是第二座山。

"第二座山"是戴维·布鲁克斯发明的概念。他说人生要爬两座山，第一座山是关于"自我"的，你希望自己越来越成功、越来越厉害，要实现自我，获得幸福。第二座山却是关于别人的，是关于"失去自我"的：你为了别人，或者为了某个使命，而宁可失去自我。

并不是第一座山不应该爬，而是布鲁克斯注意到，有很多爬完第一座山的人，现在都在爬第二座山。第二座山不是以你自己为核心，而是以别的某个东西为核心。第一座山追求的是幸福，第二座山得到的是喜悦。

布鲁克斯说，幸福是爬完第一座山后的结果，而喜悦是攀登第二座山时得到的副产品。幸福是变幻无常、稍纵即逝的，喜悦却是深刻和持久的。幸福能让我们感到快乐，而喜悦却能改变我们。

但你不要走入一个误区，以为只有爬完了第一座山的人，才会去爬第二座山。其实，爬第二座山不需要任何先决条件，有些人一出道就已经在爬第二座山，有些人第一座山爬了一半突然改爬第二座山，而有些人一辈子都在同时攀登两座山。

或许你会觉得爬第二座山的人都是圣人，是人群中的极少数，是那些脱离了低级趣味的人，他们离你很遥远。

不是的，其实人人都有第二座山。试想一下，假如你正在完成一项很重要的工作，突然电话响起来了，你的孩子或者父母得了急病，需要你马上去医院。

请问，你会不会立即放下工作去医院？这时候你不会去考虑我如果没有完成工作，可能得不到升迁，可能会影响自己的职业前途等问题。这时候，你的头脑完全被自己亲人的安危占据，你没有时间再去多考虑其他的。这就是你的第二座山。这是因为，身为人父、人母，或者身为人子，你在接到电话的那一刻，受到了一种使命的召唤。

爬第一座山的人，是他选择了某项工作；爬第二座山的人，是某项工作选择了他。而这项工作对他而言就不再是工作，而是使命。

王霞能切身感受到那些患者和家属需要帮助，所以，打扫病房这个工作在她看来就不再是一项工作，而是使命。

你可以选择职业和职业生涯，但是你无法选择使命——你是被使命选择的。有一天你突然强烈地感受到一个召唤，你觉得这件事必须得做，而且必须由你去做，这就是你的使命在召唤你。

35 岁之前，我就是那个王伟，我拼命工作的动力是到纽约证券交易所敲响钟声。但是，在经历了三年的人生低谷，看完了 300 本书后，我被使命召唤了，我觉得是科普这个工作选择了我，因为我就是它最好的选择，它赖在我身上不肯走了。

这听上去似乎有点神奇加神秘，其实不然。如果明天地球遭到了外星人的入侵，你就不会觉得使命召唤有任何神奇之处。只要你还能行动，你就一定会被生存还是毁灭的使命召唤，在那一刻，我们都只有一个名字——"地球人"。

使命是要做一辈子的事，如果你有了使命感，你就不会考虑自己的天赋够不够，你只知道自己必须做这件事，为了把这件事情干成，你愿意学习任何新技能，你愿意进行任何艰苦的刻意训练。这个过程有时会让你感到很痛苦，因为刻意训练要求你反复做自己做不好的事情。

因此，除了被使命召唤，我们还需要和使命订立一个誓约。誓约不是合约，合约是有条件的，而誓约是无条件的。誓约是我给使命的一个承诺，不管别人怎么样，反正我拼命也要做到。尽管誓约也带给我痛苦，但它带给我的好处远远大过痛苦。

誓约让我有了身份认同。别人问我是什么人，我总不能回答他我是一个喜欢看电影的人吧。我会回答他，我是一个职业科普人。誓约给了我明确的目标，誓约让我下半辈子不再有选择困难症，誓约让我成为一个坚定的人。我每天写作，真实的原因并不是我多么擅长写作，而是我必须每天写作，这是我使命的一部分。誓约让我在攀登第二座山的时候慢慢改变自己。

在乔治·马丁（George Martin，1948—　）的《冰与火之歌》（*A Song of Ice and Fire*）中，有一段守夜人的誓词：

长夜将至，我从今开始守望，至死方休。

我将不娶妻，不封地，不生子。

我将不戴宝冠，不争荣宠。

我将尽忠职守，生死于斯。

我是黑暗中的利剑，长城上的守卫，抵御寒冷的烈焰，破晓时分的光线，唤醒眠者的号角，守护王国的坚盾。

我将生命与荣耀献给守夜人，今夜如此，夜夜皆然。

守夜人大多是卑微的囚犯，他们被发配到绝境长城，一辈子不得离开。但因为有了这段誓约，他们不再卑微，他们变得强大，他们不再是一个个人，他们已经是绝境长城的一部分。

我也是一名守夜人，我守望的不是绝境长城，而是文明和理性的火种。

但我与守夜人的不同之处在于，他们面对的是无尽的寒冷和黑夜，而我的未来充满了温暖和光明。我坚信自己守护的是终将燎原之火，因为被唤醒的人不会再沉睡，从无例外。

附已出版作品列表：

《时间的形状：相对论史话》（繁体版：《时间的形状》）

《星空的琴弦：天文学史话》

《亿万年的孤独：地外文明探寻史话》（繁体版：《外星人防御计划：地外文明搜寻史话》）

《漫画相对论》

《十二堂经典科普课》

《未解的宇宙》

《少儿科学思维培养书系》（繁体版：《原来科学家这样想》）

《迷途的苍穹：科幻世界漫游指南》

《太阳系简史》

《精卫9号》

《文明的火种》

《哪》（科幻小说）

《植物的战斗》

汪诘

2021 年 10 月 16 日